U0351143

高强钢筋生产技术指南
——推广应用高强钢筋培训教材

全国高强钢筋推广应用生产技术指导组

北 京

冶 金 工 业 出 版 社

2013

内 容 简 介

本书是根据工业和信息化部、住房和城乡建设部《关于加快应用高强钢筋的指导意见》精神，为解决高强钢筋生产中存在的问题，并在全国范围内推广应用高强钢筋创造条件，而组织钢铁行业科研院所和生产企业的专家共同编写的。本书内容主要包括：高强钢筋概述；钢筋的生产工艺技术；热轧高强含钒、含铌钢筋生产工艺；高强钢筋的控轧控冷工艺与临界奥氏体控轧生产工艺；余热处理高强钢筋生产工艺；500MPa、600MPa 及抗震高强钢筋生产工艺；高延性冷轧带肋钢筋生产工艺；钢筋标准；钢筋应用规范；钢筋产品质量；高强钢筋生产技术与应用以及高强钢筋加工配送专用设备。

本书适合作为企业推广高强钢筋生产技术的培训教材，也适合于钢筋生产企业的领导、钢筋产品开发或生产技术人员阅读，同时也可供建筑行业的领导及钢筋加工配送企业技术人员参考。

图书在版编目（CIP）数据

高强钢筋生产技术指南/全国高强钢筋推广应用生产技术指导组主编 . —北京：冶金工业出版社，2013.5

推广应用高强钢筋培训教材

ISBN 978-7-5024-6229-1

Ⅰ . ①高… Ⅱ . ①全… Ⅲ . ①高强度—钢筋—生产工艺—技术培训—教材 Ⅳ . ①TG335.6

中国版本图书馆 CIP 数据核字（2013）第 076720 号

出 版 人　谭学余
地　　址　北京北河沿大街嵩祝院北巷 39 号，邮编 100009
电　　话　(010)64027926　电子信箱　yjcbs@cnmip.com.cn
责任编辑　程志宏　郭冬艳　美术编辑　李　新　版式设计　孙跃红
责任校对　王永欣　责任印制　牛晓波
ISBN 978-7-5024-6229-1
冶金工业出版社出版发行；各地新华书店经销；三河市双峰印刷装订有限公司印刷
2013 年 5 月第 1 版，2013 年 5 月第 1 次印刷
787mm×1092mm　1/16；13.75 印张；4 彩页；342 千字；205 页
70.00 元

冶金工业出版社投稿电话：(010)64027932　投稿信箱：tougao@cnmip.com.cn
冶金工业出版社发行部　电话：(010)64044283　传真：(010)64027893
冶金书店　地址：北京东四西大街 46 号(100010)　电话：(010)65289081(兼传真)
（本书如有印装质量问题，本社发行部负责退换）

《高强钢筋生产技术指南》
参编单位

冶金工业信息标准研究院

世界金属导报社

国家建筑钢材质量监督检验中心

中国钢研科技集团公司钢铁研究总院

中国建筑科学研究院

河北集团承德钢铁集团有限公司

马鞍山钢铁股份有限公司

江苏沙钢集团有限公司

昆明钢铁集团有限责任公司

山钢集团济钢集团有限公司

中信金属有限公司

北京京诚瑞信长材工程技术有限公司

安阳市合力高速冷轧有限公司

建科机械（天津）股份有限公司

合肥东方节能科技股份有限公司

前　言

　　钢筋混凝土用热轧带肋钢筋，简称热轧带肋钢筋，通俗也称为螺纹钢，被广泛用于房屋建筑、桥梁、铁路、公路、机场、大坝、电站等诸多领域。我国房屋建筑和土木工程，主要以钢筋混凝土结构为主，其中热轧带肋钢筋是主要原材料，其质量直接影响着工程建设的质量，关系到公共安全和人身财产安全。据统计，目前我国热轧带肋钢筋产量约占我国钢材总产量五分之一左右，在钢铁工业中占有重要地位，在国民经济中具有举足轻重的地位。

　　党的十八大提出了到 2020 年我国全面建成小康社会的宏伟目标，并将推进城镇化作为重点。2012 年 12 月召开的中央经济工作会议，将积极稳妥推进城镇化，着力提高城镇化质量作为 2013 年经济工作的主要任务。建筑业是我国钢材消费量最大的行业，占国内钢材全部消费量的 50% 以上；建筑业同时也是资源消耗较大的行业。因此降低建筑材料消耗，推广应用高强钢筋是冶金业、建筑业遵循"节约、可持续发展"原则的最好诠释。

　　热轧带肋钢筋将向高强度、高性能、节约型优质钢筋，如抗震钢筋、耐蚀钢筋、余热处理钢筋等方向发展。不同种类的钢筋产品应科学搭配使用，如对于有抗震需求的建筑中要使用抗震钢筋；在混凝土结构的基础中使用余热处理钢筋；在近海环境中使用耐蚀钢筋等。通过合理使用，不仅能够提高建筑物的抗震性能和安全性，还能大幅度降低钢筋使用量，节约成本，降低消耗。

　　2011 年 7 月，工业和信息化部与住房和城乡建设部商定建立合作协调机制，成立了高强钢筋推广应用协调小组，旨在积极推广使用高强钢筋，淘汰低级别钢筋。工业和信息化部、住房和城乡建设部于 2012 年 1 月联合出台了《关于加快应用高强钢筋的指导意见》，对推广应用高强钢筋提出了具体明确目标，为在全国范围内推广应用高强钢筋指明了方向。同时为了及时有效地解决推广高强钢筋工作中存在的问题，成立了高强钢筋生产技术专家指导组与应用技术专家指导组。

近年来，在钢铁企业、政府部门、科研院所的共同努力下，通过采用微合金化、超细晶、余热处理等工艺先后生产出400MPa、500MPa和600MPa级高强、耐蚀、抗震钢筋，开发出了适合我国国情的钢筋应用技术，促进了我国高强度、功能化钢筋的应用，推动了我国钢筋产品的更新换代，节约了矿石、合金、能源等战略性资源，减少了环境污染，满足了我国钢铁业、建筑业可持续发展的需要。

在工业和信息化部原材料工业司的领导和支持下，在高强钢筋推广应用生产技术指导组专家的指导和帮助下，通过来自钢铁企业、科研院所专家的通力合作，编著了《高强钢筋生产技术指南》一书。本书共分十二章，对国内高强钢筋生产工艺和技术、钢筋标准、技术规范、产品质量、生产设备等方面进行了较为全面的介绍，为高强钢筋的生产与应用提供了技术支持，是一部对高强钢筋生产、应用和推广都有着一定指导意义的书。

本书第1章由赵磊撰稿，第2章由杨忠民撰稿，第3章3.1节由白瑞国、高海、关丛英撰稿，3.2节由张永青、郭爱民、付俊岩撰稿，第4章由杨忠民撰稿，第5章由孙维撰稿，第6章6.1节由白瑞国、高海、关丛英撰稿，6.2节由黄克文、李成军撰稿，6.3节由张卫强撰稿，第7章由翟文、翟武撰稿，第8章由王丽敏撰稿，第9章由王晓峰撰稿，第10章由陈洁、朱建国撰稿，第11章由刘炜、范思石、徐庆云、赵家柱撰稿；第12章由张新、邓会燕、韩玉珍撰稿。全书由王丽敏、孙维审稿。

本书在编著过程中，得到了冶金工业出版社的大力支持和指导，在此表示衷心感谢！

由于时间关系，加上编者水平所限，书中错误或不足之处，恳请批评指正和谅解。

编　者
2013年1月

目　　录

第1章 概 述

1.1 高强钢筋及其推广应用意义

高强钢筋是指屈服强度达到400MPa级及以上的热轧带肋钢筋,它具有强度高、综合性能优的特点。热轧带肋钢筋是我国钢材中单一品种生产和使用数量最大的产品,2011年我国热轧带肋钢筋产量达到1.66亿吨,约占钢材总产量的18.8%,其中400MPa级及以上高强钢筋占比达到48%。

随着城镇化进程的快速推进以及建筑规模的不断增加,2010年我国建筑钢筋用量已达1.3亿吨,并将继续呈上升趋势。2012年12月召开的中央经济工作会议提出,2013年要着力提高城镇化质量,这对建筑业发展提出了更高的要求。近年来,为推广应用高强钢筋,在工业和信息化部、住房和城乡建设部以及国务院有关部门大力支持下,冶金业和建筑业做了大量卓有成效的工作,高强钢筋使用量已达到建筑用钢筋总量的35%左右。

当前,我国大力推进节能减排,而建筑业的节能对我国整体节能成果具有重大意义。钢筋作为建筑用重要材料之一,其强度等级和质量水平对节约资源、降低能耗有着直接影响。据测算,在建设工程中,使用400MPa级替代335MPa级钢筋可节约钢材用量约12%~14%;使用500MPa级取代400MPa级钢筋可再节约钢材5%~7%。在高层或大跨度建筑中应用高强钢筋,效果更加明显,约节省钢筋用量30%。

按照当前我国工程建设规模,如果将高强钢筋应用比例从目前的35%提高到65%,每年大约可节省钢筋1000万吨,相应减少1600万吨铁矿石、600万吨标准煤、4100万吨新水的消耗,同时减排2000万吨二氧化碳、2000万吨污水和1500万公斤粉尘。因此,高强钢筋作为节材、节能、环保产品,在建筑工程中大力推广应用,是加快转变经济发展方式的有效途径,是建设资源节约型、环境友好型社会的重要举措,对推动钢铁工业和建筑业结构调整、转型升级具有重要意义。

《钢铁工业"十二五"发展规划》和《关于加快应用高强钢筋的指导意见》提出,到2015年底,我国400MPa级及以上高强钢筋产量占螺纹钢总产量的比例要达到80%,在建筑工程中的使用量要达到建筑用钢筋总量的65%以上,这一比例已经比较接近发达国家70%~80%的水平。而目前我国高强钢筋生产和应用离这一目标水平还有不小的差距,高强钢筋的推广应用工作仍然任重道远。

1.2 高强钢筋发展历程

从钢筋发展历程来看,我国冶金企业由最初的模仿国外产品到自主研发、再到引进国外技术和设备并加以吸收和创新,钢筋性能和等级也在不断向高强度方向发展。20世纪

50 年代，我国钢筋主要是 I 级光面钢筋。70 年代初期，我国开始大规模地研制、生产、推广应用新的钢筋产品，II 级钢筋 16Mn、III 级钢筋 25MnSi、IV 级钢筋 45MnSiV、40Si2MnV 和 45Si2MnTi 等都是当时的主推产品。第六个五年计划（1980～1985）期间，国家科技攻关开始研制低合金钢，随着微合金化、轧后余热处理等新工艺的使用，研制出 400MPa 级新 III 级钢筋，这一成果将我国钢筋生产技术推到新的高度；第七个五年计划（1986～1990）期间，国家又开始 400MPa 级可焊钢筋全面系统的技术攻关。2002 年 4 月 1 日，国家将 400MPa 级钢筋作为我国建筑结构使用的主力钢筋，并明确写入《混凝土结构设计规范》（GB 500102—2002）。然而，400MPa III 级钢筋并没有因为它的良好性能而得到广泛使用，其用量只占钢筋总用量的三分之一左右，没有实现实质性突破。

从钢筋产品的发展历程看，无论是在品种多样性，还是在工节技术创新和质量优化上，都随着我国建筑业的快速发展而同步发展起来。到 21 世纪初，热轧微合金钢筋、余热处理钢筋和细晶粒钢筋都已实现国产化。经过半个多世纪不懈努力，我国从低强度的 Q235 I 级钢筋，发展到 500MPa IV 级高强钢筋，甚至 600MPa 级高强钢筋，不仅在品种、技术工艺上，而且在质量上都得到了长足发展。但目前我国 HRB335 级钢筋使用仍占据很大比例，并仍有延续的趋势，因此我国有必要继续开展优化钢筋成分和生产工艺的工作，让性能良好的 HRB400 级钢筋，甚至性能优越的 HRB500 级钢筋取代 HRB335 钢筋，成为建筑业使用的主力钢筋。

HRB500 钢筋俗称 IV 级钢筋，类同 HRB400 级钢筋，其主要生产技术路线仍然是微合金化技术。HRB500 钢筋具有高强度、良好的延性、可焊性强等特点，符合我国积极倡导的低碳、环保的可持续发展战略的要求。目前国内包括首钢、唐钢、马钢、承钢、济钢、沙钢、昆钢等众多钢铁企业都可以生产 HRB500 钢筋。我国生产的 HRB500 钢筋曾经以外销为主，而且外销量很大，随着国内市场需求的增加，HRB500 钢筋也开始供应国内市场。HRB500 IV 级钢筋是国家标准 GB 1499.2—2007 中强度等级最高的热轧钢筋，它可以应用于对强度级别要求很高的高层、超高层建筑。国家标准中规定 HRB500 既要有较高的强度，又要保证良好的塑性和抗震性能。HRB500 钢筋不但具有良好的性能来满足建筑物和构筑物的使用功能，还具有良好的经济效益和社会效益。随着工艺技术的不断进步，目前我国已有部分钢铁企业能够生产 600MPa 级高强钢筋。

1.3　高强钢筋主要生产工艺

目前我国高强钢筋生产主要采用微合金化、超细晶粒、余热处理三种工艺。

微合金化钢筋主要是指通过在钢水中添加微量钒、铌、钛等合金化元素，通过这些元素的碳化物、氮化物在钢中的沉淀析出，达到细化晶粒和沉淀析出强化的目的，从而改善钢筋性能。通过微合金化工艺生产的钢筋，具有强度高、焊接性能好、抗震性能好的特点，是产品综合性能较好的高强钢筋生产工艺，但由于需要添加钒、铌、钛等合金元素，相应会增加一定程度的生产成本。

超细晶粒钢筋是在国家重点基础研究发展计划（973 计划）超细晶粒钢项目研究成果的基础上，开发研究成功的高强钢筋生产工艺。该工艺是在不需添加或少添加合金元素，通过控轧控冷，利用形变诱导相变技术，获得超细晶粒组织，从而达到提高钢筋强度的目的。该工艺由于减少添加微合金元素，生产成本相对较低，且节约资源，但对焊接工艺有严格的限制。因为在焊接过程中，焊接热影响区晶粒会长大，从而使焊接接头区域出现软化，强度降低。

余热处理钢筋是指普通钢筋利用轧后高温直接进行淬火，然后利用钢筋自身余热进行自回火，从而实现提高强度的目的。但其可焊性和施工适用性能较低，应用范围受限制，一般只适用于对变形性能及加工性能要求不高的构件，如基础、大体积混凝土、楼板、墙体及次要的中小结构件等。

由于上述三种生产工艺各具优势，同时也都存在一定的不足，因此如何优化工艺，取之所长，补之所短，使生产出来的钢筋产品具有高质量、低成本的特点，不但满足性能要求，同时满足经济方面的要求，是当前高强钢筋生产企业亟待解决的问题。

1.4 钢筋生产装备

我国钢筋生产装备包括棒材轧机和线材轧机两种。棒材轧机生产螺纹钢筋的主要规格为 $\phi 12 \sim 50$ mm；线材轧机生产螺纹钢筋的主要规格为 $\phi 5.5 \sim 20$ mm。据中国钢铁工业协会统计，2011 年我国热轧钢筋产量已经达到 1.66 亿吨。轧机也由过去的横列式过渡到半连轧，再发展为连轧机。总体来看，我国钢筋生产装备水平较高，处于国际先进水平的占 70% 左右，处于一般水平的占 20% 左右，只有 10% 为落后水平。而且，几乎所有生产线都具备生产 400MPa 级及以上高强钢筋的能力。

线材轧机生产小规格螺纹钢筋主要用于钢筋混凝土建筑中的配筋、箍筋。近年来，我国线材轧机生产能力急剧增加，装备水平明显提高，线材轧机生产螺纹钢筋数量不断攀升，占螺纹钢筋总产量的比例也在逐步提升。从生产能力看，高速线材轧机均可生产 335 ~ 500MPa 强度等级的小规格钢筋，完全能满足钢筋混凝土建筑用小规格螺纹钢筋的市场需求。

1.5 高强钢筋生产情况

近年来我国钢筋生产具有两大特点：（1）我国钢筋产量急剧提高。2006 年我国钢筋总产量为 5800 万吨，到 2011 年已经达到 16640 万吨，七年间增长近 3 倍。（2）我国高强钢筋的应用比例在逐年提高，但进展缓慢。截至 2011 年，我国 400MPa 级及以上钢筋占钢筋总产量 48.3%，其中：400MPa 级占比 39.8%；500MPa 级占比 8.1%；600MPa 级占比 0.4%。

我国钢筋的生产区域布局比较符合我国区域经济发展态势，我国钢筋生产重点区域为华东与华中，其产量占全国钢筋总产量的三分之一。2011 年我国钢筋的主要生产省份：第一是江苏，2196 万吨；第二是河北，1757.5 万吨；第三是山东，1082.5 万吨。钢筋是受销售半径影响非常大的产品。多年来，我国钢筋进出口量占钢筋总量的比重很小，2011 年我国出口钢筋 22.39 万吨，进口 5.23 万吨。

1.6 高强钢筋未来发展趋势

工业和信息化部、住房和城乡建设部于 2012 年 1 月联合出台了《关于加快应用高强钢筋的指导意见》，对推广应用高强钢筋提出了明确目标，要求在建筑工程中加速淘汰 335MPa 级钢筋，优先使用 400MPa 级钢筋，积极推广 500MPa 级钢筋。2013 年底，在建筑工程中淘汰335MPa级螺纹钢筋。2015年底，高强钢筋产量占螺纹钢筋总产量的80%，在建筑工程中使用量达到建筑用钢筋总量的65%以上。在应用400MPa级螺纹钢筋为主的基础上，对大型高层建筑和大跨度公共建筑，优先采用500MPa级螺纹钢筋，逐年提高500MPa级螺纹钢筋的生产和使用比例。对于地震多发地区，重点应用高强屈比、均匀伸长率高的高强抗震钢筋。

根据我国现行标准规范，在混凝土结构中，高强钢筋使用量理论上可以达到钢筋总用量的70%。工业发达国家非预应力钢筋多以400MPa、500MPa级为主，部分甚至达到600MPa级，其用量一般占到钢筋总量的70%~80%。

此外，新修订的《混凝土结构设计规范》（GB 50010—2010）等国家标准，对在工程中应用400MPa级及以上高强钢筋提出了具体技术规定，为高强钢筋推广应用创造了条件。同时，国家和地方在高强钢筋推广应用方面拥有一批强大的工程科研、设计、施工等技术支撑力量。这些都有利于我国高强钢筋的推广应用，同时也表明我国推广应用高强钢筋的潜力很大。

在品种开发方面，我国高强钢筋未来发展的主要方向包括：（1）加强500MPa级及以上高强钢筋的研发、推广与应用；（2）加强抗震钢筋的生产与应用；（3）加强耐蚀钢筋的研发、推广与应用；（4）加强低成本高性能钢筋的研发、推广与应用；（5）加强高强钢筋应用技术的研究。

1.7　钢筋标准情况

钢筋标准作为重要的技术基准，尤其是钢筋标准强制性的属性，使其在推动钢筋产业升级与产品升级换代、规范钢筋市场秩序、合理利用资源、降低生产成本等方面发挥了重要作用。

我国钢筋标准共经历11次修订，每次修订都充分体现了钢筋的生产技术进步与用户的使用要求。自1955年重工业部成立后制定了重工业部钢筋标准，编号：重111—55；在20世纪60年代冶金工业部成立后，冶金领域的重工业部标准都转为冶金部标准，重111—55热轧钢筋标准转为冶金部行业标准YB 171—63，之后经过两次修订：YB 171—65和YB 171—69；70年代，钢筋标准在修订时上升为国家标准，编号为：GB 1499—79；80年代，进行过一次修订，标准编号为：GB 1499—84；进入90年代，钢筋标准经过两次修订：GB 1499—1991与GB 1499—1998。此时经历了国家标准属性的划分，钢筋标准被划为强制性标准。进入21世纪，钢筋标准又有过一次修订，标准编号为：GB 1499—2007。

国家目前正在对GB 1499—2007再次重新修订，修订的主要内容包括：取消HRB335级，提高高强钢筋用量；为保证建筑物的安全性，适度严格钢筋重量负偏差要求；将600MPa级钢筋纳入标准之中，作为引导促使有关单位尽早研发与应用；增加带E的钢筋牌号，突出抗震钢筋的性能要求。

1.8　高强钢筋质量现状

近年来，国家有关部门通过GB 1499.2强制性标准实施、生产许可证管理以及国家钢筋产品质量监督抽查等综合监管措施，钢筋市场不断得到规范，产品质量稳步提升。我国钢筋生产企业通过设备改造、工艺改进、技术创新等各项措施，大大提高了产品质量，尤其是在国家产业政策的引导下，积极开展技术攻关，400MPa 级钢筋的产量与质量都有大幅提升，我国具有资质的生产企业都具备生产 400MPa 级钢筋的生产能力。积极研发抗震钢筋与 500MPa 级钢筋，取得了很好的效果，基本满足建筑行业结构转型的需要。

在国家 1985 年开始实施产品质量监督抽查制度时，钢筋被首批列入国家产品质量监督抽查计划，并一直延续至今。其中带肋钢筋发证数量 1999 年曾接近 1000 家，但随着钢筋产量的大幅度提高，获得生产许可证的企业降到现在的 300 多家，特别是炼钢企业数量降到 212 家，充分说明钢筋的生产集中度在提高。

据统计，截至 2012 年 3 月 23 日，取得热轧钢筋生产许可证企业共 527 家，其中热轧带肋钢筋企业 363 家，有炼钢工序的 167 家，仅有轧钢工序的 196 家；热轧光圆钢筋企业 350 家，有炼钢工序的 154 家，仅有轧钢工序的 196 家。

在高强钢筋产品质量方面，根据国家建筑钢材质量监督检验中心近几年对高强度热轧带肋钢筋产品国家监督抽查情况可以看出，我国高强热轧带肋钢筋总体质量水平较好，但是超负偏差生产和实施工艺与牌号不符仍是影响钢筋质量的主要问题。

第2章 钢筋生产工艺技术

钢筋如果根据加工工艺分类可分为：热轧钢筋、热处理（调质热处理或轧后余热处理）钢筋、冷加工（包括：冷拉、冷拔、冷轧等）钢筋及采用控制轧制技术的细晶粒钢筋。

2.1 钢筋热轧生产工艺

钢筋热轧生产工艺主要指采用连续式轧机、半连续式轧机、横列式轧机和高速线材轧机对连铸坯或钢坯进行轧制的生产工艺。随着对生产效率要求的提高，生产技术装备的进步，横列式轧制工艺已逐渐被淘汰，目前钢筋生产厂主要采用连续、半连续轧制工艺。直径在 10mm 以上的钢筋主要采用连续棒材生产线生产；直径 10mm 以下的钢筋，一般在高速线材生产线上进行生产。目前的热轧生产工艺主要针对碳素钢 Q235、低合金钢 20MnSi 和微合金化钢 20MnSi（V、Nb、Ti）钢生产 300MPa、335MPa 和 400～600MPa 级别的钢筋品种。

高强度化是钢筋的重要发展方向之一。就现状而言，世界各国设计规范要求的钢筋屈服强度约为 350～460MPa 级范围。随着建筑技术的进步，500～550MPa 级钢筋将取代 350～460MPa 级的钢筋。

随着对钢筋强度、塑性和焊接性要求的不断提高，微合金化技术于 20 世纪 70 年代逐步应用于高强度可焊接钢筋的生产，各国对添加 V、Ti、Nb 三种元素的微合金化技术在钢筋生产中的应用开展了大量的研究工作。国内外研究表明，V 微合金化技术十分适合钢筋的热轧生产工艺要求，是发展高强度钢筋的有效途径之一。由于钢筋生产时轧制速度快，终轧温度比较高，Nb、Ti 的添加影响到了钢筋生产最终成品微观组织和性能的稳定控制，因此 Ti、Nb 微合金化技术在钢筋生产上未获得广泛应用。由于物理冶金机制涉及钢筋热轧生产工艺机制问题，包括 Nb、Ti 的微合金化技术与钢筋热轧生产过程中的再结晶、未再结晶控轧工艺机制的相互作用问题，从而最终影响钢筋的微观组织和钢筋的力学性能稳定控制甚至影响形貌尺寸的稳定控制，因此，Nb、Ti 微合金化技术在钢筋生产应用中的技术问题需要进一步深入研究，目前国内只有生产技术比较成熟的企业已经完全掌握了 Nb、Ti 微合金化生产技术关键。

2.1.1 控制轧制控制冷却钢筋生产工艺

控制轧制和控制冷却工艺也称为热机械轧制工艺（TMCP），包括控制轧制和加速冷却两个工艺过程，可以联合或单独采用。该工艺能够有效细化微观组织，在提高材料强度的同时又改善材料韧性。控制轧制在结构钢板的生产中已应用 50 余年，这是由于控制轧制能够有效地细化晶粒，力学性能远优于化学成分相同的正火或淬、回火钢的性能。加速冷却工艺通常是在控轧之后以约 10℃/s 以上冷却速度快速通过 750~500℃ 的相变区，使钢材微观组织发生贝氏体、马氏体等相变。目前 TMCP 技术已广泛应用于不同轧钢产品的生产中。

控制轧制、控制冷却工艺已广泛应用于普碳钢、微合金钢、合金结构钢的生产。控制轧制主要针对热轧阶段不同奥氏体形态的形变控制工艺，采取的是控制温度轧制变形。通常可以把热轧分为以下四个阶段：第一阶段，传统高温（1000℃ 以上）热轧，奥氏体发生再结晶（包括动态和静态再结晶），晶粒相当大；第二阶段，较低温度（850~1000℃）热轧，可能发生三种情况：（1）奥氏体完全再结晶得到细小晶粒（950~1000℃）；（2）奥氏体部分再结晶（850~950℃）；（3）奥氏体晶界处部分再结晶晶粒发生长大；第三阶段，未再结晶温区轧制，变形温度约在奥氏体开始向铁素体转变温度 A_{r3} 以上一定温度区间内（850℃~A_{r3}），得到的变形奥氏体组织在随后的控制冷却过程中得到更细小的铁素体晶粒；第四阶段，在低于 A_{r3} 点温度的两相区轧制，多数情况下得到的是形变组织。

2.1.2 钒微合金化钢筋生产工艺

在国外一些工业化国家，从 20 世纪 50 年代末期就开始逐步采用微合金化工艺技术。一般是在低碳钢中添加微量钒、钛、铌等合金元素，通过这些微量元素的碳、氮化物的沉淀析出，达到细化晶粒和沉淀析出强化的目的，从而在不增加甚至降低碳含量的情况下，较大幅度提高强度，并获得良好的综合性能。《钢筋混凝土用热轧带肋钢筋》（GB 1499—1998）规定可添加钒、铌、钛等微合金化元素生产低合金高强 400MPa、500MPa 级钢筋，但是长期以来仍主要采用加入钒铁或钒氮合金的微合金化工艺。

钢筋的生产工艺决定了合金设计比较适宜采用钒微合金化技术，无需采用控制轧制工艺就可获得高强性能。微合金化元素通过在钢中与碳、氮形成化合物来起作用，由于钢中氮化物比碳化物具有更高的稳定性，析出相更细小弥散，其强化效果更加明显。因此，目前大量生产厂家已经广泛采用添加钒氮合金的方法来获得稳定的析出强化效果。研究结果表明，氮是含钒钢中一种十分有效的合金元素，含钒钢中每增加 10^{-5}（质量分数）的氮，可提高强度 7~8MPa。图 2-1 含钒微合金化钢与钒氮微合金化钢的强度对比，氮的增加改变了钢中 V 的分布，促进了钒的析出。由图 2-2 可见，氮加入钢中改变了钒在相间的分

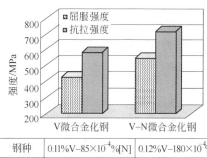

钢种	0.11%V−85×10^{-4}%[N]	0.12%V−180×10^{-6}%[N]
屈服强度	442.5MPa	560MPa
抗拉强度	585MPa	720MPa

图 2-1 钒钢和钒氮钢强度比较

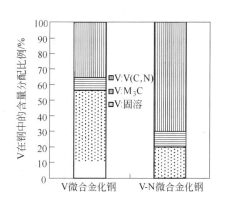

图 2-2 钒在钢中的相间分布

布，促进了钒从固溶状态向 V(C,N)析出相中的转移，从而使钒起到了更强的沉淀强化作用。图 2-3 为氮对 V 钢中析出相影响的微观组织图。由于钒主要是在较低温度的铁素体中析出而起到强化作用，因此其生产工艺较为稳定。表 2-1 列出了我国采用转炉＋连铸工艺生产的 HRB400 热轧钢筋的化学成分范围。我国一些厂家也在积极开发 500MPa 级钒微合金化钢筋，图 2-4 为添加钒氮合金的 500MPa 级钢筋的微观组织，其 V-N 的化学成分为 0.074% V-0.013% N。

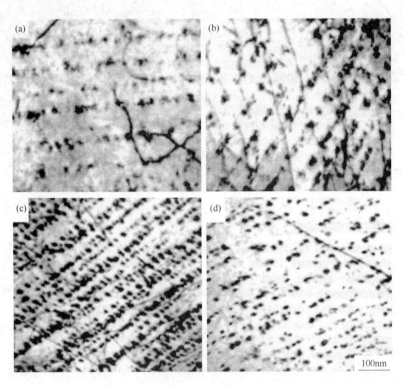

图 2-3　氮对钒在铁素体中析出的影响

(0.10% C-0.13% V 钢，750℃，500s 等温)

(a) 0.0051% N；(b) 0.0082% N；(c) 0.0257% N；(d) 0.0095% N

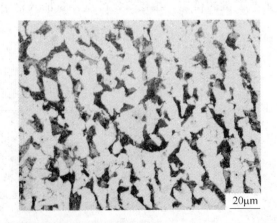

图 2-4　500MPa 级钒微合金化钢筋（φ12mm）微观组织

表 2-1 我国转炉工艺生产 400MPa 级钢筋的化学成分范围 （质量分数,%）

合金化	C	Si	Mn	P, S	V	规格/mm
V-N	0.18~0.24	0.45~0.60	1.25~1.45	<0.035	0.03~0.04	φ16~40
					0.02~0.03	φ6~16
V-Fe	0.18~0.24	0.45~0.60	1.25~1.45	<0.035	0.07~0.09	φ16~40
					0.05~0.07	φ10~16

我国也对钒氮微合金化钢开展了被称之为第三代 TMCP 技术的开发研究工作,不过该项工作的研究成果目前尚没有得到大规模的推广,有许多生产技术难题需要解决。第三代 TMCP 技术即利用形变诱导钒氮粒子在奥氏体中析出,促进诱导铁素体在奥氏体晶内形核而获得细晶组织技术。图 2-5 为第三代 TMCP 技术示意图,该技术基本原理是, V-N 在 MnS 上沉淀析出,之后诱导铁素体晶内形核。图 2-6 为铁素体晶内析出的微观组织图。钢筋生产企业应该关注该项技术,以促进细晶粒微合金化高强钢筋的生产。图 2-7 为采用第三代 TMCP 技术生产的超细晶钢微观组织,钢的化学成

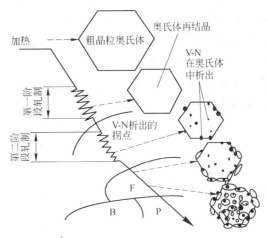

图 2-5 第三代 TMCP 技术示意图

F—铁素体；P—珠光体；B—贝氏体；○—铁素体晶粒

分为：$0.09\%C$, $1.46\%Mn$, $0.32\%Si$, $0.011\%Al$, $0.05\%V$, $212\times10^{-4}\%N$；变形工艺为：1050℃, 20% 变形 +900℃, 40% 变形 +5℃/s 冷却至室温。

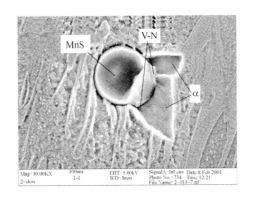

图 2-6 铁素体晶内析出的微观组织

图 2-7 第三代 TMCP 技术生产

微合金化钢的微观组织

2.1.3 铌微合金化钢筋生产工艺

我国已经开展了对 HRB400 含铌Ⅲ级钢筋的生产研制。目前各钢厂研发的 HRB400 含铌Ⅲ级钢筋基本都能满足 HRB400Ⅲ级钢筋的力学性能要求,但是在研制开发过程中也曾

经出现了一些问题，如力学性能不稳、屈服点不明显、出现规格效应等。规格效应的特点是：小尺寸规格无明显屈服点，性能基本合格；中间尺寸规格钢筋无明显屈服点，性能波动较大；大尺寸规格无明显屈服点，性能出现不合格的现象。

从机理上分析，与 V-N 析出相比，在整个轧钢温度（1100～800℃）区间内，NbN 和 NbC 均有很强的析出趋势（见图2-8），并且存在与变形、温度、冷却速度的

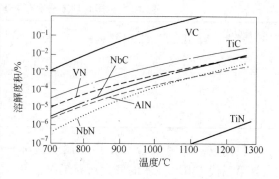

图2-8 微合金碳化物及氮化物溶解度

耦合作用，因此在轧钢过程中出现了再结晶、部分再结晶、未再结晶、形变诱导析出等多种物理冶金现象，使 Nb 微合金化钢筋的生产性能控制变得不可琢磨。

固溶在奥氏体中的微量铌，可以推迟先共析铁素体的析出，延缓了奥氏体开始分解析出珠光体的时间，但同时提高了贝氏体转变温度是形成贝氏体的有利元素，因此铌微合金化钢筋中容易出现贝氏体组织（见图2-9）。由图2-9可知，当冷却速度超过8℃/min 时就会产生超过10%的贝氏体组织，然而小规格钢筋（＜φ25mm）的空冷速度一般为3～5℃/s，远远大于8℃/min。

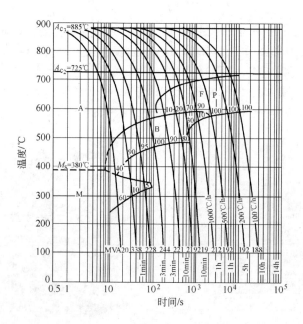

图2-9 20MnSiNb 钢 CCT 曲线
（C 0.21，Si 0.50，Mn 1.48，Nb 0.017）

综上所述铌微合金化的作用包含以下三个方面：

（1）细晶强化，抑制再结晶晶粒粗化，促使奥氏体未再结晶区形变碎化晶粒，推迟过冷奥氏体向铁素体转变，细化了铁素体；

（2）铁素体晶内析出强化；

（3）形成贝氏体相变强化。

此外，由于 Nb(C,N)化物的高温析出，因此析出强化作用相对较弱，细晶强化作用相对较强。基于上述分析，采用细化奥氏体晶粒的控制轧制方案将有利于 CCT 曲线向上方移动，达到最终控制钢筋组织为铁素体 + 珠光体的目的。

不同规格的铌微合金化钢筋的生产工艺应有所区别，总体上可采取以下几种工艺路线。

（1）针对小规格钢筋（φ16mm 以下棒材），为避免贝氏体组织的产生，采用低温（950~1000℃）开轧方式，减小固溶 Nb 影响。通过析出 Nb(C,N)化物细晶强化作用可达到 400MPa Ⅲ 级钢筋水平。图 2-10 所示为不同开轧温度钢筋心部的微观组织。图 2-10（a）表明，高温开轧钢筋组织中存在贝氏体组织，性能波动很大。降低开轧温度，在细化晶粒的同时，微观组织可得到很好的控制，性能的稳定性也得到提高。

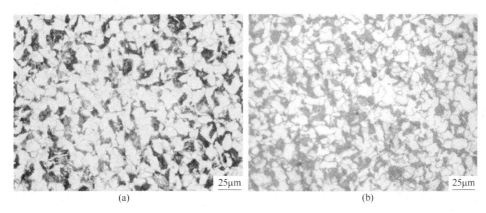

图 2-10　不同开轧温度钢筋的微观组织
（a）φ16mm 钢筋 1150℃ 开轧的微观组织；（b）φ16mm 钢筋 950℃ 开轧的微观组织

（2）对于规格钢筋 φ18~22mm 棒材，建议可以采用以下两种方案：

工艺方案 1：采用 1100℃ 以上高温加热 + 控制终轧温度 900~950℃ 的控制轧制工艺，利用 Nb 的固溶与析出和推迟并延缓奥氏体再结晶的作用细化奥氏体晶粒，同时，最终达到控制组织，提高钢筋强度和塑性，从而稳定钢筋性能，同时贝氏体量可控制在 5% 以下；

工艺方案 2：采用 1100℃ 以上高温加热 + 控制终轧温度 900~950℃ 控轧 + 轧后控冷 600~650℃ 的控轧控冷工艺，目的是控制细化奥氏体晶粒，最终达到控制微观组织，提高钢筋强度和塑性，从而稳定钢筋性能，同时可将贝氏体量控制在 5% 以下。

如果仅仅采用轧后控冷方案，生产实践表明，即使控制较高冷却温度 800~850℃，最终也会出现贝氏体组织比例超出 10%，而影响到性能的波动。图 2-11 为 φ22mm 钢筋分别采用工艺方案一和工艺方案二生产工艺得到的心部的微观组织。图中表明，晶粒尺寸已经在 10μm 以下，工艺方案二生产的钢筋的晶粒尺寸更加细小。

（3）对于规格钢筋 φ25~32mm 棒材，由于生产工艺设备原因，通常只能采用轧后控制冷却工艺方案。生产实践表明 φ28mm、φ32mm 钢筋可采用轧后控冷到 750~850℃ 的工艺方案，但是对 φ25mm 钢筋采用轧后控冷仍然容易出现贝氏体组织，其原因是 φ25mm 钢筋的空冷速度仍然相对较大。

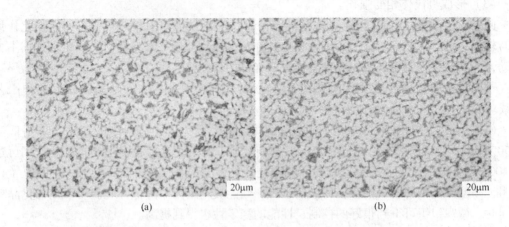

图 2-11 φ22mm 钢筋采用不同工艺方案的微观组织

(a) 工艺方案 1 心部组织；(b) 工艺方案 2 心部组织

因此，建议 φ25mm 钢筋仍采用控轧控冷工艺方案，即更改工艺为由最后精轧机出成品实现控轧控冷。图 2-12 为 φ25mm 控轧控冷钢筋微观组织和 φ28mm、φ32mm 钢筋的轧后控冷微观组织。

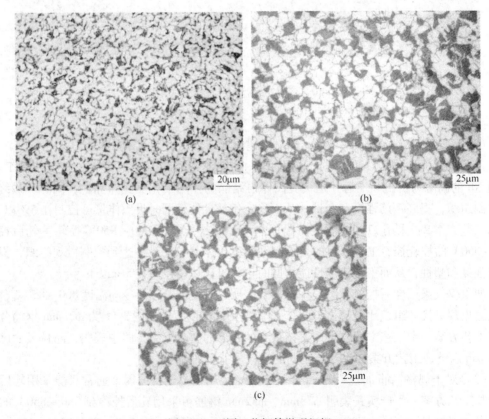

图 2-12 不同工艺钢筋微观组织

(a) φ25mm 控轧控冷；(b) φ28mm 控冷；(c) φ32mm 控冷

2.1.4　超细晶热轧钢筋生产工艺

超细晶热轧钢筋轧制方法，以在轧钢过程中诱导发生铁素体相变获得超细晶粒为技术核心，在保证良好的塑、韧性前提下提高钢材的强度，使生产的热轧钢筋做到高性能和低成本。该项技术可以参照相关文献。图 2-13 为形变诱导铁素体相变轧制工艺示意图。图 2-14 为不同晶粒尺寸 20MnSi 钢筋的低温冲击性能。图 2-15 所示为不同晶粒尺寸钢筋的拉伸性能。细晶粒、超细晶粒有着优异的低温性能和拉伸性能。

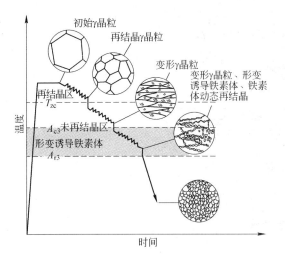

图 2-13　形变诱导铁素体相变轧制工艺示意图

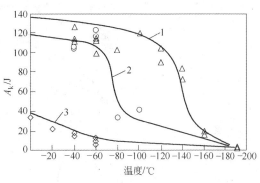

图 2-14　不同晶粒尺寸 20MnSi
钢筋的低温冲击性能

1—1 ~ 2μm；2—5 ~ 6μm；3—15 ~ 20μm

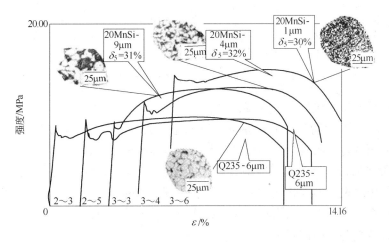

图 2-15　不同晶粒尺寸钢筋的拉伸性能

2.2　钢筋热处理工艺

2.2.1　余热处理钢筋

轧后余热处理钢筋是指在生产线上利用钢筋的余热直接进行热处理的工艺，也就是将轧钢和热处理工艺结合在同一生产线上，通过冷却参数的调控，改善钢筋的性能、提高强度的工艺技术。其基本原理是钢筋从轧机的成品机架轧出后，经冷却装置进行快速表面淬火，然后利用钢筋心部热量由里向外进行自回火，并在冷床空冷至室温。该技术能有效地发挥钢材的性能潜力，通过各种工艺参数的控制，改善钢筋的性能，在钢筋强度较大幅度提高的同时，保持较好的塑韧性，保证钢筋的综合性能满足要求。由于大幅度降低了合金元素的用量，节约了生产成本。余热处理钢筋在国外已广泛应用，典型例子是英标460MPa 级、500MPa 级钢筋。我国的一些生产厂家利用余热处理技术生产英标钢筋用于出口，其生产原理见图 2-16。

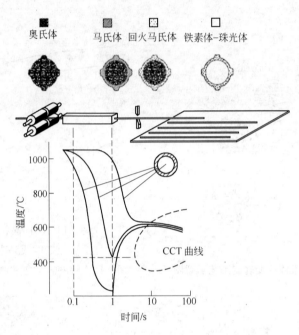

图 2-16　余热处理钢筋的组织控制原理

　　轧后余热处理钢筋包括三个阶段：

　　(1) 表面直接淬火阶段。轧后钢筋进入快速冷却装置，此时钢筋表层发生马氏体相变，表层和心部的过渡段有少量的贝氏体及铁素体珠光体组织，心部依然为奥氏体；

　　(2) 自回火阶段。钢筋出了冷却装置后在滚道和上冷床过程中心部热量向表层扩散，使表层马氏体组织发生回火转变，但是由于表层到心部的温度梯度很大，事实上表面淬火层的组织为混合组织，即为回火马氏体（回火索氏体）组织 + 贝氏体、索氏体、屈氏体组织，但是心部依然为奥氏体组织；

　　(3) 心部组织转变阶段，依据冷却条件的不同和钢筋尺寸的不同，心部发生铁素体、珠光体转变并伴有少量其他低温组织，此时基本在冷床上完成上述转变。

2.2.2　调质处理钢筋

　　由热轧钢筋经过淬火、回火调质处理得到的高强度钢筋称为热处理钢筋，也称调质钢筋。热处理钢筋具有强度高、韧性好等特点，是较好的预应力钢材。用这种工艺可生产强度为 830 ~ 1470MPa 级的预应力高强度钢筋。

对钢筋的调质处理，可以采用电感应加热＋淬火＋铅浴回火（也可以用电感应回火）的方法。目前国际上出现天然气炉加热的方法，大幅提高了生产效率。淬火、回火是调质钢筋热处理的关键工序，最主要的是选择合适的淬火温度范围及淬火介质。不同的钢种有不同的淬火加热温度范围，它应保证钢筋既得到最高的硬度，同时又保持钢的细晶粒回火马氏体组织。

调质钢筋目前采用马氏体直接淬火法，冷却介质最常用的是水和油。用电感应加热后，可直接喷水冷却。我国调质钢筋由于其淬透性较大，为避免钢筋淬后开裂，可选用油淬，近年来我国试验过合成淬火剂，效果较为理想。

回火对钢筋的性能影响很大。淬火后冷却到 $50 \sim 70℃$ 时应当进行回火。回火温度的波动对钢筋性能影响非常明显，应严格控制。

调质钢筋的原材料一般采用中碳低合金钢，牌号有：40Si2Mn、48Si2Mn 和 45Si2Cr等。经调质处理后，成品钢筋性能达到：$R_{p0.2} \geqslant 1325MPa$，$R_m \geqslant 1470MPa$，$\delta_{10} \geqslant 6\%$。但是，当钢筋强度超过 1000MPa 时，对氢致缺陷十分敏感，因此需要对化学成分进行严格控制。

2.3 钢筋冷加工工艺

冷加工是提高钢筋强度的有效途径。通过对钢筋实现大量的塑性变形，使内部组织发生畸变，晶体被破碎形成亚结构，位错密度增加，因而提高了钢材强度。常用的冷加工工艺包括冷拔、冷轧和冷扭。钢筋的冷加工是早期高强度钢筋的生产方法。冷加工虽然能够明显提高钢筋的强度，但对钢筋的塑性损害很大。目前我国部分企业生产的冷轧钢筋主要用于生产钢筋网。

冷加工钢筋在提高强度的同时，显著降低钢筋的塑性水平，无法满足现代建筑的要求，特别是对有抗震要求的建筑。通过冷加工的方法来提高钢筋强度的生产工艺正在逐渐消除，在西方经济发达国家已经被淘汰。

第3章 微合金化高强钢筋生产工艺

3.1 热轧高强含钒钢筋生产工艺

3.1.1 概述

钒素有工业味精的美称，适量添加，就可以大幅度提高钢筋的强度等级。根据不同规格相应地添加不同钒合金，通过沉淀强化、细晶强化、固溶强化手段，可使钢筋强度达到400MPa级、500MPa级、600MPa级甚至更高强度级别。与其他微合金化钢相比，钒钢具有生产工艺简单、性能稳定、应变时效敏感性低、焊接性能优良、抗震性好等优点。

3.1.2 成分设计

《钢筋混凝土用钢 第2部分：热轧带肋钢筋》（GB 1499.2—2007）对钢筋混凝土用钢的牌号和化学成分作了规定，即高强钢筋化学成分包括五大常规元素（C、Si、Mn、S、P）含量和对应的碳当量。同时指出，根据需要，钢中可以添加V、Nb、Ti等元素，同时限定钢的氮含量应不大于0.012%，但钢中如有足够量与氮结合的元素，含氮量的限制可适当放宽。该标准还规定了热轧交货状态和对应的室温金相组织，要求金相组织主要为铁素体和珠光体，不得有影响使用性能的其他组织存在。

对于高强度含钒钢筋，其成分设计思路来源于传统HRB335的基本成分，即在20MnSi成分设计的基础上添加V，进行钒微合金化生产。以下讨论HRB400、HRB500、HRB600高强含钒抗震钢筋的成分设计原则。

（1）C元素为最经济的强化元素，以前通过提锰降碳工艺保证塑韧性和焊接性，近来随着技术进步以及成本的压力，碳含量控制已经接近国家标准的上限。

（2）Mn和Si元素均为固溶强化元素。受硅锰合金和锰铁合金成本压力的影响，在保证性能的前提下，Mn添加量越来越低，部分钢铁企业热送热装铸坯Mn含量已控制到1.00%。

（3）对于P和S这两种有害元素，在冶炼成本最小化的前提下，使得P和S含量越低越理想，以降低对钢的负面影响。

（4）V作为形成碳化物和氮化物的强化元素，在钢中主要以碳化物、氮化物或碳氮化物以及固溶钒的形式存在，故钒钢的强韧化机理主要是靠细晶强化、沉淀强化和固溶强化来实现的。钒在钢中的析出可分为在奥氏体中的MnS等夹杂处析出、在晶界上析出、晶内析出和铁素体中的纤维状析出、相间析出、随机析出。适当提高氮含量可以增加V(C,N)析出的驱动力，以促进V(C,N)的析出，最终实现提高钒的析出比例，达到提高钢筋的强化效果，同时钒的存在还可以抑制氮的有害作用，故目前钒钢的研究主要集中在钒氮的结合应用方面。随着对钒氮强化机理研究的深入，由于钒氮联合作用的强化作用远高于钒的强化作用，而且钒氮合金成本低、力学性能更稳定，目前在采用钒微合金化生产热轧高强钢筋工艺上出现用钒氮合金取代钒铁合金的趋势。在 HRB400 热轧高强含钒钢筋中，添加的钒合金包括：五氧化二钒、钒球、钒铁、氮化钒、氮化钒铁等，而 HRB500 则主要采用氮化钒铁、氮化钒铁 + 钒铁，HRB600 采用氮化钒铁、氮化钒铁 + 富氮合金实现复合微合金化。

经过大量工业生产验证，添加不同含钒产品，钒的收得率不尽相同，采用氮化钒铁的收得率高且稳定，具体收得率如表 3-1 所示。

表 3-1　添加不同含钒产品的钒收得率

种　类	加入方式	优　缺　点	收得率/%
钒　球	出钢过程中随合金加入钢包内	带入的杂质多，加入量大，污染钢液，出钢温降大，V 收得率不稳定。此工艺目前已淘汰	78.05 ~ 89.92 平均：83.25
五氧化二钒	钢包在线吹氩，出钢时随合金料加入钢包内	加入量大，污染钢液，密度小，还原反应，V 收得率不稳定。此工艺目前已淘汰	78.58 ~ 81.02 平均：80.01
钒　铁	钢包在线吹氩，出钢过程加入钢包内	操作简单易行，杂质少，V 收得率稳定	88.55 ~ 89.87 平均：89.15
氮化钒	钢包在线吹氩，出钢时随合金料加入	操作简单易行，杂质少，V 收得率稳定，增强了 VN 析出强化效果	88.48 ~ 89.13 平均：88.78
氮化钒铁	钢包在线吹氩，出钢时随合金料加入	操作简单易行，杂质少，V 收得率稳定，增强了 VN 析出强化效果	92.98 ~ 93.23 平均：92.93

3.1.2.1　钒微合金化工艺溶解温度

钒的析出强化作用与钒结合碳、氮的形式有很大关系，故出现了多个 VC（包括 V_4C_3）、VN 在铁基体中的固溶度积公式，目前广泛使用的是：

$$\lg\{[V][C]\}_\gamma = 6.72 - 9500/T$$

$$\lg\{[V][N]\}_\gamma = 3.63 - 8700/T$$

$$\lg\{[V][N]\}_\gamma = 3.46 - 8330/T + 0.12[Mn]$$

比较上述 VC 和 VN 在奥氏体中固溶度积公式的差异可知，VN 在奥氏体中的固溶度积与 VC 相比大致小 2 个数量级以上。从图 3-1 可知，对于 C 含量为 0.235% 时，随着氮含量的增加，V(C,N) 在奥氏体中的开始析出温度上升，说明氮含量的增加有助于 V(C,N) 在轧制过程中析出，阻止了奥氏体晶粒的长大，起到细化晶粒的作用；对于 HRB400，取平均钒

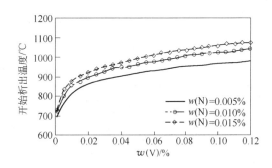

图 3-1　V(C,N) 的开始析出温度（$w(C) = 0.235\%$）

含量为 0.035%，当氮含量为 0.005% 时，开始析出温度为 890℃，低于精轧温度；当氮含量为 0.015% 时，其开始析出温度提高到 960℃，已经处于中轧温度范围；对于 HRB500，取平均钒含量为 0.095%，则当氮含量为 0.015% 时，其开始析出温度可高达 1050℃，其值已进入开轧温度范围了；如果继续提高氮含量，可以预测在开轧前已经有部分 V(C,N) 析出，其细晶强化作用就非常突出了。这些研究成果也为 HRB600 成分设计时，在增加钒含量的同时继续提高氮含量提供了理论依据。

3.1.2.2 钒化合物析出

实际上，对于正常成分的含钒热轧钢筋，在高于 950℃ 终轧时，几乎所有的钒将在铁素体中析出。目前对钒化合物的析出研究主要集中在薄板坯连铸连轧，一般认为 MnS 和 AlN 等夹杂物是奥氏体中 V(C,N) 析出的核心。图 3-2 所示为 V(C,N) 充分析出后的组织形貌，根据变形过程析出物对位错的切过和绕过机制可知，V(C,N) 大量析出对屈服强度贡献很大。研究认为氮促进了钒在钢中的析出，其析出量可从 35% 提高到 70% 以上，其 0.01% V 强化当量从 7MPa 可提高到 25MPa。这些研究结果也促进了氮化钒铁的开发和推广应用，未来以氮化钒铁进行钒微合金化必将成为热轧高强含钒钢筋生产的主要合金化方式。表 3-2 所示为含钒高强钢筋的化学成分与力学性能，由表 3-2 可知，其力学性能基本满足 HRB500 的要求。表 3-3 所示为试验钢萃取复型后 M_3C 相中各元素组成，由表 3-3 可知，钢筋中 M_3C 相以 Fe_3C 为主；表 3-4 所示为试验钢萃取复型后 MC 相中各元素组成，由表 3-4 可知，钢筋中 M_3C 相以 V 的碳氮化物为主；表 3-5 所示为含钒高强钢筋中氮的形态和含量，由表 3-5 可见，约有 50% 的氮被钒固定，30% 的氮被铝固定，剩下 20% 的氮为游离氮，其含量远远低于常规冶炼水平。

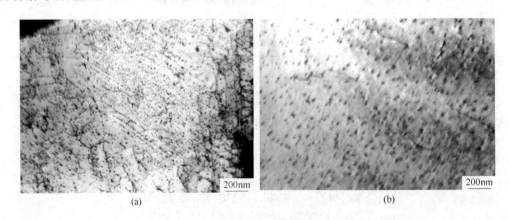

图 3-2 V(C,N) 的析出形貌

(a) 相间析出，呈片层状分布；(b) 一般析出，呈自由分布

表 3-2 含钒高强钢筋的化学成分与力学性能

试样	主要化学成分					力学性能		
	$w(C)/\%$	$w(Mn)/\%$	$w(Si)/\%$	$w(V)/\%$	$w(N)/\%$	R_m/MPa	R_{eL}/MPa	$A/\%$
1	0.24	1.50	0.51	0.054	0.0094	650	520	18
2	0.22	1.46	0.50	0.057	0.0100	650	525	19

表 3-3 含钒高强钢筋 M_3C 相中各元素组成 （%）

试 样	Fe	Cr	Mn	Ni	V	C	Σ
1	2.0754	0.0140	0.0854	0.0025	0.0030	0.1565	2.3368
2	2.0827	0.0124	0.0909	0.0024	0.0030	0.1573	2.3487

表 3-4 含钒高强钢筋 MC 相中各元素组成 （%）

试 样	V	Ti	Mo	C	N	Σ
1	0.0199	0.0014	0.0007	0.0011	0.0047	0.0278
2	0.0223	0.0013	0.0007	0.0015	0.0048	0.0306

表 3-5 含钒高强钢筋中氮的形态和含量

试 样	化 合 氮					游 离 氮	
	总 N 量/%	V(C,N)中氮/%	AlN 中氮/%	合计/%	比例/%	含量/%	比例/%
1	0.0094	0.0047	0.0026	0.0073	77.7	0.0021	22.3
2	0.0100	0.0048	0.0035	0.0083	83.0	0.0017	17.0

3.1.2.3 钒氮比

实际上，对于正常成分的含钒热轧钢筋，氮在钢中以固溶氮和氮化物形式存在，但在一定条件下间隙氮原子可以向缺陷处积聚，危害钢材的塑、韧性，具有极大的潜在危险性。为此，各国标准都规定了氮最大含量，如果存在固氮元素则可以适当放宽，因为固氮元素可与氮生成氮化物，这时氮已经化害为利，成为重要的合金元素。实践证明一定的钒氮比可以促进钒的析出，提高强化效果，同时钒氮结合可以抑制氮的有害作用。雍岐龙等提出 3.64 为钒氮充分结合的理想化学配比，从图 3-3 所示钒氮含量与强度的关系图可得强度增量在钒氮比为 4 时存在一拐点。如要在 HRB335 成分基础上通过钒微合金化生产 HRB500，则需要的强度增量为 175MPa，常规冶炼条件下氮含量为 0.005%，采用 50 钒铁增钒，其钒含量不小于 0.12%，而采用钒氮合金时，如果氮含量为 0.015%，则 V 含量不小于 0.06%，相比可节省 50% 的钒含量，其对低成本炼钢具有重要的指导意义。白瑞国等通过大工业生产实践得出 4~6 为生产含钒高强钢筋的合理钒氮比，故在含钒高强钢筋合金化方面大力推广氮化钒、氮化钒铁和其他富氮合金的应用，对节约钒资源、降低合金料消耗、实现低成本炼钢具有重要的现实意义。

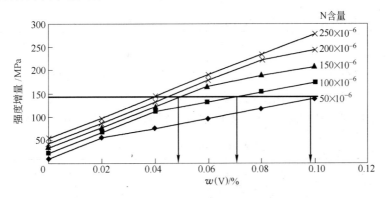

图 3-3 钒氮含量与强度的关系

3.1.2.4　不同强度级别钢筋的化学成分控制范围

高强度含钒钢筋是在 20MnSi 成分的基础上，添加不同含量的微合金化元素钒，钒与钢中廉价的氮元素结合，形成 VN（及 VC）析出物，通过析出强化机制达到提高钢筋强度等级的目的。工业生产证明，当钢中氮含量控制在 0.007% 以内时，钒元素含量超过 0.12% 后，其对钢筋抗拉强度和屈服强度贡献的绝对值都呈下降趋势，因此钒元素加入量不宜超过 0.12%。高强含钒钢筋的基础成分控制范围如表 3-6 所示。

表 3-6　高强度含钒钢筋基础成分控制范围　　　　　　　　　　　　（%）

C	Si	Mn	P	S	V	Ceq
≤ 0.25	≤ 0.80	≤ 1.60	≤ 0.045	≤ 0.045	≤ 0.120	≤ 0.55

A　HRB400

对于 HRB400 热轧含钒钢筋所添加的钒合金料，一般包括钒铁合金、钒氮合金。添加不同钒合金对应的 HRB400 钢筋化学成分见表 3-7。

表 3-7　HRB400 钢筋化学成分　　　　　　　　　　　　（%）

钒合金	C	Si	Mn	V	P	S	Ceq
钒铁合金	0.17 ~ 0.25	0.20 ~ 0.60	1.30 ~ 1.60	0.030 ~ 0.100	≤ 0.045	≤ 0.045	0.42 ~ 0.54
钒氮合金	0.17 ~ 0.25	0.20 ~ 0.60	1.30 ~ 1.60	0.025 ~ 0.080	≤ 0.045	≤ 0.045	0.42 ~ 0.54

常规冶炼条件下氮含量平均水平为 0.005%，采用 50 钒铁需 0.11% V；采用氮化钒合金方式，在增加钒含量的同时增加了部分氮含量，需 0.09% V，N 为 0.01%。V 用量节省20%；而采用氮化钒铁合金方式，在增加钒含量的同时增加了更多的氮含量，需 0.05% V，N 为 0.015%，V 用量节省 50%。

B　HRB500

钢中没有足够的氮元素，采用钒铁合金进行钒微合金化生产时，钢筋无法达到500MPa 级别。因此，必须充分利用廉价的氮元素，采用钒氮合金，使钒元素与足够的氮元素结合形成 VN，通过析出强化达到提高钢筋强度的目的。HRB500 热轧含钒钢筋的化学成分如表 3-8 所示。

表 3-8　HRB500 钢筋化学成分　　　　　　　　　　　　（%）

钒合金	C	Si	Mn	V	P	S	Ceq
钒氮合金	0.19 ~ 0.25	0.20 ~ 0.70	1.35 ~ 1.60	0.060 ~ 0.110	≤ 0.045	≤ 0.045	0.42 ~ 0.54

C　HRB600

单独采用钒氮合金时，氮元素含量已经无法满足更高强度（600MPa）的需求。在现有 HRB500 成分的基础上，采用氮化钒铁进行钒微合金化、氮化锰铁增氮及窄成分控制，能使钢筋强度达到 600MPa 级别。HRB600 热轧含钒钢筋的化学成分如表 3-9 所示。

表 3-9　HRB600 钢筋化学成分　　　　　　　　　　　　（%）

钒合金	C	Si	Mn	V	P	S	Ceq
钒氮合金	0.20 ~ 0.25	0.40 ~ 0.80	1.40 ~ 1.60	≥0.100	≤ 0.040	≤ 0.040	0.42 ~ 0.55

3.1.3 工艺路线

热轧高强含钒钢筋普遍采用的工艺路线为：

铁水→转炉炼钢→精炼→连铸→轧制

3.1.4 生产工艺

3.1.4.1 冶炼工艺

A 转炉炼钢

对于硫含量高的铁水，往往需要脱硫预处理。转炉采用顶底复吹冶炼，底吹气体采用氮气或氩气。炼钢终点控制目标 $[C] \geqslant 0.06\%$、$[S] \leqslant 0.035\%$、$[P] \leqslant 0.030\%$。出钢过程多采用复合脱氧剂脱氧，采用挡渣出钢，部分钢厂也采用出钢在线吹氩技术。

B 钒微合金化工艺

钒微合金化方式经历了一个演变过程。钒微合金化方式最早使用的是钒球、五氧化二钒等，随着钒铁（FeV80、FeV50）、氮化钒（74%～80%V，14%～16%N）和氮化钒铁（45%～55%V，11%～13%N）加工工艺的日益成熟，它们逐步取代了钒氧化物成为钒微合金化的主要原料。添加不同钒产品对应的钒收得率见表3-1。

C 精炼

含钒钢筋的精炼工艺主要采用在吹氩站进行吹氩精炼来保证成分和温度均匀，促进夹杂上浮，吹氩时间为3～5min。对于大规格（$\geqslant \phi 32mm$）高强含钒钢筋，为进一步提高钢水洁净度，可采用LF、CAS等精炼工艺。

D 连铸

大包开浇温度一般为1565～1580℃，中间包过热度控制在15～30℃范围内，有利于减小铸坯内温度梯度，抑制柱状晶的生长，改善铸坯内部质量。二冷比水量控制为0.8～1.0L/kg。通过对铸坯进行低倍组织和表面质量检验，铸坯质量较好，能满足轧制要求。

对于大规格（$\geqslant \phi 32mm$）高强含钒钢筋，为保证钢水洁净度，采用保护浇注方式。

3.1.4.2 轧制工艺

高强含钒钢筋的轧制工艺流程为：

165mm×165mm连铸坯→加热炉加热→高压水除鳞→粗轧机组→1号剪剪切→中轧机组→2号剪剪切→精轧机组→3号倍尺飞剪→冷床→4号定尺摆剪→收集→检验→包装→入库

A 热装热送

连铸坯采用热装热送工艺，节省能源，提高加热炉生产能力，减少连铸坯烧损，提高成材率，加快物流速度，减少储坯库房。

B 加热制度

钢的加热是奥氏体化过程，加热温度越高，保温时间越长，奥氏体晶粒越粗大；加热速度越快，过热度越大，奥氏体实际形成温度越高，奥氏体起始晶粒越细小。但在奥氏体起始晶粒小，加热温度较高的情况下，奥氏体晶粒易于长大。因而，应避免高温快速加热，保温时间不能过长，特别是冷、热坯交替入炉更易造成冷坯快速受热，热坯受热时间过长而使奥氏体晶粒粗大，从而影响热轧带肋钢筋性能。

另外，为保证热轧后钢筋沿长度方向性能的均匀性，要求钢坯加热温度应均匀一致。为保证钒的碳、氮化合物充分溶解，应采用较高的加热温度，但是由于钒元素的强化作用与钒的碳氮化物析出颗粒大小有关，当加热、轧制温度较高时，钒的碳氮化物析出颗粒大，加热、轧制温度低时析出颗粒小。即当加热、轧制温度高时，钒元素的强化能力有所降低，当加热、轧制温度低时，钒元素的强化能力会更高。

综合以上两个因素，结合轧机能力，确定钢坯预热段温度为 750~1140℃，加热段温度为 1050~1200℃，均热段温度为 1050~1150℃，出炉温度控制在 1030~1080℃ 范围内。加热应均匀，尽量减小黑印对钢材性能指标的影响。

C 孔型选择

孔型系统采用全连续轧制，第 1~3 架采用箱形孔型系统，其余采用椭圆—圆孔型系统。轧机采用平立交替布置，实现轧制过程无扭转。典型产品 $\phi16mm$ 热轧带肋钢筋的切分孔型系统如图 3-4 所示。

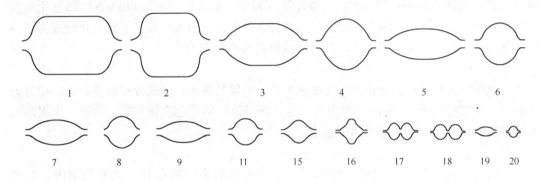

图 3-4 $\phi16mm$ 热轧带肋钢筋切分孔型系统图

1~20—孔型序号

D 轧制工艺控制

因钢中加入了钒元素，对加热温度和冷却温度均较为敏感，因此在轧制过程中应控制好轧制节奏和速度，使其温度均匀，以达到晶粒细化的目的，保证产品有正常的金相组织和足够的强度。

3.1.5 结果及性能分析

3.1.5.1 力学性能

HRB400、HRB500 屈服强度（R_{eL}）、抗拉强度（R_m）、伸长率（A）、最大力下总伸长率（A_{gt}）、强屈比、屈标比、弯曲性能都全部满足国家标准的要求。通过窄成分控制及稳定的轧制工艺，HRB400 钢筋屈服强度稳定在（450 ± 30）MPa 范围内（见图 3-5），HRB500 钢筋屈服强度稳定在（565 ± 30）MPa 范围内（见图 3-6）。

3.1.5.2 显微组织

试样经切割、抛光处理后，用 4% 硝酸酒精腐蚀，在金相显微镜下观察，HRB400 和 HRB500 金相组织为均匀分布的铁素体和珠光体，见图 3-7 和图 3-8 所示，从图中可以看

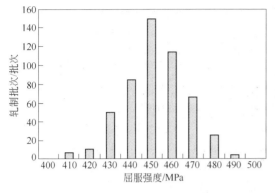

图 3-5　HRB400 钢筋屈服强度分布图　　　　图 3-6　HRB500 钢筋屈服强度分布图

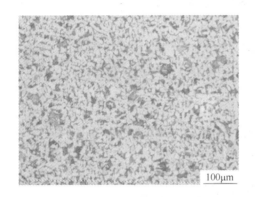

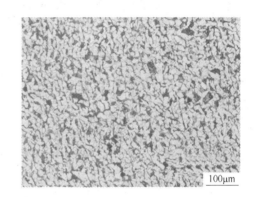

图 3-7　HRB400 钒合金钢筋金相组织　　　　图 3-8　HRB500 钒合金钢筋金相组织

出钢筋的内外组织均匀、晶粒细小，晶粒度达到 9 级以上。

3.1.5.3　焊接及机械连接性能

钢筋的连接方式主要有焊接和机械连接两种。

国家建筑钢材质量监督检验中心对 $\phi16mm$、$\phi25mm$ 的 HRB500 钢筋进行了九种不同焊接方法检验（见表 3-10），对 $\phi20\sim32mm$、$\phi40mm$ 的 HRB500 钢筋进行了剥肋滚压直螺纹连接试验，结果全部合格。

表 3-10　HRB500 钢筋焊接试验结果汇总表

焊接方法	钢筋规格 /mm	检验项目		实测值（不小于 630MPa）			检验样本	结果评定
闪光对焊	16	接头试件 力学性能	抗拉强度/MPa	710	720	720	3	合格
			断裂位置	母材	母材	母材		
			断口特征	延性断裂	延性断裂	延性断裂		
	25	接头试件 力学性能	抗拉强度/MPa	670	670	665	3	合格
			断裂位置	母材	母材	母材		
			断口特征	延性断裂	延性断裂	延性断裂		

续表3-10

焊接方法	钢筋规格/mm	检验项目		实测值（不小于630MPa）			检验样本	结果评定
帮条焊	16	接头试件力学性能	抗拉强度/MPa	720	690	720	3	合格
			断裂位置	母材	热影响区	母材		
			断口特征	延性断裂	脆性断裂	延性断裂		
	25	接头试件力学性能	抗拉强度/MPa	675	670	670	3	合格
			断裂位置	母材	母材	母材		
			断口特征	延性断裂	延性断裂	延性断裂		
搭接焊	16	接头试件力学性能	抗拉强度/MPa	715	710	720	3	合格
			断裂位置	母材	母材	母材		
			断口特征	延性断裂	延性断裂	延性断裂		
	25	接头试件力学性能	抗拉强度/MPa	665	665	675	3	合格
			断裂位置	母材	母材	母材		
			断口特征	延性断裂	延性断裂	延性断裂		
坡口焊	16	接头试件力学性能	抗拉强度/MPa	720	725	715	3	合格
			断裂位置	母材	母材	母材		
			断口特征	延性断裂	延性断裂	延性断裂		
	25	接头试件力学性能	抗拉强度/MPa	660	665	665	3	合格
			断裂位置	母材	母材	母材		
			断口特征	延性断裂	延性断裂	延性断裂		
熔槽帮条焊	16	接头试件力学性能	抗拉强度/MPa	715	695	720	3	合格
			断裂位置	母材	母材	母材		
			断口特征	延性断裂	延性断裂	延性断裂		
	25	接头试件力学性能	抗拉强度/MPa	665	670	665	3	合格
			断裂位置	母材	母材	母材		
			断口特征	延性断裂	延性断裂	延性断裂		
窄间隙焊	16	接头试件力学性能	抗拉强度/MPa	720	715	720	3	合格
			断裂位置	母材	母材	母材		
			断口特征	延性断裂	延性断裂	延性断裂		
	25	接头试件力学性能	抗拉强度/MPa	665	670	665	3	合格
			断裂位置	母材	母材	母材		
			断口特征	延性断裂	延性断裂	延性断裂		
电渣压力焊	16	接头试件力学性能	抗拉强度/MPa	725	700	700	3	合格
			断裂位置	母材	母材	母材		
			断口特征	延性断裂	延性断裂	延性断裂		
	25	接头试件力学性能	抗拉强度/MPa	660	660	655	3	合格
			断裂位置	母材	母材	母材		
			断口特征	延性断裂	延性断裂	延性断裂		

焊接方法	钢筋规格/mm	检验项目		实测值（不小于630MPa）			检验样本	结果评定
气压焊	16	接头试件力学性能	抗拉强度/MPa	685	695	675	3	合格
			断裂位置	母材	母材	母材		
			断口特征	延性断裂	延性断裂	延性断裂		
	25	接头试件力学性能	抗拉强度/MPa	660	645	650	3	合格
			断裂位置	母材	母材	母材		
			断口特征	延性断裂	延性断裂	延性断裂		
预埋件埋弧压力焊	16	接头试件力学性能	抗拉强度/MPa	720	675	725	3	合格
			断裂位置	母材	焊缝	母材		
			断口特征	延性断裂	脆性断裂	延性断裂		
	25	接头试件力学性能	抗拉强度/MPa	675	675	655	3	合格
			断裂位置	母材	母材	母材		
			断口特征	延性断裂	延性断裂	延性断裂		

HRB500 钢筋产品质量良好、可靠，并具有良好的工艺性能和使用性能，已达到了国际同类产品的先进水平，完全满足高层、超高层及大型建筑工程的需要。

3.1.5.4 含钒高强钢筋优良的低温性能

钢的韧塑性随温度下降而降低，在低于韧脆转变温度下服役时，极易发生脆性断裂。含钒高强钢筋经国家质量监督检验中心检验，-40℃低温下 V 形冲击功保持在 30J 以上（见图 3-9），断后伸长率保持在 17% 以上（见图 3-10），具备良好的低温综合性能，完全可以应用于高寒地区。

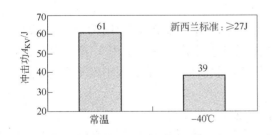

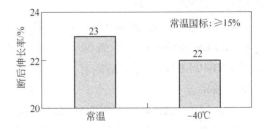

图 3-9　含钒高强钢筋常温及低温冲击功对比　　图 3-10　含钒高强钢筋常温及低温断后伸长率对比

3.1.6 结论

（1）不同强度等级的高强钢筋采用不同的钒微合金化方式，能够达到 400MPa 级、500MPa 级、600MPa 级甚至更高强度级别。

（2）采用钒微合金化生产的高强钢筋具有性能稳定、组织内外均匀一致、较低的韧脆转变温度以及良好的抗腐蚀能力与低温性能。

（3）采用添加氮化钒铁合金方式，能够充分利用廉价的氮元素，钒用量节省 50%，是较经济的生产方式。

（4）采用钒微合金化生产高强钢筋，对冶炼、轧制工艺要求不高，具有成本低、工艺简单的特点，是高强钢筋普遍采用的生产工艺。

3.2 热轧高强含铌钢筋生产工艺

3.2.1 热轧含铌钢筋的推广历程和技术背景

经过几代钢铁科研工作者的积极推动，Nb、V 和 Ti 微合金化工艺技术获得了较快的发展，尤其采用 Nb、V 微合金化工艺生产 HRB400、HRB500 热轧高强抗震钢筋。由于我国钒资源丰富，且钒微合金化工艺对设备、控制要求较低，采用 V-N 微合金化工艺生产 HRB400 钢筋进一步推动了钒微合金化工艺的发展。自 2004 年以来，由于钒资源价格暴涨，极大地促进了铌微合金化工艺生产 HRB400、HRB500 高强抗震钢筋生产技术的发展，也解决了困扰铌微合金化高强钢筋的一系列技术难题，包括贝氏体组织和连续屈服问题、规格效应问题，促进了铌微合金化技术的发展。生产实践也发现，如果工艺设计、控制合理，铌微合金化工艺强化效果明显高于钒微合金化工艺，即所谓的 1 个铌等同于 2 个钒（采用钒铁微合金化工艺）和 1.5 个钒（采用钒氮微合金化工艺）。此外，铌微合金化 HRB400、HRB500 热轧钢筋展现出更理想的抗震性能，即具有高的强屈比性能。

3.2.2 成分设计

根据《钢筋混凝土用钢　第二部分：热轧带肋钢筋》（GB 1499.2—2007）对牌号和化学成分的规定，HRB400 和 HRB500 高强钢筋化学成分包括常规五大元素和相应的碳当量；同时指出，根据需要，钢中可以添加 V、Nb、Ti 等元素。该标准同时规定了热轧交货状态和对应的室温金相组织，即推荐室温金相组织主要为铁素体和珠光体，不得有影响使用性能的其他组织存在。

对于高强度钢筋 HRB400、HRB500，其成分设计思路来源于传统 HRB335 基本成分，即在 20MnSi 成分基础上添加 Nb、V，匹配控轧控冷工艺生产。对于采用 Ti 微合金化工艺生产 HRB400 钢筋，尽管国内有一些报道，但由于 Ti 收得率在冶炼过程中极不稳定，影响了推广效果。

下面讨论 HRB400、HRB500 高强抗震钢筋的成分设计原则。

碳元素是最经济的强化元素，但添加较高的碳含量会恶化塑性和焊接性能，因此一般碳含量不大于 0.25%，常规碳目标含量控制为 0.20%，由于近来成本压力和技术进步，钢厂为降低合金使用成本，碳目标含量已经调整为 0.22%，甚至更高。

锰和硅元素均为固溶强化元素，Mn 上限一般不易超过 1.5%。近来，由于受成本压力影响，一些钢厂进一步把 Mn 添加量降低为 1.1%。

对于 P 和 S 元素含量的控制，在工序成本最小化的前提下，P 和 S 含量越低越理想。

当前，HRB400 钢筋主要采用微合金化工艺和控轧控冷工艺（穿水工艺）生产，但对于一级抗震要求的 HRB400 钢筋，建筑设计单位和大钢厂仍偏向采用微合金化工艺生产，以保证抗震性能指标。HRB500 钢筋则需要全都采用微合金化工艺生产，包括钒微合金化工艺、Nb 微合金化工艺以及铌、钒复合微合金化工艺。

Nb 微合金元素广泛应用于高强低合金钢生产中，这主要是由 Nb 微合金元素的强化机制所决定的，如图 3-11 所示。铌微合金元素的强化机制主要为细晶强化和相对较弱的沉淀强化，固溶于奥氏体中的铌（即"可溶铌"）和在轧制过程中析出的碳氮化物（即"沉淀铌"）扮演着两种不同的强化机制。在轧制变形过程中析出的细小碳氮化物附加上溶质拖曳作用延迟奥氏体再结晶，提高了奥氏体再结晶温度，在 950℃ 即停止再结晶，加工硬化导致所谓"变形带"，提高了晶界面积，即铁素体相变形核点，最终细化了铁素体晶粒。

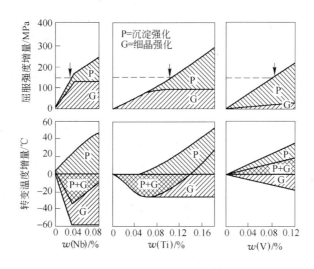

图 3-11 Nb、V、Ti 强化效果

对比于应用最广泛的板带材产品低碳、铌 + TMCP 生产工艺，由于钢筋合金体系和工装设备条件不同，传统的棒材生产线不具备机架间控轧条件，且精轧机轧制升温，终轧温度随产品规格处在 950 ~ 1100℃ 范围内，低温控轧效果降低。同时，由于轧后控制冷却抑制"固溶铌"在轧后高温区间析出，析出强化效果显著。铌微合金化钢筋生产工艺除奥氏体化过程细化晶粒和轧制过程抑制再结晶强化效果外，固溶铌在冷床上弥散析出进一步提高强度。

另外，由于微合金化元素的析出强化效果和其晶格常数大小的顺序有关，图 3-12 给出了 Nb、V、Ti 微合金的晶格析出强化效果，铌的这种较强的强化作用又受到了其在奥氏体中形成析出物倾向的限制，若同时发生形变，更促进这种析出物的析出倾向。所以如何平衡相变前奥氏体中"可溶铌"和"析出铌"也将决定铌强化效果的发挥。

2004 年，由于钒铁合金价格的暴涨，国内钢厂（如首钢、唐钢、宣钢和昆钢等钢筋生产企业）开展了含铌 HRB400 Ⅲ级钢筋的生产研制，开发的铌微合金化 HRB400 钢

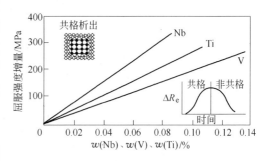

图 3-12 Nb、V、Ti 析出强化对屈服强度的贡献

筋基本上都能满足 HRB400 抗震钢筋的力学性能要求，铌平均添加量为 0.03% 左右。近几年，由于激烈竞争带来的成本压力，钢筋生产厂家采取不同工艺手段降低合金成本，如马钢提出了节约型铌微合金化 HRB400 钢筋的成分与工艺研究，为推动减量化、高强化做出了贡献。

本节将以常规添加 0.03% Nb 为载体介绍 Nb 微合金化工艺技术，兼顾微铌处理工艺生产 HRB400 钢筋和铌钒复合微合金化生产 HRB500 高强抗震钢筋的生产技术。在进行深入讨论铌微合金化工艺之前，有必要明确以下三个前提：

（1）对于 20MnSi 基础成分，采用 Nb 微合金化工艺添加多少 Nb 需要综合考虑溶解温度和加热炉设备条件；

（2）由于钢筋生产厂家装备、控制水平存在差异，添加多少 Nb 含量取决于钢厂的设备能力和控制水平；

（3）由于钢筋强度性能受压缩比，即钢筋规格（直径）影响显著，一般根据生产经验进行细分，添加不同铌含量。

3.2.2.1 铌微合金化工艺溶解温度

未固溶的 Nb 微合金元素可以抑制奥氏体过程晶粒长大，但不能参与轧制过程中晶粒细化和（或）二次沉淀强化。为了准确建立微合金元素和奥氏体化温度的关系，英国 Swinden 研究所于 1967 年在指出了微合金钢控轧的优点后，在分析讨论有关问题时引入了微合金碳、氮化物在奥氏体中的固溶度这一非常重要的概念，其结构公式如下：

$$\lg K_S = \lg[M][X] = A - B/T$$

式中　K_S——平衡常数；

　　　M——微合金的含量（质量分数），%；

　　　X——碳、氮的含量（质量分数），%；

　A，B——常数；

　　　T——绝对温度。

目前比较常用的 Nb 溶解温度计算公式如下：

Irvine 公式

$$\lg[Nb]\left[C + \frac{12}{14}N\right] = -6770/T + 2.16$$

Mori 公式

$$\lg[Nb][C]^{0.87} = -7700/T + 3.18$$

$$\lg[Nb][N]^{0.65}[C]^{0.24} = -10400/T + 4.09$$

Meyer 公式

$$\lg[Nb][C] = -7290/T + 3.04$$

$$\lg[Nb][N + C] = -5860/T + 1.54$$

Siciliano 公式

$$\lg[Nb]\left[C + \frac{12}{14}N\right] = 2.26 + \frac{838[Mn]^{0.246} - 1730[Si]^{0.594} - 6440}{T}$$

Dong 公式

$$\lg[Nb]\left[C + \frac{12}{14}N\right] = 3.14 + 0.35[Si] - 0.91[Mn] + \frac{1371[Mn] - 923[Si] - 8049}{T}$$

上面计算公式指出，Nb 微合金溶解量随加热温度升高而增加。对于 20MnSiNb 钢坯，给定化学成分如表 3-11 所示，采用以上传统计算公式计算 Nb 微合金完全溶解温度，其结果如表 3-12 所示。从表 3-12 可以发现，大部分公式计算的溶解温度大于 1200℃，甚至达到 1300℃。

表 3-11　20MnSiNb 化学成分 （%）

牌　号	C	Mn	Si	Nb	N
20MnSiNb	0.20	1.40	0.50	0.03	0.005

表 3-12　20MnSiNb 计算 Nb 完全溶解温度 （℃）

Irvine	Mori		Meyer		Siciliano	Dong
Nb-C-N	Nb-C	Nb-C-N	Nb-C	Nb-C-N	Nb-C-N	Nb-C-N
1242	1177	1297	1112	1326	1245	1304

采用应用广泛的 Irvine 公式计算得出溶解量与加热温度的关系，如图 3-13 所示。可以发现当加热温度高于 800℃时，铌添加量逐步溶解，0.03% Nb 对应的溶解温度为 1242℃。由于钢筋生产线加热炉一般不能长时间维持在 1200℃，因此对于 HRB400 钢筋，铌目标添加量一般为 0.030%。

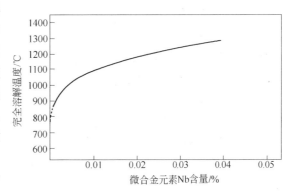

图 3-13　Irvine 公式计算溶解温度

3.2.2.2　某钢厂 Nb 微合金添加量的工业试验

针对钢筋的规格以及不同生产车间设备和控制水平，确定了 Nb 微合金化 HRB400 小方坯铌添加量。在进行小规格（φ10 ~ 16mm）铌微合金化 HRB400 钢筋的试制阶段，分别试验了每炉（210t）加入 60kg、80kg 和 110kg 铌的试验方案，冶炼成分和力学性能分别如表 3-13 和表 3-14 所示。

表 3-13　不同 Nb 添加量的工业试验成分

工　艺	Nb 添加量 /kg·炉⁻¹	化学成分/%			
		C	Si	Mn	Nb
1	60	$\frac{0.20 \sim 0.22}{0.21}$	$\frac{0.39 \sim 0.45}{0.48}$	$\frac{1.31 \sim 1.41}{1.36}$	$\frac{0.0134 \sim 0.0192}{0.0162}$

工 艺	Nb 添加量 /kg·炉$^{-1}$	化学成分/%			
		C	Si	Mn	Nb
2	80	0.20 ~ 0.22 0.21	0.47 ~ 0.54 0.50	1.39 ~ 1.41 1.40	0.018 ~ 0.028 0.025
3	110	0.20 ~ 0.22 0.21	0.46 ~ 0.51 0.50	1.25 ~ 1.33 1.37	0.033 ~ 0.038 0.036

表 3-14　不同 Nb 添加量的力学性能

工艺	R_{eL}/MPa		R_m/MPa		A_5/%	
	范 围	平 均	范 围	平 均	范 围	平 均
1	425 ~ 460	448	580 ~ 625	605	17.3 ~ 31.6	23.5
2	435 ~ 485	460	580 ~ 630	608	20.5 ~ 37.5	29.6
3	455 ~ 475	464	615 ~ 650	630	18.0 ~ 33.0	25.4

　　从试验结果看，采用铌微合金化工艺的力学性能可以完全满足 HRB400 钢筋的性能要求，并且随 Nb 含量的增加，力学性能逐渐提高。但是 Nb 添加 60kg/炉时，屈服强度存在较大的波动，部分数据接近钢厂内控屈服强度下限 420MPa，添加 80kg/炉时成分控制和力学性能比较稳定，当添加量达到 110kg/炉时，力学性能比添加 80kg/炉时增加并不显著，为此确定小规格（≤φ16mm）HRB400 钢筋 Nb 添加量为 80kg/炉。

　　综合规格效应等因素，大规格（φ20 ~ 40mm）HRB400 钢筋 Nb 添加量为 90kg/炉，即目标铌添加量为 0.03%。

3.2.2.3　节约型微铌处理成分设计

　　由于钢铁产量严重过剩挤压钢厂的利润空间，迫使钢厂不断优化生产工艺和成分设计方案，降低 HRB400 钢筋的合金成本。其中，马钢通过 Nb 微合金化技术、控制轧制和控制冷却技术的综合应用，进一步优化成分和工艺，降低了铌添加量，开发出了具有成本优势的、生产简便易行的节约型 Nb 微合金化 HRB400 钢筋，即通过优化钢坯加热温度（1050 ~ 1150℃）和上冷床温度（830 ~ 860℃），添加 0.01% ~ 0.028% Nb 可生产力学性能稳定的 HRB400 抗震钢筋。

　　不同规格 HRB400 钢筋 Nb 添加量如表 3-15 所示。

表 3-15　节约型 Nb 微合金化工艺 Nb 的添加量

规格/mm	12	14	16	20	25
$w(Nb)$/%	0.01	0.015	0.020	0.020	0.028

3.2.2.4　铌钒复合微合金化工艺生产 HRB500 抗震钢筋

　　住建部和工信部 2012 年 1 月联合出台的《关于加快应用高强钢筋的指导意见》明确提出，"加速淘汰 HRB335 螺纹钢筋，优先使用 HRB400 螺纹钢筋，积极推广 HRB500 螺纹钢筋"，"2013 年底，在建筑工程中淘汰 335MPa 螺纹钢筋"，"2015 年底，高强钢筋的产量占螺纹钢筋总产量的 80%，在建筑工程中使用量达到建筑用钢筋总量的 65% 以上"，"在应用 HRB400 级螺纹钢筋为主的基础上，对大型高层建筑和大跨度公共建筑，优先采用 HRB500 螺纹钢筋，逐年提高 HRB500 螺纹钢筋的生产和使用比例"。2011 年 7 月 1 日，《混凝土结构设计规范》（GB 50010—2010）正式实施，该标准正式将 HRB500 钢筋列入设计规范，为 HRB500 大规模应用创造了条件。

当前，HRB500 抗震钢筋的开发、推广和应用正处于初始阶段，国内钢筋生产厂家正开展以微合金化工艺生产 HRB500 抗震钢筋的合金设计、生产工艺和应用技术（焊接、机械连接等）的研究。根据国内文献报道和生产实践，目前 HRB500 抗震钢筋主流采用 V-N 微合金化工艺（如国内承钢）、铌微合金化工艺和铌钒复合微合金化工艺生产（国内以昆钢为代表）。

根据 HRBF500 抗震钢筋的生产实践，铌微合金化 HRBF500 抗震钢筋的化学成分（质量分数）为：C：0.19%~0.25%，Si：0.39%~0.57%，Mn：1.32%~1.59%，P：<0.035%，S：<0.035%，Nb：0.027%~0.035%。工艺流程为：

冶炼→加热→轧制→控制冷却→冷床空冷→检验、包装

其中控制冷却的重点在于冷却强度的控制，冷却强度的关键在于控冷后钢筋上冷床温度的控制。热模拟试验和相关研究表明，控冷后终止温度（钢筋上冷床温度）在马氏体、贝氏体温度之上，可使钢筋获得较好的组织形态（等轴状铁素体 + 珠光体）和强韧性能。根据研究结果和生产实践，钢筋控冷后上冷床温度应为 670℃左右。

昆明钢铁集团有限公司炼钢中加入钒氮合金、铌铁、增氮剂，通过增氮改变了铌、钒在相间的分布，促进其从固溶状态向碳氮化物析出相的转移，大量弥散的析出相，使微合金析出强化效果得到充分发挥。轧钢控制点包括加热、开轧、轧后控制冷却温度，充分发挥细晶强化和相变强化作用，使钢的强塑性得到显著提高，实现了 HRB500 高强抗震钢筋的商业化生产。合金设计根据钢中 V/N、Nb/N 接近理想化学配比有利于微合金化最大程度析出的原则，同时尽量避免自由氮引起的时效性，制订了以富氮铌钒微合金化控冷工艺试制 HRB500E 钢筋的合金设计和生产工艺，其中 Nb 和 V 添加量均小于 0.03%。

3.2.3 工艺路线

对于 Nb 微合金化工艺生产 HRB400 钢筋，工艺路线为：

转炉或电炉冶炼→钢包（Nb）微合金化→吹氩精炼→浇注→钢坯检查→加热炉加热→轧制→控制冷却→检查→产品入库

对于 Nb（V）微合金工艺生产 HRB500 钢筋，工艺路线为：

转炉或电炉冶炼→钢包（Nb 或 Nb + V）微合金化→吹氩精炼→浇注→加热炉加热→轧制→控制冷却→检查→产品入库

涉及 Nb 微合金化工艺关键点如下：

（1）Nb 合金在转炉出钢时向钢包内加入，加入时间控制在出钢量为 1/3~2/3 时；

（2）控制连铸坯矫直温度，避免连铸小方坯角横裂出现；

（3）轧钢工艺方案，包括加热温度、冷却工艺和上冷床温度设定和优化。

3.2.4 生产工艺

如上所述，由于 Nb 在冶炼过程中比较稳定，一般收得率为 95%左右。冶炼过程中需要注意的问题是含铌小方坯的角横裂问题。对于 Nb 微合金化工艺，核心技术集中在轧制

过程中铌的存在状态和强化效果研究。

3.2.4.1 冶炼工艺

含铌连铸坯角横裂是相对敏感的问题，其主要原因：

（1）连铸过程铸坯中 NbN、Nb(C,N) 等析出引起钢脆化是此类钢铸坯易产生裂纹的内在原因；

（2）连铸坯表面的振痕加大了横裂、角横裂的产生；

（3）在钢的脆性温度区对铸坯进行矫直是造成横裂、角横裂的直接原因。

因此，确定含铌小方坯高温塑性低谷区，采取适宜的拉速和二冷制度，可以避免在塑性低谷区产生表面横裂。图 3-14 所示为 20MnSiNb 高温热塑性热模拟试验结果。

3.2.4.2 轧制工艺

A 加热温度

在热模拟试验机 Gleeble2000 上进行了奥氏体化实验，将热模拟样加热到不同温度，保温不同时间，然后淬火观察奥氏体晶粒组织，实验参数和检验结果如图 3-15 所示。可以看到随加热温度的升高和保温时间的延长，奥氏体晶粒逐渐长大。在 950 ~ 1100℃ 范围内，奥氏体晶粒变化不显著；当奥氏体化温度达到 1150℃ 时，保温 30min 后，奥氏体晶粒快速长大，由 7 级增加到 2 级，表明 Nb 的碳氮化物开始全部溶解到奥氏体中，对奥氏体晶界的钉扎作用失去效果。

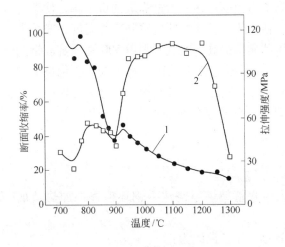

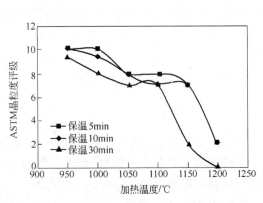

图 3-14 20MnSiNb 高温热塑性
热模拟试验结果
1—拉伸强度；2—断面收缩率

图 3-15 加热温度 950 ~ 1200℃ 保温
不同时间晶粒度

加热到 950、1000、1050、1100、1150 和 1200℃，保温 10min 的金相组织照片如图 3-16 所示，可以明显看到加热温度对奥氏体晶粒尺寸的影响。在 950 ~ 1000℃ 之间，晶粒长大并不明显，晶粒尺寸在 20μm 左右，晶粒长大受到明显的抑制；随着温度的升高，晶粒长大比较明显，到 1050℃ 时，晶粒为 50μm 左右；随着温度的继续升高，晶粒尺寸急剧增加，到 1200℃，晶粒已经长到 170μm 左右。可以看出，在一定温度范围内，奥氏体晶粒长大受到一定的抑制，主要原因是由于析出粒子对晶界迁移的阻碍作用，但是当温度升高到一定程度时，Nb 的固溶量增加，对奥氏体晶界的钉扎作用减弱，另一方面溶质原子对于晶界的拖曳作用减弱，故晶粒迅速长大。

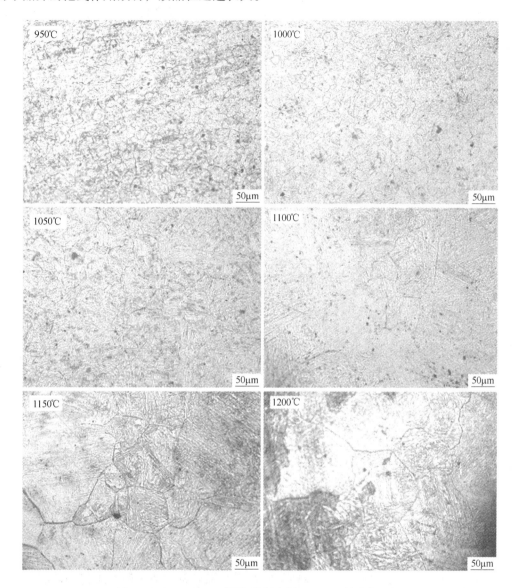

图 3-16   20MnSiNb 不同加热温度保温 10min 的金相组织

综合 20MnSiNb 溶解温度计算公式，可以确定当加热温度大于 950℃后，Nb 微合金开始溶解到奥氏体中，并且随加热温度的提高和保温时间的延长，溶解量也逐渐增加。当加热温度升高到一定程度或高温时保温时间延长到一定程度，Nb 微合金元素全部溶解到奥氏体中，为随后的沉淀强化准备了前提条件。

为了验证加热温度的影响，现场进行了测温和力学性能对比试验，如图 3-17 所示。按照正常规律，加热温度比开轧温度高 50℃，可以发现当加热温度达到或超过 1200℃时，屈服强度反而大幅度下降，与奥氏体化实验结果基本一致。

B   控轧控冷工艺

图 3-18 给出了某钢厂微合金化 HRB400 不同规格钢筋轧机和冷却工艺生产布置，由于

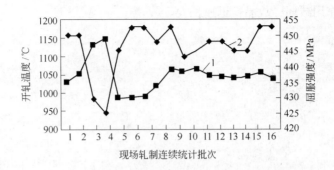

图 3-17 现场验证开轧温度和屈服强度的对应关系
1—开轧温度；2—屈服强度

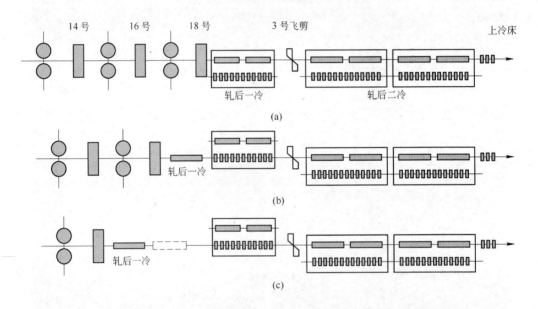

图 3-18 铌微合金化工艺生产 HRB400 钢筋的设备和工艺布置
（a）φ22～28mm 轧后冷却布置形式；（b）φ32mm 轧后冷却布置形式；（c）φ36～40mm 轧后冷却布置形式

传统的棒材（钢筋）生产线基本上不具备机架间控温设备，即不能实施控制轧制工艺效果，但具备一定的控制冷却能力。对于 φ16mm 及以下小规格，铌微合金化工艺不依赖轧后水冷工艺。

对于钢筋生产线，由于机架间不能控温，即不具备控制轧制手段，且钢筋终轧速度属于升温轧制，终轧温度较高。如某钢厂生产经验，一般 φ25mm 终轧温度为 1050℃ 左右，φ16mm 等小规格终轧温度为 1100℃ 左右，φ40mm 大规格终轧温度为 950℃ 左右。

3.2.5　结果及性能分析

某钢厂 2005～2006 年生产铌微合金化 HRB400 钢筋 100 多万吨，他们在生产中系统研究了铌微合金化生产工艺和力学性能、组织的对应关系。生产实践证明，如果设计合理，采用铌微合金化工艺生产的 HRB400 钢筋力学性能更加稳定，抗震性能更加优越。

3.2.5.1 铌微合金化 HRB400 和 HRB500 钢筋力学性能

表 3-16 给出了铌微合金化 $\phi12 \sim 40\text{mm}$ 规格 HRB400 钢筋的拉伸性能。由表 3-16 可以获得以下结论：

（1）强度指标。从屈服强度、抗拉强度统计结果来看，采用 Nb 微合金化生产工艺后力学性能稳定，并具有较大的富裕量。

（2）伸长率。从统计结果看，随规格增大，伸长率下降。

表 3-16　铌微合金化 HRB400 钢筋的力学性能统计结果

规　格	屈服强度 R_{eL}/MPa			抗拉强度 R_m/MPa			伸长率 A/%		
	范围	均值	偏差	范围	均值	偏差	范围	均值	偏差
$\phi12_{切}$	440 ~ 495	462	9	585 ~ 665	624	14	21.5 ~ 33.5	28.8	2.1
$\phi14_{切}$	420 ~ 490	461	11	585 ~ 670	624	15	21.5 ~ 31.5	27.4	1.7
$\phi16_{切}$	435 ~ 485	461	10	595 ~ 665	627	14	19.0 ~ 30.5	25.3	2.9
$\phi20_{切}$	445 ~ 485	466	11	605 ~ 640	616	13	18.0 ~ 26.5	22.4	1.8
$\phi22$	435 ~ 510	464	15	575 ~ 660	613	16	17.5 ~ 28.5	23.1	1.6
$\phi25$	420 ~ 520	453	12	570 ~ 670	606	15	16.5 ~ 29.0	22.5	1.7
$\phi28$	420 ~ 500	456	12	575 ~ 650	612	12	17.0 ~ 27.5	22.0	1.7
$\phi32$	435 ~ 485	457	12	575 ~ 645	606	12	16.0 ~ 25.5	20.5	1.5
$\phi36$	430 ~ 495	453	12	580 ~ 645	602	16	17.0 ~ 23.5	20.2	1.8
$\phi40$	450 ~ 500	481	—	595 ~ 650	622	—	16.5 ~ 23.0	19.8	—

铌、铌钒微合金化 HRB500 高强抗震钢筋的拉伸性能如表 3-17 所示。

表 3-17　铌、铌钒微合金化 HRB500 钢筋的力学性能统计结果

微合金化工艺	合金设计		力学性能				
	$w(\text{Nb})$/%	$w(\text{V})$/%	R_{eL}/MPa	R_m/MPa	A/%	A_{gt}/%	R_m/R_{eL}
铌	0.027	—	531	681	20.0	—	1.28
	0.035	—	568	729	30.0	—	1.28
	0.033	—	546	706	25.5	—	1.29
铌钒	0.021	0.023	505	650	15.5	9.5	1.25
	0.033	0.034	570	730	24.0	15.5	1.32
	0.024	0.027	541	702	20.5	12.5	1.29

3.2.5.2 铌微合金化 HRB400 钢筋抗震性能

钢筋强屈比与 R_{eL}°/R_{eL} 的比值均是衡量钢筋使用性能的重要指标。在现代混凝土结构设计中，为了建筑结构抗震的需要，要求钢筋的强屈比不小于 1.25，同时在确保建筑结构构件具有潜在承载能力的前提下，又要求 R_{eL}°/R_{eL} 的比值不大于 1.30，以实现"强剪弱弯"、"强柱弱梁"的一级抗震设计要求。$\phi12 \sim 40\text{mm}$ 规格 HRB400Nb 钢筋的强屈比（R_m/R_{eL}）与 R_{eL}°/R_{eL} 统计结果如表 3-18 所示。统计结果表明采用铌微合金工艺，钢筋抗震指标（R_m/R_{eL}）与 R_{eL}°/R_{eL} 完全达到要求。

表 3-18 铌微合金化 HRB400 钢筋 R_m/R_{eL} 与 $R°_{eL}/R_{eL}$ 统计结果

规格/mm	R_m/R_{eL}		$R°_{eL}/R_{eL}$	
	范 围	平均值	范 围	平均值
φ12	1.26 ~ 1.42	1.32	1.09 ~ 1.24	1.13
φ14	1.25 ~ 1.43	1.34	1.08 ~ 1.23	1.13
φ16	1.26 ~ 1.41	1.33	1.08 ~ 1.23	1.13
φ20	1.26 ~ 1.43	1.31	1.08 ~ 1.22	1.14
φ22	1.26 ~ 1.41	1.33	1.09 ~ 1.25	1.15
φ25	1.25 ~ 1.46	1.34	1.08 ~ 1.26	1.13
φ28	1.26 ~ 1.41	1.34	1.08 ~ 1.24	1.14
φ32	1.26 ~ 1.44	1.32	1.08 ~ 1.21	1.14
φ36	1.29 ~ 1.37	1.33	1.11 ~ 1.24	1.15
φ40	1.27 ~ 1.33	1.30	1.13 ~ 1.21	1.16

延伸率是反映钢筋的塑性和抗断裂的一个重要指标。均匀伸长率是钢筋的应力-应变曲线的应力达到最高点,而钢筋又尚未开始缩颈时所产生的伸长率,又称为最大力下的总伸长率 A_{gt}(简称均匀伸长率)。均匀伸长率 A_{gt} 真实地反映了钢筋在拉断前的平均伸长率,可客观地反映钢筋的均匀变形能力,是判断钢筋延性的一个重要指标,A_{gt} 过低易导致构件产生脆性破坏。

φ12 ~ 40mm 规格 HRB400Nb 钢筋均匀伸长率统计结果如表 3-19 所示。国家标准规定钢筋在最大力下的总伸长率 A_{gt} 不小于 2.5%,国际上认为 A_{gt} 大于 9% 的材料就是极好的延性材料。标准规定总伸长率 A_{gt} 不小于 9%,检验结果表明采用 Nb 微合金化工艺生产的 HRB400 钢筋均匀延伸率完全满足要求。

表 3-19 φ12 ~ 40mm HRB400Nb 钢筋均匀伸长率统计结果

规格/mm	A_{gt}/%		规格/mm	A_{gt}/%	
	范 围	平均值		范 围	平均值
φ12	12.0 ~ 18.0	14.7	φ28	12.0 ~ 18.5	14.7
φ14	12.0 ~ 17.0	14.9	φ32	12.0 ~ 16.5	14.9
φ16	12.0 ~ 17.5	15.0	φ36	12.0 ~ 18.0	15.0
φ20	12.0 ~ 17.5	14.5	φ40	12.0 ~ 17.0	14.5
φ25	12.0 ~ 17.0	14.5			

众所周知,随着强度级别的提高,强屈比下降,对于 HRB500 高强抗震钢筋,国内钢筋生产厂家普遍遇到这一问题。从铌微合金化 HRB400 钢筋的生产数据中可以发现,铌微合金化 HRB400 钢筋强屈比均值全部大于 1.30,这也是一些钢筋生产厂家采用铌微合金化工艺生产 HRB500 钢筋的主要原因。表 3-17 所示的 HRB500 钢筋强屈比均不小于 1.25,这也间接证明铌微合金化工艺除传统细晶强化外,沉淀析出强化效果增加。

3.2.5.3 铌微合金化 HRB400 钢筋组织控制

Nb 作为细晶强化和沉淀强化的微合金元素被广泛用于微合金钢中，但是由于 Nb 微合金元素增加钢的淬透性，降低 A_{r3}，所以采用 Nb 微合金化钢筋存在易形成贝氏体问题。组织决定性能，存在大量贝氏体的钢筋无明显屈服点，所以如何通过外在工艺控制消除贝氏体成为厂家必须面对的一个问题。

为了确定 Nb 微合金元素对相变开始点的影响，研究了相同变形和冷却条件下，20MnSi 和 20MnSiNb 的动态 CCT 曲线。试样钢种为现场取材样，化学成分如表 3-20 所示，试验工艺参数如表 3-21 所示。

表 3-20 试验钢化学成分 （%）

钢 种	C	Si	Mn	Nb	Ceq
20MnSi	0.21	0.60	1.45	—	0.45
20MnSiNb	0.23	0.58	1.40	0.031	0.46

表 3-21 CCT 试验工艺参数

试验编号	加热温度/℃	变形温度/℃	变形量/%	变形速率/s^{-1}	冷却速度/℃·s^{-1}
1	1050	1050	30	10	1
2	1050	1050	30	10	5
3	1050	1050	30	10	10
4	1050	1050	30	10	20

注：20MnSi 和 20MnSiNb 试验参数完全相同。

20MnSi 和 20MnSiNb 动态 CCT 试验结果分别如图 3-19 和图 3-20 所示。由图发现，与 20MnSi 钢相比，Nb 微合金元素降低了相变开始温度 A_{r3}，范围为 20℃左右，但是另一方面提高了铁素体相变结束温度，即提高了贝氏体转变温度。

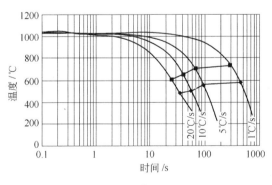

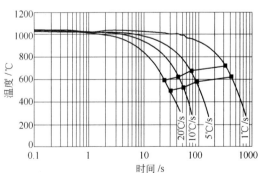

图 3-19 20MnSi 动态 CCT 转变曲线   图 3-20 20MnSiNb 动态 CCT 转变曲线

根据 γ→α 转变热动力学原理，铁素体开始转变温度越高，转变速率越快，因此铌微合金化 HRB400 钢筋铁素体转变温度降低，转变速率降低，导致部分残余奥氏体进入贝氏体区完成转变，出现贝氏体组织。

综合铌微合金元素对铁素体相变开始温度和结束温度的影响，可以发现 Nb 微合金元素增加钢的淬透性，降低铁素体开始转变温度，提高了贝氏体转变温度，两个方面的共同作用降低了铁素体转变的速率，也降低了贝氏体转变分数，使更多的未转变奥氏体冷却贝氏体区完成相变，所以采用 Nb 微合金化容易导致贝氏体组织出现。

根据相变原理可知，决定室温组织的关键是动态 CCT 转变曲线，而由 Nb 微合金化试验结果明确 Nb 微合金增加淬透性，降低铁素体转变温度，减慢 $\gamma \to \alpha$ 转变速率，因此消除贝氏体组织的关键是提高 $\gamma \to \alpha$ 开始转变温度，提高铁素体转变速率。

影响相变的主要因素为相变前奥氏体状态（包括奥氏体晶粒度、残余应变）、相变过程的冷却速率和合金的内在影响。因此奥氏体调节（细化相变前奥氏体）成为控制铁素体相变的主要工艺措施。细化相变前奥氏体的主要工艺措施如下：

（1）低温控轧细化奥氏体晶粒。与板带低温控轧工艺相比，钢筋生产线不能实行控制轧制（如图 3-21 所示）。因此，成功应用于板带的两阶段低温控轧并不适用于铌微合金化工艺生产 HRB400 钢筋。

（2）轧后控制冷却保留细小的奥氏体晶粒。钢筋生产线具备轧后控制冷却，因此研究轧后控制冷却对相变的影响成为控制贝氏体的关键，为此研究了轧后保温 2min（模拟生产现场轧后空冷工艺）动态 CCT 转变曲线，试验结果如表 3-22 和图 3-22 所示。

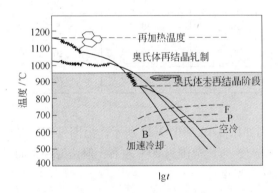

图 3-21　Nb 微合金化 HRB400 生产工艺和
板带控轧工艺

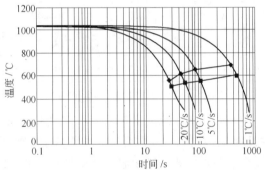

图 3-22　20MnSiNb 变形后保温
2min CCT 曲线

表 3-22　20MnSiNb 保温 2min 后相变开始和结束温度　　　　　　（℃）

状态 \ 试样	试样 1		试样 2		试样 3		试样 4	
	开始	结束	开始	结束	开始	结束	开始	结束
未保温	720	618	675	578	620	526	587	502
保温	690	600	650	550	610	520	551	500

由试验结果看到，保温后奥氏体晶粒长大，相变开始、保温结束都有一定程度的降低。反之，通过轧后快速冷却可以保留细小奥氏体晶粒和高的位错密度，提高相变开始温度，进而提高 $\gamma \to \alpha$ 相变的形核速率，避免铁素体相变进入贝氏体区。

图 3-23 和图 3-24 通过热模拟和生产实践演示了铌微合金化钢筋空冷和控冷两种工艺

相变的示意图，阐述了铌微合金化大规格钢筋出现贝氏体组织的原因。如图 3-22 所示，由于终轧温度高达 1100℃，变形奥氏体晶粒轧后空冷快速长大，降低了铁素体相变点，附加碳、锰和铌对淬透性的影响，铁素体转变点降低，同时降低铁素体转变速率，导致部分奥氏体组织进入贝氏体区，室温组织出现贝氏体组织。图 3-23 分析了采用轧后控冷消除贝氏体的原因，由于轧后控制冷却抑制奥氏体晶粒长大，补偿了由于固溶铌降低铁素体相变点的影响，奥氏体在进入贝氏体转变区之前已经完成转变。

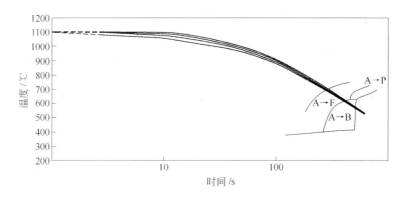

图 3-23　空冷工艺 HRB400 相变转变示意图
A—奥氏体；B—贝氏体；F—铁素体；P—珠光体

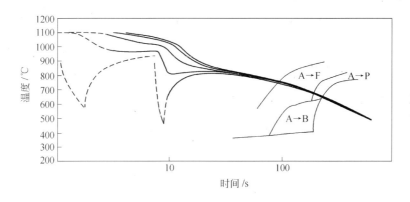

图 3-24　控冷工艺 HRB400 相变转变示意图
A—奥氏体；B—贝氏体；F—铁素体；P—珠光体

现场取样分析了铌微合金化 ϕ25mm 钢筋空冷和控冷两种工艺下室温组织，检验结果如图 3-25 所示，对应拉伸曲线如图 3-26 和图 3-27 所示。发现采用空冷工艺钢筋心部出现大量贝氏体，而采用控冷工艺钢筋心部完全消除了贝氏体组织。同时轧后空冷工艺生产 ϕ25mm 钢筋边部组织和心部组织也说明铌微合金化贝氏体产生的机理，边部冷却速率快，为铁素体+珠光体组织，心部由于冷却速率慢，反而存在大量贝氏体组织。

3.2.5.4　铌微合金化 HRB400 钢筋使用性能

现场取样进行了 ϕ40mm 机械连接试验，连接形式分别为冷挤压、直接剥肋和镦粗剥肋，拉伸试样断裂位置全部在母材，如图 3-28 所示。力学性能为平均屈服强度为 450MPa，平均抗拉强度为 610MPa，平均延伸性能为 20.5%。

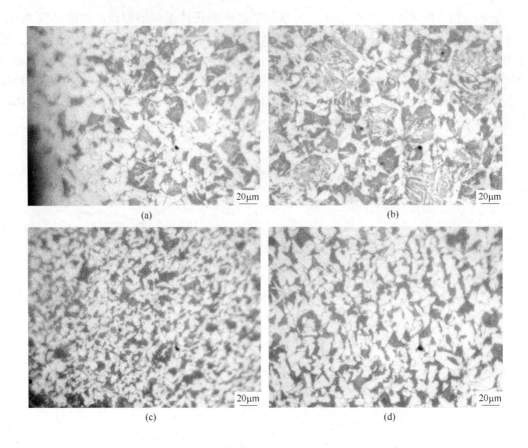

图 3-25 φ25mmHRB400Nb 钢筋控冷组织

（a）φ25mmHRB400Nb 钢筋空冷工艺——边部；（b）φ25mmHRB400Nb 钢筋空冷工艺——心部；
（c）φ25mmHRB400Nb 钢筋控冷工艺——边部；（d）φ25mmHRB400Nb 钢筋控冷工艺——心部

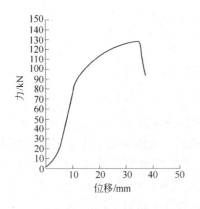

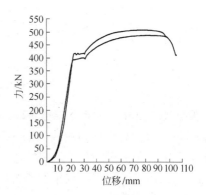

图 3-26 空冷组织拉伸曲线　　　　　　　　图 3-27 控冷组织拉伸曲线

　　电渣压力焊是目前建筑施工中常见的钢筋焊接方法，因此选用 φ14mm、φ22mm、
φ28mm 和 φ32mm 共 4 个规格钢筋进行电渣压力焊接试验，拉伸性能（如表 3-23 所示）全
部满足性能要求，拉伸断裂位置为母材（见图 3-29）。

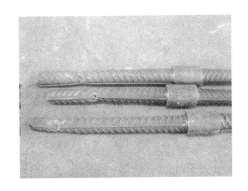

图 3-28 φ40mm 铌微合金化
HRB400 钢筋拉伸试样

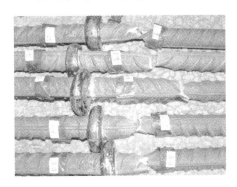

图 3-29 铌微合金化 HRB400 钢筋
电渣压力焊断口试样

表 3-23 铌微合金化 HRB400 钢筋电渣压力焊拉伸结果

规格/mm	编 号	下屈服强度/MPa	抗拉强度/MPa	断裂位置与焊缝中心距离/mm
φ14	3-1	435/450/445	620/610/595	17/21/15
	3-2	450/455/440	645/645/645	22/20/20
φ22	1-1	455/440/440	620/615/615	55/22/25
	2-2	455/450/460	615/615/625	25/30/25
	3-3	465/465/455	620/620/620	25/20/25
φ28	5-1	430/440/445	600/600/590	75/30/140
	6-1	435/440/445	600/600/600	25/25/25
φ32	2-1	440/440/440	600/610/605	30/40/50

3.2.5.5 铌微合金化高强钢筋析出强化机理

铌微合金元素的强韧化机制主要为细晶强化和相对较弱的沉淀强化，固溶于奥氏体中的铌（即"可溶铌"）和在轧制过程中析出的碳氮化物（即"沉淀铌"）扮演着两种不同的强化机制。在轧制变形过程中析出的细小碳氮化物附加上溶质拖曳作用延迟奥氏体再结晶，提高了奥氏体再结晶温度，在 950℃ 即停止再结晶，加工硬化导致所谓"变形带"，提高了晶界面积，即铁素体相变形核点，最终细化了铁素体晶粒；另外轧制过程中析出的碳氮化物阻止奥氏体晶界的迁移，从而抑制了奥氏体晶粒的长大，也进一步细化了铁素体晶粒。另一方面，在轧制过程中，"可溶铌"在随后相变和相变后将发生相间析出和一般析出，产生沉淀强化效果。有报道指出，对于铌微合金化钢筋而言，相变后在铁素体内析出的 2nm 的纳米级 NbC 对强度贡献很大，如图 3-30 所示。

结合钢筋生产线的生产设备能力，由于轧制过程不能进行控轧，终轧温度决定于开轧温度，并且由于轧制升温，终轧温度一般要高于

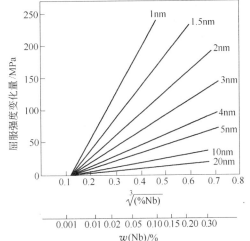

图 3-30 NbC 的体积分量和质点尺寸
对析出强化产生的屈服强度增量

开轧温度，所以铌微合金元素的细晶强化作用没有得到充分的发挥。但是因具有轧后冷却设备，可以通过轧后快速冷却把钢筋表面的轧后变形奥氏体保留下来，另一方面通过轧后快冷可以抑制再结晶奥氏体的长大，为相变后的析出强化提供前提条件。

另外图 3-30 给出了碳氮化物的析出强化的效果分析。析出颗粒越细小，密度越大，析出强化效果就越显著，所以析出最好发生在相变后铁素体内，以使纳米级的颗粒析出。在轧制过程中析出的碳氮化物虽然能推迟再结晶，但由于高的终轧温度而失去了其效果。

铌微合金元素对力学性能产生了很大的影响，除了固溶铌起一定的作用外，主要由于铌是一种强碳氮化物形成元素，并在一定条件下形成弥散细小的析出颗粒。这些析出颗粒对位错和晶界有强烈的钉扎作用，其作用远远超过固溶铌的拖曳作用。为了分析碳氮化物的析出分数和颗粒大小，首先必须了解铌碳氮化物的存在形式以及析出动力学。

大量研究指出碳氮化物的析出受热动力学控制，既要存在必需的热力学条件，也需要动力学促进析出的形核析出。实践证明，在未变形的奥氏体中，Nb 的析出是极为缓慢的，即使在 900℃ 保留 100s 也未发现析出现象；而在更长时间等温后，虽然发生析出，但析出颗粒大而且少，对材料的整体性能没有益处。研究认为变形造成位错缺陷为析出创造了条件，它不仅使析出更快发生，也使析出颗粒更加弥散。特别是变形导致位错密度激增，而位错是 Nb(C,N) 析出颗粒非均匀形核的有利位置，并且铌原子沿位错的扩散激活能降低，铌能沿位错迅速运动到析出位置。这就是所说的应变诱导析出。

图 3-31 给出了透射电镜分析结果，尽管观察到了析出，但析出颗粒比较大，为 200nm

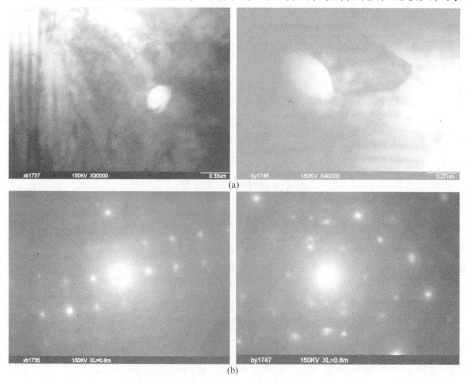

图 3-31　Nb(C,N) 化铌在奥氏体中析出透射结果

(a) 析出物照片；(b) 析出物电子衍射照片

左右，初步判定为高温奥氏体内析出。

根据析出规律，析出温度越低，颗粒越弥散细小，析出物体积分数也就越大。有报道指出相变后在铁素体内析出的2nmNbC对强度的贡献非常大。目前首钢现有的生产设备不能实行控轧，只能实行轧后控制冷却。而为了充分发挥微合金的强化效果和轧后冷却设备的能力，可以保留"可溶铌"在铁素体中沉淀析出。这也是轧后控制冷却措施的主要效果之一。报道给出螺纹钢筋的拉伸强度与"可溶铌"的含量有良好的对应关系，特别是极细的2nm的NbC沉淀物所引起的屈服强度升高，表明铌在这类钢中的主要作用是沉淀硬化。

但是却未见纳米尺寸的NbC在铁素体中析出，为了确定纳米尺寸的NbC是否真正存在，在山东大学材料分析测试中心采用透射电镜，在10万倍下观察发现，HRB400Nb钢筋铁素体中有弥散分布的黑色颗粒状析出物，其尺寸为10~15nm，电子衍射结果如图3-32所示。电子衍射分析结果表明，这些纳米级颗粒状析出物为沿铁素体（110）晶面析出的NbC，NbC与铁素体之间的晶体取向关系为$(001)_{NbC} // (110)_{\alpha}$。

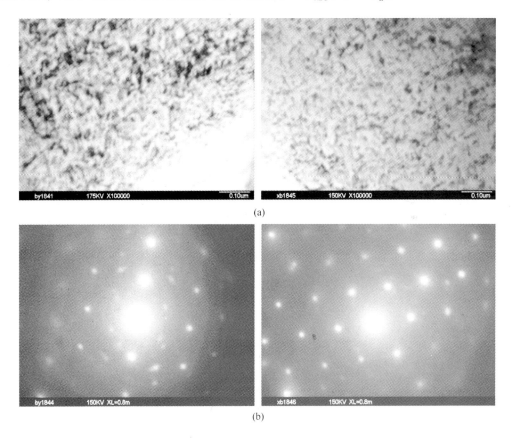

(a)

(b)

图3-32 10万倍下透射检验结果

(a) 弥散析出；(b) 电子衍射图

3.2.6 结论

生产实践证明，采用铌微合金化工艺可以生产力学性能稳定、抗震性能优良以及组织满足标准要求的HRB400、HRB500高强抗震钢筋，这也为今后采用节约型铌微合金化工艺提供了基础。主要结论如下：

（1）铌微合金化工艺生产钢筋拓宽了对传统铌微合金化强化效果的认识，即铌微合金化钢筋生产工艺主要是发挥了铌微合金化的析出强化效果，同时匹配了铌在加热阶段的抑制奥氏体晶粒长大和轧制过程中细化晶粒的综合效果。因此，铌微合金化钢筋的强化效果更显著。

（2）生产实践证明，添加 0.03% Nb，加热温度目标以 1150℃ 为宜，即铌微合金化工艺生产钢筋对加热炉的要求不似之前想象的困难。

（3）对于铌微合金化钢筋存在的贝氏体组织，完全可以通过工艺控制加以避免。

（4）由于成本压力，钢厂提高碳含量、降低铌含量，进一步降低了对铌溶解温度的忧虑，同时更好地发挥了铌微合金化工艺的强化效果，特别是节约型铌微合金化工艺生产 HRB400 钢筋为钢厂降低生产成本提供了可行的技术方案。

（5）采用铌微合金化工艺、铌钒复合微合金化工艺完全可以生产满足标准要求的 HRB500 高强抗震钢筋。

第4章 高强钢筋控轧控冷工艺与临界奥氏体控轧生产工艺

4.1 概述

20 世纪 60 年代发展起来的微合金化理论和控轧控冷技术，已将板带的铁素体晶粒细化到 5μm，屈服强度提高到 200MPa 左右。20 世纪 80 年代初，日本建立了世界上第一套在线冷却系统，从而建立了控轧和控冷联合的结构钢现代化轧钢生产技术，标志着完整热机械控制工艺（TMCP）的形成。近二十年来，国际上广泛开展了细晶和超细晶组织的控制机制和品种开发研究，以期有效地提高钢的强度和韧性，其中以 C-Mn 钢获得超细晶的工艺机制为研究重点，在工业化规模条件下，已获得了 2~3μm 的超细晶铁素体，屈服强度大于 400MPa。国际上，细晶粒棒材生产的成功范例是日本住友金属工业公司轧制出成分为 0.1% C-1.7% Mn-0.03% Nb，晶粒度为 5.5μm，ϕ32mm 的优质棒材，其工艺是控制精轧机温度为 725℃，圆棒轧材的屈服强度为 454MPa。传统上对于低合金钢微观组织细化的生产工艺是微合金化技术与控轧控冷技术相结合的生产技术。

20 世纪 90 年代，中、日、韩三国相继启动了为期五年的以超细晶钢为目标的国家级重大研究项目，开展了钢铁材料获得超细晶组织的机理和生产工艺的深入研究，以期有效地提高钢的强度和韧性。1998 年我国启动了 973 重大基础研究项目"新一代钢铁材料的重大基础研究"，其中以普通 C-Mn 钢获得超细晶的工艺机制为研究工作重点，在实验室已获得了 1~5μm 的超细晶铁素体，使 C-Mn 钢的屈服强度由 235MPa 提高到 400~700MPa。项目的主要目标是高纯洁度、高均匀度和超细晶。973 课题之一"400MPa 级碳素钢微米组织的形成理论及控制技术"的研究目标是通过研究普通低碳钢（Q235）和低合金钢（20MnSi）微观组织控制机理和生产工艺，生产细晶粒高强钢筋。通过研究普碳钢形变诱导铁素体相变为细晶粒高强钢筋生产提供理论指导。实验室研究表明，通过低温控制轧制，利用形变诱导铁素体相变机制，可达到 Q235 钢晶粒细化到 4~6μm、性能成倍提高的目的以及可将 20MnSi 钢晶粒细化到 1~8μm 左右，屈服强度可达到 400~700MPa 级别，从而实现了一钢多级的目的。现场生产轧制可获得 4~6μm 超细晶组织，将低碳钢屈服强度提高到 400MPa 级，使低合金钢达到 400~600MPa 级别。

4.2 成分设计

20 世纪 50 年代，Hall-Petch 提出了强度与晶粒尺寸的关系式：

$$\sigma_s = \sigma_0 + Kd^{-1/2} \tag{4-1}$$

式中　σ_s——屈服强度；

σ_0——铁素体晶格摩擦力；

K——常数；

d——晶粒直径。

相继 Petch 又确定了冲击韧脆转变温度与晶粒尺寸的关系，其表达式为：

$$T_c = a - bd^{-1/2} \tag{4-2}$$

式中　T_c——冲击韧脆转变温度；

a，b——常数；

d——晶粒直径。

对于不同的钢种 Hall-Petch 公式有着不同变化形式。具体对于低碳钢和 C-Mn 钢可采用以下公式表示。

$$\sigma_s = 102.4 + 32.1(\%Mn) + 82.6(\%Si) + 17.2d^{-1/2} \tag{4-3}$$

$$\sigma_b = 290.1 + 27.0(\%Mn) + 81.3(\%Si) + 3.8(\%Pearlite) + 7.7d^{-1/2} \tag{4-4}$$

式中　σ_b——抗拉强度；

Pearlite——珠光体。

式 (4-3) 和式 (4-4) 表明，对于低碳钢和 C-Mn 钢，屈服强度与 Mn、Si 含量以及晶粒尺寸 d 有关，抗拉强度与 Mn、Si 含量以及珠光体含量有关，且也与晶粒尺寸 d 有关。C 含量的高低仅通过珠光体含量的高低影响到抗拉强度，对屈服强度没有影响。

目前细晶粒钢筋的生产是以普碳钢 Q235 或低合金钢 20MnSi 为主，其主要成分如表4-1 所示。表 4-1 表明两个钢种的成分调控范围较大，同时 GB 1499.2—2007 的钢筋混凝土用钢已完全取消了成分设定，因此表 4-1 的成分仅作参考。利用式(4-3)和式(4-4)开展相关晶粒细化对强度的影响计算，见表 4-2。计算结果表明，晶粒细化可以有效提高低碳钢和碳锰钢的力学性能，降低韧脆转变温度。但是，晶粒细化在提高强度的同时使屈服强度和抗拉强度逐渐接近，但是为了满足钢筋抗震性能指标中强屈比大于 1.25 的规定，细晶粒钢筋的化学成分需要进行必要的调整。

表 4-1　钢材主要成分　　　　　　　　　　　　　　　　（%）

钢　材	C	Si	Mn	P	S
Q235	0.14 ~ 0.22	< 0.30	0.30 ~ 0.65	< 0.045	< 0.050
20MnSi	0.17 ~ 0.25	0.40 ~ 0.80	1.20 ~ 1.60	< 0.045	< 0.045

表 4-2　晶粒尺寸与性能关系

钢　材	Q235 (0.14%C—0.25%Si—0.58%Mn)				20MnSi (0.22%C—0.5%Si—1.46%Mn)				
晶粒尺寸/μm	33.96	7.91	4.43	2.3	14.18	6.74	3.1	1.76	1.14
屈服强度/MPa	235	335	400	500	335	400	500	600	700
抗拉强度/MPa	437	482	511	556	544	573	617	662	707
强屈比	1.86	1.44	1.28	1.11	1.62	1.43	1.23	1.1	1.01
韧脆转变温度/℃	28.2	-38.7	-82.2	-149.2	27.8	-15.7	-82.1	-149.7	-216.2

4.3 工艺路线

细晶粒钢筋生产的基本原理是通过轧钢过程中的全流程温度控制，经奥氏体再结晶轧制、奥氏体未再结晶轧制、形变诱导铁素体相变轧制（包括两相区铁素体再结晶的控轧）实现钢筋微观组织的细化，该生产工艺称之为"临界奥氏体控制轧制工艺"。

4.3.1 奥氏体再结晶轧制

对于不同的奥氏体形态，通常认为可以把热轧分为以下四种情况：在传统高温（1000℃以上）阶段热轧时，奥氏体发生再结晶晶粒相当大；在较低温度（1000℃以下）阶段热轧时，可能发生三种情况：（1）奥氏体完全再结晶得到细小晶粒（1000~950℃）；（2）奥氏体晶界处部分再结晶（950~850℃）；（3）奥氏体晶界处部分再结晶晶粒发生长大。

4.3.2 奥氏体未再结晶轧制

奥氏体未再结晶轧制是热轧过程的第三阶段，即未再结晶轧制。变形温度在奥氏体开始向铁素体转变温度 A_{r3} 以上的一定温度区间内（约850℃~A_{r3}），得到的变形奥氏体组织，在随后的控制冷却过程中得到更细小的铁素体晶粒。

4.3.3 两相区铁素体再结晶区控轧

两相区铁素体再结晶区控轧为第四阶段，在低于 A_{r3} 点温度的两相区轧制，多数情况下得到的是形变组织。但是如果是在两相区的 A_{r3}~A_{r1} 温度区间轧制可以获得更加细小的超细晶组织。

4.3.4 临界奥氏体控轧工艺

通常在 A_{r3} 附近的特定温度区间通过大变形和高变形速率使钢材发生奥氏体向铁素体转变（形变诱导铁素体相变），从而可获得细化的铁素体组织。在实际轧钢生产中，需要在钢筋的粗、中、精轧阶段进行有效的控温轧制，才能最终实现在轧制过程中奥氏体向铁素体相变，从而获得细晶粒铁素体的目的。因此，临界奥氏体控轧是结合了再结晶、未再结晶和形变诱导相变等物理冶金机制的生产工艺。

4.4 生产工艺

细晶粒钢筋生产工艺的冶炼、连铸过程与通常的低合金钢生产工艺没有大的差别，关键是轧钢生产工艺发生较大改变。轧钢生产工艺需要根据钢筋生产线的布置情况，采取有效的控制轧制工艺技术。

4.4.1 形变诱导铁素体相变机理

细晶粒钢筋生产是一种全流程温度控制的轧钢生产过程。因此针对不同的轧钢生产线和钢筋的化学成分，需要开展以下控制工艺技术分析，以确定最终的合理轧制工艺参数。

（1）变形参数对奥氏体组织的影响选定在850~1150℃区间，研究形变参数对奥氏体的影响规律。

（2）不同变形工艺下，奥氏体晶粒具有随变形温度降低而尺寸减小的变化规律。

（3）形变诱导超细铁素体相变的变形温度区间和变形参数的确定具有决定性作用，为此对不同的变形温度、变形量、变形速率以及变形后的冷却速率进行实验研究。

对于能够发生形变诱导铁素体相变的温度区间，B. Mintz 等人提出在 $A_{e3} \sim A_{r3} - 20℃$ 范围内均可诱导析出铁素体；Yada 等认为 $A_{e3} \sim A_{r3}$ 温度区间内通过大变形可以获得等轴均匀的超细晶铁素体；杨忠民等则认为在 $A_{e3} + 30℃ \sim A_{r3} - 30℃$ 区间内大变形均可以获得等轴均匀诱导析出铁素体。可以推论，诱导析出的铁素体温度比 $A_{e3} + 30℃$ 还高。低于共析温度形变，会出现变形的铁素体和变形珠光体的特征组织，因此大致的形变诱导铁素体相变的温度区间是 $A_{e3} + 30℃ \sim A_{r1}$ 之间。同时针对形变诱导铁素体的变形速率和变形量的影响规律进行深入分析，并提出了临界奥氏体控轧控冷工艺技术。而此处的 A_{e3} 为奥氏体-铁素体平衡温度；A_{r3} 为过冷奥氏体-铁素体相变温度；A_{r1} 为珠光体相变起始温度。

对于长型材孔型轧制，尤为重要的是研究多道次累积变形对形变诱导铁素体的影响。Matsumura Y. 的实验表明，当变形道次间隔时间小于 2s 时，多道次的累积变形和一道次变形获得超细晶铁素体的效果相同，这就明确了在钢筋轧钢生产中的细晶钢筋轧制的道次和机组的选择，应在轧制速度较高的中精轧机组之间。不同的道次的间隔时间，影响材料组织成分，晶粒尺寸也不尽相同。变形量的不同，诱导铁素体的含量和晶粒尺寸将会不同，变形量的增加，会增加铁素体的含量和减小晶粒尺寸，同时诱导铁素体的形貌也会发生变化，小于真应变 40% 变形量时将不发生铁素体动态再结晶。将应变 80% 和 40% 变形的微观组织进行对比发现，80% 变形时可获得等轴均匀的微观组织，而 40% 变形出现的组织是非均匀的。Hodgson 的研究结果表明形变诱导铁素体不易控制均匀组织成分和铁素体含量。因此，利用形变诱导铁素体机制获得超细晶组织，将需要严格的工艺制度。

关于轧后冷却速度对铁素体晶粒度的影响，由于碳素钢 Q235 以及低合金钢 20MnSi 没有微合金析出粒子的晶界钉扎作用，诱导出的超细晶铁素体非常容易长大，适当的轧后冷却速度可以有效控制珠光体的体积分数，是有效提高强屈比的工艺手段。轧后的控冷成为控制晶粒尺寸的有效方法。选择适当冷却速度可以控制晶粒尺寸（约 $5\mu m$）和组织成分，获得良好强度性能。

4.4.1.1　形变参数对奥氏体微观组织的影响

为产生形变诱导铁素体相变，必须在形变时控制奥氏体的组织形态。形变使奥氏体晶粒呈"薄饼状"，晶内产生大量晶体缺陷，将部分形变能储存成为相变驱动力，这是产生形变诱导铁素体相变的必要条件，即需要在棒材轧机的特定道次轧制时控制奥氏体发生未再结晶现象。对微合金钢因为有较宽的未再结晶区，故无争议。对碳素钢，因极易发生动态再结晶和静态再结晶而将形变能释放，所以人们认为碳素钢很难进行未再结晶控轧和发生形变诱导相变。图 4-1 给出了普碳钢 Q235 不同变形温度和不同应变速率条件下的应力-应变曲线，从中可以看出，温度较高和应变速率较低时容易发生再结晶，但是随变形温度的降低，应变速率的提高，应力-应变曲线的平台消失，表明材料微观组织由动态再结晶向动态回复转变，即发生所谓的未再结晶现象，表明动态再结晶可抑制。但是进一步降低温度到两相区 750℃ 变形时，发现又有新的平台出现，表明可能发生了铁素体的动态再结晶。

图 4-2 为 Q235 钢变形后奥氏体形貌图。由图中可以看出，随着变形速率的增加，奥

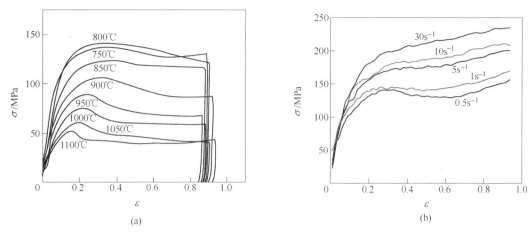

图 4-1　不同变形温度和不同应变速率条件下的应力应变曲线

（变形条件：1100℃ + 2.5min，10℃/s 冷却到变形温度，60%变形，变形后立即水淬）

（a）变形速率 10/s；（b）变形温度 850℃

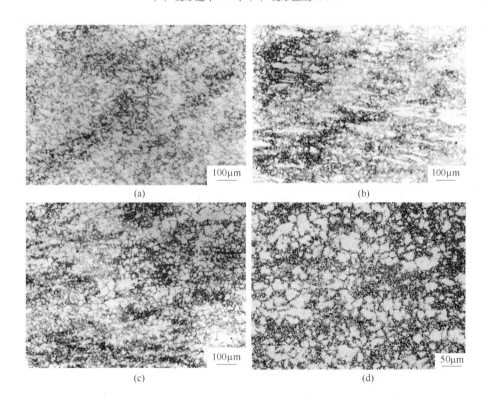

图 4-2　不同应变速率条件下奥氏体微观组织

（变形条件：1100℃ + 2.5min，10℃/s 冷却到 850℃，60%变形，变形后立即水淬）

（a）应变速率 0.1/s；（b）应变速率 5/s；（c）应变速率 30/s；（d）应变速率 60/s

氏体发生未再结晶的几率增大，奥氏体发生动态再结晶的现象得到抑制。也表明，形变能完全有可能通过"薄饼状"奥氏体来储备用于发生铁素体相变的驱动能量。

4.4.1.2 形变参数对形变诱导铁素体相变细化晶粒的影响

对于普碳钢能否发生形变诱导铁素体相变可以通过实验证明。奥氏体向铁素体相变时，由于相变导致试样的体积发生变化，可以通过这一体积变化较为精准地测试到相变温度。图4-3测试结果表明，在较高的变形速率和较大的变形量条件下，变形温度为830℃时试样冷却曲线已经无法测到相变的拐点，表明已经发生形变诱导铁素体相变。图4-4是根据实验研究结果绘制，确定了普碳钢Q235发生再结晶、未再结晶和形变诱导铁素体相变的变性参数区间，该图可以用于指导细晶粒钢筋的生产工艺开发。

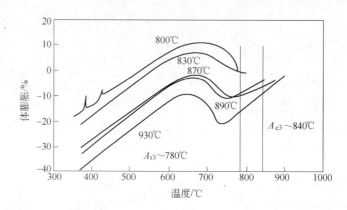

图4-3 形变诱导铁素体相变实验证明

(变形条件：950℃+2min，冷速10℃/s，到变形温度，变形后10℃/s冷却到300℃，

变形量60%，变形速率30s^{-1})

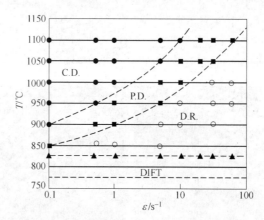

图4-4 碳素钢压缩变形发生动态再结晶、部分动态再结晶、

未再结晶和形变诱导铁素体相变时温度与应变速率关系图

C. D. —全部动态再结晶；P. D. —部分动态再结晶；

D. R. —未再结晶，动态回复；DIFT—形变诱导铁素体相变

形变诱导铁素体相变就是在形变中发生的奥氏体向铁素体转变，同时采用远高于奥氏体发生动态再结晶的高应变速率（>1/s），其变形量相对较大（通常认为>50%），变形温度较低在A_{r3}附近，是一种与材料和变形参数密切相关的相变，不同的合金体系将会有不同的最佳变形参数。

4.4.1.3 形变诱导铁素体微观组织的形貌特征

图 4-5 是在变形条件为 810℃ +60% 变形 +30s^{-1} 的条件下透射电镜的观察形貌,该图表明,形变诱导铁素体晶内存在大量的析出粒子,晶界存在渗碳体的析出,第二项组织珠光体为离异状,表明形变诱导铁素体相变过程中,碳的扩散受到抑制,一方面表明其相变机制发生变化,相变发生的时间极短,影响到了珠光体的形成;另一方面快速相变也是细晶粒形成的重要机制。

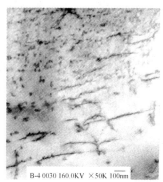

1.25μm   B-4 0030 160.0KV ×50K 100nm

图 4-5　透射电镜下的形变诱导铁素体形貌

4.4.2　冶炼连铸工艺

细晶粒钢筋的生产对冶炼工艺没有特殊要求,与所采用钢种的冶炼工艺一致。目前细晶粒钢筋的生产主要以 20MnSi 为基本母材,这里对其冶炼工艺简述如下。

20MnSi 钢冶炼工艺路线为:铁水→转炉(或电炉)冶炼→(LF 炉外精炼、喂丝、吹氩精炼)→方坯连铸→高线或棒材轧制→检验、打捆→检验、入库。其中 20MnSi 钢脱氧的基本工艺路线为:钢包炉后脱氧、合金化→钢包底吹氮技术;若需要具有抗震性能指标的需要进一步采用优化的工艺:转炉(或电炉)冶炼→LF 炉精炼,主要是炉前适当配碳,精炼前期喂适量 Al 丝并且保证合适的吹 Ar 气压力,保证 1600℃左右的精炼温度;精炼后期加一定量微量元素,在比较充分脱氧、脱硫的情况下,喂适量 CaSi 丝,以对 Al$_2$O$_3$ 夹杂进行有效变性处理,防止水口结瘤。

对于 20MnSi 钢的冶炼,需要特别注意以下问题:

(1) 对 20MnSi 钢筋冷弯脆断和无屈服点现象进行原因分析,钢中异常组织粒状贝氏体的存在是造成冷弯脆断和无屈服点的直接原因。

(2) 针对 20MnSi 棒材出现断裂现象,从微观组织、化学成分、出钢温度以及终轧钢温度等方面分析研究,表明钢坯中元素含量与均匀程度是影响棒材质量的重要因素,冶炼过程中加强改善铸坯质量,增加必要的等轴晶。存在的夹杂物含锰、铁的硅酸盐以及夹有少量的硫化物和其他一些脆性夹杂物,同样会引起钢筋局部脆断,降低钢筋的有效面积,使强度降低。冶炼过程中控制夹杂物的种类和尺寸同样需要引起足够的重视。

分析 20MnSi 铸坯的缺陷包括:裂纹、有害夹杂物、粗大柱状晶、疏松、缩孔、气泡、偏析等冶金缺陷,究其原因则是多方面的,其中主要因素包括:

(1) 夹杂物控制问题;

（2）化学成分和金相组织控制问题；

（3）钢液过热度的影响问题。

在冶炼工艺上需要深入开展优化研究。作为细晶粒钢筋钢材坯料，冶炼和连铸工艺的优化和铸坯质量的控制最终将影响到细晶粒钢筋的性能指标。

4.4.3　轧制工艺

细晶粒钢筋的轧钢生产工艺需要采用全轧钢过程的温度控制，包括：综合利用再结晶轧制、未再结晶轧制和形变诱导铁素体相变机制以及轧后冷却温度控制。

在粗轧段，由于轧制速度低和降温轧制，采用再结晶控制轧制工艺，通过低温开轧（900 ~ 1100℃），利用再结晶（动态再结晶、静态再结晶）控制轧制，逐渐细化和均匀化奥氏体晶粒。中轧阶段，随轧制速度增加，轧制为逐渐升温阶段，适合于动态回复的未再结晶轧制，通过穿水控温，使温度控制在 A_{e3} ~ 900℃之间，利用未再结晶控轧，进一步碎化奥氏体晶粒。终轧阶段轧制速度更快，利用未再结晶轧制和形变诱导铁素体相变机制，将终轧阶段轧钢温度控制在临界奥氏体温度区间（A_{e3} ~ A_{r3}）进行连续轧制，通过未再结晶轧制的连续道次的累积，材料内部位错等机械变形能不断增加，最终诱导出细小铁素体晶粒。随后进行轧后穿水控制冷却，使钢筋快速冷却通过珠光体相变温度区，防止晶粒长大，同时控制穿水温度在贝氏体相变温度以上，使其钢筋表面不形成"淬硬环"。

4.4.3.1　临界奥氏体控制轧制的工艺方案

为了实现钢筋的微观组织细化和均匀化，单靠轧后穿水或轧制过程中局部穿水控温是无法做到的，需要根据各个机组的轧制工艺参数范围，结合再结晶、未再结晶和形变诱导铁素体相变机制和轧制过程中钢材的升、降温的变化过程，在轧机生产线的关键部位设置穿水控温装置，达到全流程温度、变形机制和微观组织优化控制。

基于实验室研究结果，提出了临界奥氏体控轧的工艺方案，即在 A_{e3} ~ A_{r3} 奥氏体亚稳温区附近进行控温控轧的工艺方案。针对线棒材连轧机组升温轧制的特点，为实现低温控轧工艺方案，必须采取全线连续控温方式，同时通过降低开轧温度方法节约能源并实现低温轧制。在物理冶金机制方面，根据粗、中、精轧机组变形参数不同，分别采用再结晶、未再结晶、形变诱导铁素体相变以及铁素体再结晶机制，采取"轧后水冷 + 空冷"的方法控制晶粒度，通过上述过程实现既定的工艺路线。

钢的再结晶、未再结晶控轧以及形变诱导铁素体相变均与形变参数密切相关，只有认真研究和制定合理的工艺参数才能有效利用各种物理冶金机制。

以棒材连轧机组 6-6-6 布置生产线生产 20MnSi 钢筋为例，其相关工艺参数如下。

（1）粗轧阶段（1 ~ 6 道次）。

形变速率：$\dot{\varepsilon}$ =（0.6 ~ 4.5）/s；道次间隔时间：t = 2.2 ~ 9.2s。

道次变形量：ε_{1-6} = 21% ~ 31.7%；总变形量：$\varepsilon_{总}$ = 83%。

可以控制的变形温度：T = 1000 ~ 900℃。

（2）中轧阶段（7 ~ 12 道次）。

形变速率：$\dot{\varepsilon}$ =（8.2 ~ 21.5）/s；道次间隔时间：t = 0.93 ~ 1.8s。

道次变形量：ε_{7-12} = 14.2% ~ 29.5%；总变形量：$\varepsilon_{总}$ = 77%。

可以控制的变形温度：$T = 950 \sim 850\,℃$。

（3）精轧阶段（13～18道次）。

形变速率：$\dot{\varepsilon} = (33.4 \sim 163.4)/s$；道次间隔时间：$t = 0.2 \sim 0.7s$；

道次变形量：$\varepsilon_{13-18} = 14.4\% \sim 24.4\%$；总变形量：$\varepsilon_{总} = 68.7\%$；

可以控制的变形温度：$T = 850 \sim 740\,℃$。

上述形变参数表明，在粗轧段只能利用再结晶（动态再结晶、静态再结晶）控制轧制，终轧阶段可以利用未再结晶轧制和形变诱导铁素体相变机制，精轧阶段可以利用已诱导出的铁素体的再结晶控轧。

为此，对轧制各阶段在 Gleeble 热变形模拟机上进行热变形模拟，其结果如下所述：

（1）粗轧阶段。粗轧阶段各道次变形的应力应变曲线模拟如图4-6所示，由图可知，应力值刚过峰值，表明此时变形应以加工硬化机制为主，同时刚刚开始发生动态再结晶，因此，粗轧阶段应以静态再

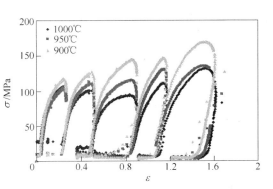

图4-6　粗轧道次变形模拟应力应变曲线

结晶为主。随着变形速度增加和变形温度的降低，应力峰值在逐渐加大。

图4-7为粗轧道次平均抗力的实验轧机测试结果，当温度降低到900℃变形时，第6道次的平均抗力出现大幅升高，表明在粗轧的最后阶段已经开始了加工硬化阶段，即动态恢复阶段。

图4-8为粗轧各阶段的晶粒尺寸变化图。由于发生了静态再结晶，因此晶粒尺寸在逐步降低。第6道次晶粒尺寸增加表明奥氏体发生静态再结晶并长大。

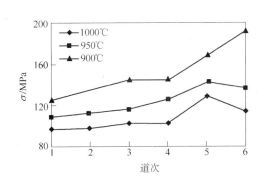

图4-7　粗轧道次平均抗力

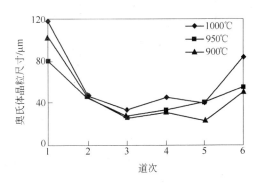

图4-8　粗轧道次奥氏体晶粒变化模拟

（2）中轧阶段。对于中轧各道次进行模拟，不同变形温度条件下，中轧的初始阶段变形抗力相差较大，表明中轧初始几道次仍然发生再结晶，中轧后几道次的变形抗力趋向一致，表明由于未再结晶轧制的结果，晶粒尺寸也逐渐趋向一致，见图4-9、图4-10。

（3）精轧阶段。图4-11给出了精轧阶段的变形抗力 Gleeble 模拟。结果表明，在820～700℃之间出现三次峰值，这三次分别是形变诱导铁素体相变温度点、铁素体冷却相

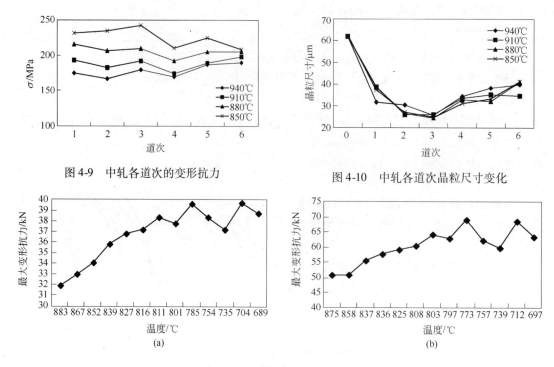

图4-9 中轧各道次的变形抗力　　　　　图4-10 中轧各道次晶粒尺寸变化

图4-11 变形温度与变形抗力关系

(变形条件: 950℃+2min, 10℃/s 冷却到变形温度, 应变速率 30s^{-1})

(a) 第一道次: $\varepsilon_1 = 50\%$; (b) 第二道次: $\varepsilon_2 = 30\%$

变温度点和珠光体相变温度点。

4.4.3.2 轧后控制冷却

轧后控冷是整个轧钢过程的最后环节, 对于不添加微合金元素的钢种, 仅就本工艺而言, 轧钢获得的超细晶粒组织很容易发生长大, 从而影响到最终的钢筋性能, 因此有必要进行轧后控制冷却的系统研究。表4-3中的数据表明轧后冷速起到了至关重要的作用, 只有冷却速度超过20℃/s时才能保证材料的性能, 并且不能冷却到低温相变组织温区。

表4-3 变形温度、冷却速率和材料性能

编号	变形温度 /℃	晶粒尺寸 /μm	冷却速度 /℃·s^{-1}	显微组织	屈服强度 R_{eL}/MPa	抗拉强度 R_m/MPa	R_{eL}/R_m	面缩率 ψ/%
1	850	16	3	F+P	340	495	0.69	60
2	850	8	5	F+P	355	510	0.70	58
3	850	8	10	F+P	370	525	0.70	57
4	850	4	20	F+P	430	545	0.79	64

轧后冷却速度的不同对微观组织影响同样需要进行研究。图4-12是在Gleeble试验机上进行低应变速率条件下, 变形后高冷却速率的微观组织。

综上所述, 提出临界奥氏体控制轧制工艺方案, 就是综合奥氏体再结晶和未再结晶以及形变诱导铁素体相变三种机制的工艺。对于线棒材轧机, 必须在全流程温度控制和综合

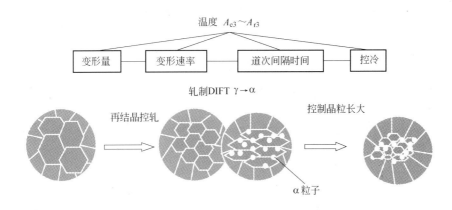

图 4-12 临界奥氏体轧制工艺示意图

考虑各个变形参数的基础上,针对不同钢种、不同规格采取不同的温控手段才能达到利用形变诱导铁素体相变机制获得超细晶的目的,其机理示意图见图 4-13。

图 4-13 棒材轧机超细晶工艺控轧控冷工艺机理

4.5 案例结果及其性能分析

4.5.1 400MPa 细晶粒钢筋产品的组织性能

(1) 某厂设计了两种 HRB400 细晶粒钢筋用钢的成分,分别采用生产工艺 1 和生产工艺 2 进行生产。其中生产工艺 1 生产的钢筋成分不含任何微合金元素,生产工艺 2 生产的钢筋含少量微合金元素 V,其化学成分统计、轧钢工艺参数及力学性能见表 4-4、表 4-5、表 4-6,工艺参数见表 4-7。

表 4-4 某钢厂 400MPa 细晶粒钢筋化学成分统计

生产工艺	化学成分/%					Ceq/%
	C	Si	Mn	P、S	V	
1	0.22~0.25	0.52~0.70	1.39~1.48	≤0.035	—	≤0.51
2	0.22~0.25	0.52~0.70	1.39~1.48	≤0.035	0.020~0.040	≤0.52

表 4-5 轧钢工艺参数

开轧温度/℃	进精轧机温度/℃	终轧温度/℃
1000~1030	750~850	750~850

表 4-6　生产工艺 1 细晶粒钢筋力学性能

规格/mm	样本数	项　目	屈服强度 R_{eL}/MPa	抗拉强度 R_m/MPa	断后伸长率 $A/\%$
φ12	8	平均值	434	594	30.2
		最小值	410	580	26.5
		最大值	435	610	33
φ16	7	平均值	422	601	29.2
		最小值	410	590	26.0
		最大值	430	610	32.5

表 4-7　生产工艺 2 细晶粒钢筋力学性能

规格/mm	样本数	项　目	屈服强度 R_{eL}/MPa	抗拉强度 R_m/MPa	断后伸长率 $A/\%$
φ12	30	平均值	450	619	28.6
		最小值	435	605	26.5
		最大值	480	640	30.5
φ16	30	平均值	447	592	29.1
		最小值	435	580	26.5
		最大值	475	620	31.0

（2）对两种生产工艺生产的 400MPa 级细晶粒钢筋取样进行金相检验，其中生产工艺 1 生产钢筋的组织照片见图 4-14，可见钢筋表面、心部组织均为铁素体 + 珠光体，在 1000 倍下评定晶粒度，表面为 11.5 级，心部为 10 级。

（3）冲击韧性是高强钢筋重要的性能指标。表 4-8 为该厂生产的 400MPa 级细晶粒 φ16mm 钢筋的低温冲击功的实测数据。由于晶粒细化有利于大幅提高钢筋的低温韧性，降低了韧脆转变温度，所以可以满足我国高寒地区的建筑对低温性能指标的要求。

表 4-8　细晶粒钢筋低温冲击功

钢筋直径	强度级别	冲击吸收功 A_{KV}/J							
		室　温		0℃		−20℃		−40℃	
		实测值	均值	实测值	均值	实测值	均值	实测值	均值
16mm	400MPa	156	136.7	69	87.7	47	48.7	34	33.3
		138		97		50		36	
		116		97		49		30	

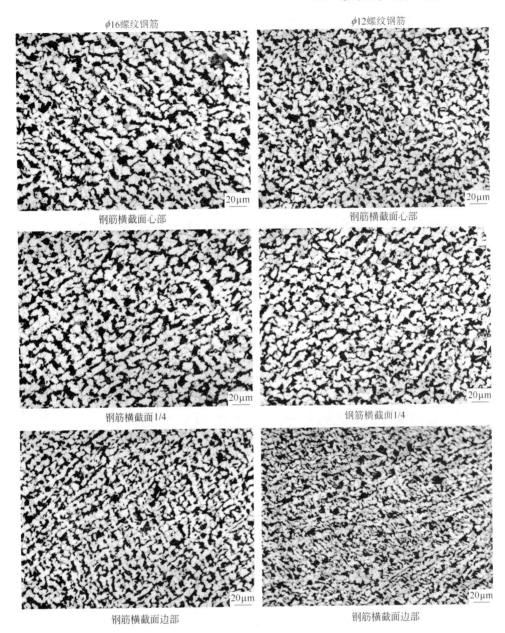

图 4-14 钢筋微观组织

4.5.2 高线生产500MPa细晶粒钢筋

某厂采用低温控轧生产的 HRB500 级超细晶粒螺纹钢筋。螺纹钢筋直径 $\phi8mm$ 和 $\phi10mm$，终轧温度为 $740\sim770℃$，最高轧制速度达到 80m/s。

钢筋基本成分，C：$0.21\%\sim0.25\%$；Mn：$1.45\%\sim1.60\%$；Si：$0.60\%\sim0.75\%$；P$\leqslant0.045\%$；S$\leqslant0.045\%$。钢筋的力学性能见表 4-9。各试样所对应的低倍照片和高倍微观组织照片如图 4-15、图 4-16 所示，其微观晶粒尺寸分布均匀，晶粒细化程度达到 $5\mu m$ 以下。

表 4-9 500MPa 级细晶粒钢筋的力学性能

规格/mm	屈服强度 R_{eL}/MPa	规定非比例延伸强度 $R_{p0.2}$/MPa	抗拉强度 R_m/MPa	断后伸长率 A/%	最大力下总伸长率 A_{gt}/%
$\phi 8$	—	530	705	28	11
$\phi 8$	—	525	695	28	11
$\phi 10$	—	540	715	29	13.5
$\phi 10$	—	530	720	30	11.0

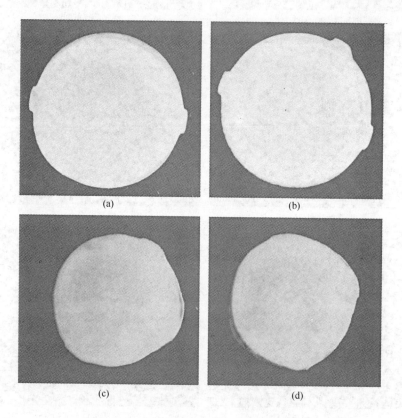

(a)

(b)

(c)

(d)

图 4-15 超细晶钢筋不同试样的低倍金相照片

(a)，(b) 规格 ϕ8mm；(c)，(d) 规格 ϕ10mm

4.6 总结

钢铁材料微观组织的细化，因其对钢材性能的重要影响，已成为现代钢铁材料发展的主要方向之一。细晶粒钢的生产技术开发以及在钢种生产中应用几乎涵盖了全部的钢铁材料品种。在长材生产中采用晶粒细化的控制轧制技术已经日趋成熟。现代化的装备技术已经为高速线、棒材轧机生产细晶、超细晶钢筋品种提供了技术上的保证。虽然细晶钢的控制轧制技术的先期设备投入较大，但是对企业后期生产成本降低、产品性能的提高以及由此带来的综合经济和社会效益，对企业来讲才是最佳的回报。

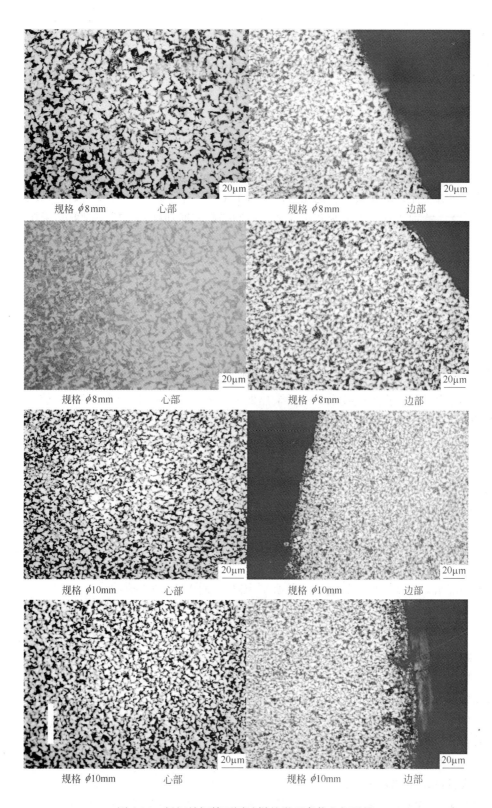

规格 φ8mm 心部   规格 φ8mm 边部

规格 φ8mm 心部   规格 φ8mm 边部

规格 φ10mm 心部   规格 φ10mm 边部

规格 φ10mm 心部   规格 φ10mm 边部

图 4-16 超细晶钢筋不同试样的微观高倍金相组织

第5章　余热处理高强钢筋生产工艺

　　余热处理钢筋就是利用20MnSi或Q235类的普碳钢，通过轧后余热处理的方法生产达到400MPa级、460MPa级，甚至500MPa级的钢筋。余热处理的突出优势在于节约资源，不需要添加钒、铌、钛等微合金化元素，降低了生产成本。余热处理带肋钢筋在世界上应用非常广泛，特别是欧美等工业发达国家，他们提高钢筋强度的主要手段就是采用余热处理工艺，而且采用非焊接的套管、卡头等连接应用技术相当成熟，在建筑业中使用的比例非常高。但余热处理带肋钢筋在我国的推广应用尚不够理想，主要是因为其强度性能沿钢筋径向逐渐降低，对于焊接和螺纹连接必须慎重。

5.1　成分设计

5.1.1　轧后余热处理工艺的基本原理

　　热轧带肋钢筋淬火-自回火工艺技术，亦即余热处理技术，是利用钢筋轧制余热在线直接穿水淬火、自回火处理技术。轧后余热处理工艺的基本原理：钢筋终轧后的组织尚处于奥氏体状态时，利用其本身的余热在轧钢作业线上直接进行热处理，将热轧变形与热处理有机结合在一起，通过对工艺参数的控制，有效地挖掘出钢材性能的潜力，获得热强化的效果。其具体工艺过程为：钢筋穿水淬火时，表面形成环状马氏体层（要求不大于总面积的33%，一般控制在10%～20%之间），然后利用心部余热和相变热使轧材表面形成的马氏体进行自回火，经自回火，由表面至心部形成环状回火马氏体或回火索氏体层、回火索氏体+贝氏体层及珠光体+铁素体。通过控制钢筋显微组织和表面淬硬层所占面积比例，提高钢筋力学性能。根据冷却的速度和断面组织的转变过程，轧后余热处理工艺可以分为三个阶段：第一阶段为表面淬火阶段（急冷段）；第二阶段为空冷自回火阶段；第三阶段为心部组织转变阶段。钢筋表层及心部温降示意图如图5-1所示。

5.1.2　成分设计基本原则

　　由轧后余热处理工艺的基本原理可知，余热处理钢筋主要是通过相变强化机理来提高钢筋强度。热轧钢筋采用余热处理工艺，可用低碳钢（Q235）或低合金钢（20MnSi）代替低合金钢或微合金化钢（20MnSiV）生产400MPa、500MPa级高强度钢筋，余热处理钢筋成分设计的基本原则包括：

　　（1）对于400MPa级热轧钢筋产品，通

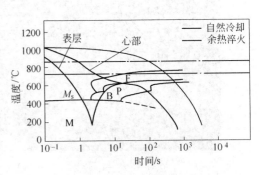

图5-1　钢筋表层及心部温降示意图

常采用 20MnSi 低合金钢或 Q235 普碳钢的成分范围；

（2）对于 φ25mm 以下规格 500MPa 级的热轧钢筋产品，通常采用 20MnSi 低合金钢或 Q235 普碳钢的成分范围；

（3）对于 φ25mm 以上规格 500MPa 级的热轧钢筋产品，通常采用 20MnSi 低合金钢的成分范围。

5.2 工艺路线

余热热轧钢筋生产线工艺流程一般为：

转炉→炉外精炼→连铸→加热→棒材（线材）轧制→控冷→精整

5.3 生产工艺

5.3.1 冶炼工艺

从装料到出钢，倒渣，转炉冶炼一炉钢的过程包括装料、吹炼、脱氧出钢、溅渣护炉和倒渣几个阶段。一炉钢的吹氧时间通常为 12～18min，冶炼周期为 30min 左右。以下介绍某厂 60t 转炉→吹氩精炼→连铸生产线生产 20MnSi 工艺要点。

5.3.1.1 转炉冶炼工艺要点

A 熔炼化学成分

转炉钢熔炼化学成分见表 5-1。

表 5-1 转炉钢熔炼化学成分控制范围

元 素	C	Si	Mn	S	P	Ceq
质量分数/%	0.18～0.24	0.45～0.70	1.35～1.55	≤0.030	≤0.030	≤0.52

注：$Ceq = C + w(Mn)/6 + [w(V) + w(Cr) + w(Mo)]/5 + [w(Ni) + w(Cu)]/15$。

B 冶炼及造渣

（1）采用单渣法冶炼。

（2）采用高拉一次补吹法。

C 终点控制

（1）终渣碱度控制在 3.0～4.0。

（2）终点钢水成分控制如表 5-2 所示。

表 5-2 终点钢水成分控制

元 素	C	P	S
质量分数/%	≥0.06	≤0.020	≤0.025

（3）终点钢水温度控制要求：开浇第一炉的钢水温度为 1695～1710℃；换中包的钢水温度为 1680～1695℃；连浇炉次的钢水温度为 1665～1680℃。

D 出钢、挡渣

（1）到达终点后，必须多倒渣。

（2）出钢前必须清除炉帽浮渣，并堵好出钢口。

（3）出钢时间控制在 3.0～5.0min，圆流出钢。

（4）出钢时严禁冲渣或钢、渣混出。

（5）出钢至 1/2～2/3 时，向炉内出钢口上方加入挡渣球。

E　脱氧剂、合金

（1）脱氧剂、合金种类主要有复合脱氧剂、硅锰合金、硅铁等。

（2）终点 [C] 不足时，应加增碳剂增碳。

（3）脱氧剂加入顺序为：复合脱氧剂—硅锰合金—硅铁。

5.3.1.2　钢包吹氩工艺要点

（1）吹氩时间≥4min，吹氩压力以保证液面微微波动、钢水不裸露或大翻为原则进行控制。

（2）吹氩后钢水温度控制在：第一炉的钢水温度为 1596～1611℃；换中包的钢水温度为 1591～1606℃；连拉的钢水温度为 1551～1566℃。

（3）喂铝线 10～40m/炉。

（4）吹氩、喂线结束后，向钢包内加覆盖剂约 0.8kg/t 钢。

（5）从吹氩结束到开浇的时间间隔不大于 15min。

5.3.1.3　小方坯（150mm×150mm）连铸工艺要点

（1）钢包采用氩封保护套管保护浇铸，中间包采用氩气微正压保护。

（2）中间包采用 ϕ18～21mm 的锆质定径上水口、铝碳质外装式浸入式下水口。

（3）参考中间包钢水温度如表 5-3 所示。

表 5-3　中间包钢水温度

牌　号	单开炉钢水/℃	连浇炉钢水/℃
20MnSi	1545	1529

（4）工作拉坯速度：3.3～3.5m/min。

（5）一次冷却结晶器水流量：100～130m³/h。

（6）二次冷却比水量：1.0～1.4L/kg。

（7）中间包覆盖剂：碱性中间包覆盖剂。

5.3.2　轧制工艺

以下主要介绍某公司棒材生产工艺，其生产工艺流程如图 5-2 所示。

5.3.2.1　加热工艺

钢坯加热炉温度的控制如表 5-4 所示。

表 5-4　加热炉温度控制参数

代表钢种	出炉钢温/℃	炉温控制/℃					出炉烟气温度/℃	热风温度/℃
		均热段	加热段		预热段			
			红坯	冷坯	红坯	冷坯		
Q235	980～1120	1020～1240	900～1200	980～1220	750～900	700～900	<850	约500
20MnSi	1000～1140	1030～1250	900～1200	980～1220	750～900			

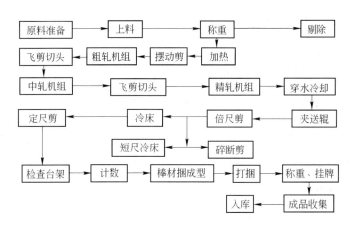

图 5-2 某公司棒材生产工艺流程图

5.3.2.2 轧制工艺

钢坯的开轧温度及终轧温度如表 5-5 所示。

表 5-5 开轧温度及终轧温度

序　号	代表钢号	开轧温度/℃	精轧前温度/℃
1	Q235	980～1120	900～1050
2	20MnSi	1000～1140	920～1080

5.3.2.3 控制冷却工艺

根据钢筋在轧后快冷前变形奥氏体的再结晶状态，钢筋轧后冷却的效果可以分为两类：

（1）变形的奥氏体已经完全再结晶，变形引起的位错或亚结构强化作用已经消除，变形强化效果减弱或消除，因而强化只能靠相变完成，综合力学性能提高不多，但是应力腐蚀稳定性较高；

（2）轧后快冷之前，奥氏体未发生再结晶或者仅发生部分再结晶，这样在变形奥氏体中保留或部分保留变形对奥氏体的强化作用，变形强化和相变强化效果相加，可以提高钢筋的综合力学性能，但应力腐蚀开裂倾向较大。

根据冷却器的布置方式，钢筋轧后控制冷却的方法一般可分为两种：（1）轧后立即冷却（即一段冷却），即在冷却介质快速冷却到规定的温度，或者在冷却装置中冷却一定时间后停止快冷，随后空冷，进行自回火，小断面钢筋适合采用此种冷却方法；（2）对于大断面的钢筋来说适合采用的方法是先在高速冷却装置中用很短时间将钢筋表面过冷到马氏体转变点以下，形成马氏体，并立即中断快冷，空冷一段时间，使表面层的马氏体回火，形成回火索氏体；然后进行二次快冷一定时间，再次中断快冷进行空冷，使钢筋心部获得索氏体组织、贝氏体及铁素体组织。这种二段冷却方法获得的钢筋抗拉强度及屈服强度略低，延伸率几乎相同，而抗腐蚀稳定性好。同时，对大断面钢材来说，还可以减小内外温差。

具体控制冷却工艺根据各厂设备条件的不同，差别较大，具体参见 5.5 节。

5.4 结果及性能分析

国内某厂以 Q235、20MnSi 钢坯为原料生产 400MPa 以上余热处理钢筋。通过对水冷段数、水压、上冷床温度以及化学成分、钢种和时效对钢筋性能影响的研究，Q235 和 20MnSi 钢都可以利用余热处理工艺生产出性能合格的 HRB400、BS G460、HRB500 级钢筋。该系列产品已广泛应用于各类建筑工程中，如田湾核电站、润扬大桥等国家重点工程。按英标 BS 4449 组织生产的余热处理 460MPa 级的热轧带肋钢筋，产品通过了香港土木工程署英标钢筋的质量认可，已大量出口中国香港及东南亚地区。

5.4.1 试验材料及工艺装备

国内某厂试验用钢坯由 50t 转炉冶炼、连铸成 140mm 方坯，其化学成分（熔炼分析）如表 5-6 所示。

表 5-6 试验用钢坯的熔炼分析化学成分 （%）

批次编号	钢 种	C	Si	Mn	P	S
11		0.20	0.21	0.69	0.019	0.023
12		0.22	0.24	0.70	0.018	0.031
13		0.20	0.16	0.63	0.028	0.027
14		0.17	0.15	0.48	0.020	0.028
15	Q235	0.19	0.16	0.61	0.030	0.012
16		0.19	0.16	0.64	0.030	0.011
17		0.19	0.15	0.64	0.030	0.011
18		0.21	0.25	0.68	0.018	0.021
19		0.20	0.15	0.63	0.028	0.027
21		0.19	0.43	1.37	0.023	0.030
22		0.19	0.45	1.40	0.029	0.020
23	20MnSi	0.21	0.48	1.43	0.024	0.023
24		0.21	0.45	1.41	0.026	0.014
25		0.22	0.46	1.45	0.028	0.013

加热炉为步进梁、底组合式，燃料为混合煤气，加热炉额定能力 150t/h，有效尺寸 23m×16.8m。

采用全连续式棒材生产线，全线共 18 架轧机，粗、中、精轧机各有 6 架，均是引进意大利 POMINI 公司的短应力线无牌坊轧机。18 架粗、中、精轧机组采用平-立交替布置，实现无扭轧制。

THERMEX 穿水冷却装置位于精轧机后，冷却线全长 25m，分 5 段，由布置在 5 台小车上的 THERMEX 冷却装置和辊道构成。可分段对轧件温度、水流量、水压等进行检测和控制。水压：0.3～2.2MPa；水温不大于 50℃；压缩空气压力为 0.6MPa；冷却装置与轧制中心线允许最大对中偏差为 ±5mm。当生产不需要水冷时，水冷线可移出轧制线，横向切换成运输辊道。

5.4.2 结果与分析

5.4.2.1 水冷段数对钢筋性能的影响

3 段冷却或 4 段冷却时各段水压均为 2.0MPa；5 段冷却时第 1 段、第 2 段水压为 2.0MPa，第 3 段 1.8MPa，第 4 段 1.6MPa，第 5 段 1.2MPa。通过不同水冷段数冷却后，余热处理钢筋的性能如表 5-7 所示。

表 5-7 不同水冷段数冷却后余热处理钢筋的性能

工 艺	R_{eL}/MPa	R_m/MPa	A/%	R_m/R_{eL}	冷弯	反弯
3 段冷却	450/450	570/580	30/29	1.27/1.29	合格	合格
4 段冷却	475/505	610/610	26/24	1.28/1.21	合格	合格
5 段冷却	545/575	655/680	23/24	1.20/1.18	合格	合格
BS G460（要求）	≥460		≥12	≥1.1	合格	合格

从表 5-7 可见，4 段冷却和 5 段冷却的余热处理钢筋性能均满足英标要求。5 段冷却工艺尽管第 3~5 段水压有所降低，但其冷却后强化效果最好。因此，余热处理时最好 5 段水冷器全开，可通过水压变化来控制冷却强度。

5.4.2.2 水压对钢筋性能的影响

工艺 1：各段冷却时水压均为 2.0MPa；工艺 2：各段冷却时水压均为 1.8MPa；工艺 3：第 1~2 段水压为 2.0MPa，第 3~5 段水压为 1.5MPa。不同水压余热处理钢筋的性能如表 5-8 所示。

表 5-8 不同水压余热处理钢筋的性能

工艺	R_{eL}/MPa	R_m/MPa	A/%	R_m/R_{eL}	冷弯	反弯
1	535/545/570	690/655/680	18/19/20	1.29/1.20/1.19	合格	合格
2	515/535/545	610/645/645	21/23/24	1.18/1.21/1.18	合格	合格
3	465/475/475	570/590/590	21/23/24	1.23/1.24/1.24	合格	合格

从表 5-8 可见，水压对余热处理钢筋性能有显著的影响，水冷段水压调至 1.5MPa 时，钢筋强度明显下降。

5.4.2.3 上冷床温度对钢筋性能的影响

余热处理工艺的冷却主要分为淬火、回火和最终冷却三个阶段。穿水后钢筋表面淬火形成一层马氏体组织，随后上冷床的过程中，钢筋心部的热量传导至表面使表层马氏自回火，心部的奥氏体组织转变成铁素体和珠光体组织。上冷床温度是一个重要的控制参数，直接反映了冷却强度的大小。不同上冷床温度余热处理钢筋的性能见表 5-9。

表 5-9 不同上冷床温度余热处理钢筋的工艺与性能

上冷床温度 /℃	工艺参数		性 能					
	均热温度 /℃	终轧速度 /m·s⁻¹	R_{eL}/MPa	R_m/MPa	A/%	R_m/R_{eL}	冷弯	反弯
682	1020	15	462/460	578/571	28/26	1.25/1.24	合格	合格
633	1000	13	514/517	626/624	23/24	1.22/1.21	合格	合格
617	1000	12	556/559	664/667	21/20	1.19/1.19	合格	合格

表 5-9 表明,上冷床温度越高,强度就越低。为保证用 Q235 生产余热处理达到英标 460MPa 级钢筋的性能,上冷床温度应控制在 650℃以下。

5.4.2.4 成分对钢筋性能的影响

表 5-10 比较了同一钢种(Q235)不同碳当量下,ϕ25mm 余热处理钢筋在相同冷却工艺条件下的性能。

表 5-10 不同成分的 Q235 余热处理钢筋的性能

编 号	工艺(水压均为 1.8MPa)	主要成分/%			性 能		
		C	Mn	Ceq	R_{eL}/MPa	R_m/MPa	A/%
13	开 5 段	0.20	0.63	0.31	560/565	665/675	19/21
14		0.17	0.48	0.25	535/540	640/645	23/24
13	开 4 段	0.20	0.63	0.31	510/515	620/625	22/21
14		0.17	0.48	0.25	485/480	590/595	25/23

表 5-10 表明,工艺条件相同时,碳当量越低则强度越低。碳当量由 0.31% 降至 0.25% 时,屈服强度和抗拉强度下降了 20 ~ 35MPa。

5.4.2.5 钢种对钢筋性能的影响

表 5-11 对比了用 Q235 和 20MnSi 生产余热处理钢筋的性能。生产 ϕ20mm 的 Q235 钢筋时,5 段水冷器水压均为 1.8MPa;生产 ϕ25mm 的 Q235 钢筋时,5 段水冷器水压均为 2.0MPa;生产 ϕ20mm 和 ϕ25mm 的 20MnSi 钢筋时,1 ~ 3 段水冷器水压为 2.0MPa,4 段和 5 段水冷器水压为 1.5MPa。

表 5-11 Q235 和 20MnSi 余热处理钢筋的性能对比

编 号	钢 种	规格/mm	R_{eL}/MPa	R_m/MPa	A/%	R_m/R_{eL}	冷弯	反弯
15	Q235	ϕ20	570/545/515	685/645/610	23/21/23	1.20/1.18/1.18	合格	合格
16		ϕ25	545/565/535	590/670/640	20/18/20	1.22/1.19/1.20	合格	合格
22	20MnSi	ϕ20	545/575/555	655/680/675	23/24/23	1.20/1.18/1.22	合格	合格
23		ϕ25	555/545/560	680/675/680	24/24/24	1.23/1.24/1.21	合格	合格

从表 5-11 可见,Q235 和 20MnSi 钢都可以利用余热处理工艺生产出性能合格的英标 460MPa 级钢筋。虽然 20MnSi 钢的 Mn、Si 含量较高,淬透性较好,但如果冷却器的冷却强度足够时这种优势表现不出来。通过调整冷却强度,利用 Q235 钢可生产出性能合格的 500MPa 级钢筋,由于其 Mn、Si 含量低,故生产成本也降低。

5.4.2.6 余热处理钢筋的显微组织

典型显微组织:表层为回火索氏体;过渡层为珠光体 + 铁素体且部分铁素体呈针状;心部为珠光体 + 铁素体,晶粒度为 8 ~ 10 级,如图 5-3 及图 5-4 所示。

对用 Q235 批量生产的 ϕ20mm、ϕ25mm 余热处理 500MPa 级钢筋的金相组织的检验结果表明,表层组织厚度为 1.7 ~ 2.3mm,过渡层厚度为 1.2 ~ 2.5mm。当表层组织厚度小于 1.7mm 时强度偏低,甚至不合格。

5.4.2.7 余热处理钢筋时效后拉伸性能变化

钢筋自然时效和人工时效后拉伸性能的检验结果分别见表 5-12、表 5-13。

图 5-3 宏观形貌

图 5-4 自回火层与心部交接处金相组织
(3%硝酸酒精侵蚀)

表 5-12 HRB500 级余热处理钢筋自然时效后的拉伸性能

编号	规格(钢号)/mm	检验时间/d	R_{eL}/MPa 实测值	R_{eL}/MPa Δ①	R_m/MPa 实测值	R_m/MPa Δ①	A/% 实测值	A/% Δ①
24	φ20 (20MnSi)	正常检验	570		690		23	
		7	560	-10	680	-10	24	+1
		14	570	0	690	0	22	-1
		21	570	0	690	0	24	+1
		30	560	-10	685	-5	23	0
		60	555	-15	680	-10	26	+3
		90	560	-10	680	-10	25	+2
		180	550	-20	675	-15	27	+4
17	φ20 (Q235)	正常检验	545		645		21	
		7	540	-5	645	0	23	+2
		14	545	0	650	+5	22	+1
		21	540	-5	650	+5	22	+1
		30	540	-5	650	+5	25	+4
		60	540	-5	650	+5	22	-1
		90	530	-15	640	-5	24	+3
		180	530	-15	645	0	23	+2
18	φ25 (Q235)	生产检验	565		670		19	
		7	570	+5	675	+5	21	+2
		14	550	-15	670	0	22	+3
		30	555	-10	675	+5	21	+2
		60	550	-15	675	+5	23	+4
		180	550	-15	670	0	24	+5

① Δ = 放置后实测值 - 当天生产检验实测值。检验时间段为11月~次年5月。

表 5-13 BS G460 级余热处理钢筋人工时效后的拉伸性能

编号	规格(钢号)/mm	人工时效工艺	R_{eL}/MPa		R_m/MPa		A/%	
			实测值	Δ[1]	实测值	Δ[1]	实测值	Δ[1]
25	$\phi 20$ (20MnSi)	正常检验	490		610		25	
		100℃×1h	485	−5	610	0	26	+1
		100℃×2h	475	−15	610	0	26	+1
		200℃×1h	480	−10	605	−5	27	+2
		300℃×1h	475	−15	605	−5	28	+3
		400℃×1h	470	−20	600	−10	27	+2
19	$\phi 20$ (Q235)	正常检验	580		690		25	
		100℃×2h	560	−20	690	0	25	0
		100℃×1h	570	−10	685	−5	26	+1
		200℃×1h	565	−15	685	−5	25	0
		300℃×1h	565	−15	680	−10	27	+2
		400℃×1h	560	−20	685	−5	26	+1

① Δ = 时效后实测值 − 正常检验实测值。

从表 5-12 可看出,自然时效后屈服强度均符合相关标准要求,但呈下降趋势,约下降 10 ~ 20MPa,放置 90 ~ 180 天后才趋于稳定。抗拉强度变化趋势不明显,伸长率呈略有提高的趋势。一般认为,自然时效时屈服强度下降与自然放置的过程钢筋内部的残余应力得到进一步释放以及内部点阵畸变程度下降有关。从表 5-13 可见,人工时效后拉伸性能的变化趋势与自然时效后拉伸性能的变化趋势相同。可以认为人工时效是钢筋自然时效的加速,用人工时效可以模拟自然时效。

从试验结果来看,用 100℃×2h 或 200℃×1h 的人工时效工艺模拟自然时效较合适,钢筋按此工艺的人工时效后拉伸性能与其长期放置稳定后的拉伸性能很接近。余热处理钢筋自然放置后屈服强度会降低,有时甚至造成屈服强度不合格。因此,钢筋生产检验时屈服强度应有 20MPa 以上的余量,或者经过人工时效后屈服强度检验合格才能出厂。

5.4.3 余热处理钢筋的工艺性能

掌握了解余热处理钢筋的工艺性能,对推广应用非常有意义。

5.4.3.1 钢筋的应变时效

作者对 $\phi 16$mm、$\phi 20$mm、$\phi 25$mm、$\phi 32$mm 规格余热处理的 B500B 级钢筋进行了应变时效研究。试验采用拉伸法,先将应变时效试样预拉伸 5% 应变,再进行 100℃×3h 的人工时效处理,然后进行拉伸检验。表 5-14 中 C_1 和 C_2 为应变时效敏感系数,C_1 = (时效后平均 R_m − 原始平均 R_m) × 100/原始平均 R_m,C_2 = (原始平均 A − 时效后平均 A) × 100/原始平均 A。

表 5-14 余热处理 B500B 钢筋应变时效试验结果

规格/mm	试验组编号	原始 R_m /MPa	时效后 R_m /MPa	原始 A/%	时效后 A/%	C_1	C_2
φ16	4-1	676	693	24.0	14.0	1.82	27.7
		677	682	21.0	14.5		
		679	692	21.0	14.5		
		685	700	19.5	14.0		
		685	698	22.0	16.0		
		685	698	21.0	19.5		
	平均值	681	694	21.4	15.4		
φ20	4-2	685	696	21.5	18.0	1.63	14.51
		684	698	21.5	18.0		
		683	695	22.5	18.0		
		685	691	21.0	18.0		
		686	695	20.5	19.0		
		683	698	20.5	18.0		
	平均值	684	696	21.3	18.2		
φ25	4-3	741	747	21.5	15.5	0.13	25.76
		744	742	19.5	15.5		
		745	739	22.0	10.0		
		747	750	19.0	16.5		
		747	749	20.0	16.0		
		749	752	19.0	15.5		
	平均值	746	747	20.2	14.8		
φ32	4-4	769	777	17.0	断标外	0.84	13.8
		768	778	17.5	断标外		
		768	779	17.0	断标外		
		699	702	19.0	16.0		
		698	701	20.0	16.5		
		698	701	18.5	17.0		
	平均值	733	740	18.2	16.5		

从表 5-14 可见，余热处理钢筋具有相对较大的应变时效敏感性，尤其是延伸性能下降幅度较大，由表中可以看到，代表延伸性能的 C_2 指标均超过 10%。

5.4.3.2 钢筋的冲击韧性

选取规格 φ16mm、φ20mm、φ25mm、φ32mm 的 500MPa 级钢筋，按照 GB 229—2007《金属材料 夏式摆锤冲击试验方法》的有关规定进行冲击试验，试验结果如表 5-15 和图 5-5 所示。

表 5-15　不同规格钢筋的冲击韧性

试样编号	试 验 温 度			
	室温	0℃	-20℃	-40℃
	冲击韧性/J			
RRB500-16	165	143	86	34
RRB500-20	166	124	82	22
RRB500-25	168	136	64	38
RRB500-32	175	114	54	23

从表 5-15 和图 5-5 的结果可以看出：余热处理钢筋的冲击韧性较好，-20℃ 及以上温度的冲击韧性远高于 27J；-40℃ 的冲击韧性也有高于 27J 的情况。该项结果值得关注。

5.4.3.3　钢筋的焊接性能

选取两种典型规格 φ16mm、φ25mm 的钢筋做焊接形式试验。样品编号：R516，其中："R" 代表余热处理钢筋，"516" 代表 500MPa、规格 φ16mm 的钢筋，依此类推。R516 和 R525 钢筋样本量分别取 33 个。

对于余热处理钢筋，适用的焊接方式为闪光对焊、帮条焊、搭接焊、熔槽帮条焊、坡口焊，其中，帮条焊、搭接焊、熔槽帮条焊、坡口焊为手工焊，并在其中选用两种工地常用焊接方法（闪光对焊和坡口焊）进行焊接形式检验。

闪光对焊焊接方式。焊接试验方案 1：普通钢筋焊接形式检验条件；焊接试验方案 2：除普通焊接形式检验条件焊后快冷。闪光对焊焊接试验方案 1 和焊接试验方案 2 的焊接参数见表 5-16，焊后测试结果如表 5-17 所示。图 5-6 为接头拉断后的情况。

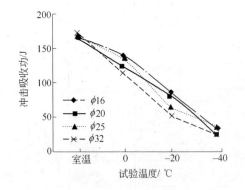

图 5-5　不同规格 500MPa 级余热
处理钢筋的冲击韧性

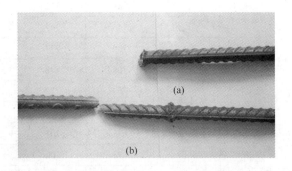

图 5-6　R516 钢筋闪光对焊接头拉断图
（a）试验方案 1 拉断试样；（b）试验方案 2 拉断试样

表 5-16　R516 钢筋闪光对焊焊接参数

焊接方案	调伸长度/mm	顶锻留量/mm	烧化流量/mm	变压器级数	冷却方式	焊接接头编号
1	46	6	14	1	空冷	R516-1，R516-2
2	46	6	14	1	水冷	R516-3，R516-4

表 5-17   R516 钢筋闪光对焊力学试验结果

编　号	R_m/MPa	拉伸断裂位置	焊接试验方案
R516-1	620	断焊缝	1
R516-2	620	断热影响区	1
R516-3	685	断母材	2
R516-4	685	断母材	2

坡口焊以手工焊为例。坡口焊进行两种焊接试验方案的对比，焊接试验方案 1：普通钢筋焊接形式检验条件；焊接试验方案 2：除普通焊接形式检验条件焊后快冷。坡口焊焊接试验方案 1 和焊接试验方案 2 的焊接参数见表 5-18，焊后力学实验结果见表 5-19。图 5-7 为接头拉断后的情况。

表 5-18   R525 钢筋坡口焊焊接参数

焊接方案	焊接电流/A	焊接层数/层	焊条直径/mm	端面间隙/mm	极　性	焊接接头编号
1	130	2	3.2	3	交流	R525-1 ~ R525-3
2	130	2	3.2	3	交流	R525-4 ~ R525-6

表 5-19   R525 钢筋坡口焊力学试验结果

编　号	R_m/MPa	拉伸断裂位置	焊接试验方案
R525-1	715	断热影响区	1
R525-2	670	断焊缝	1
R525-3	655	断焊缝	1
R525-4	735	断母材	2
R525-5	720	断母材	2
R525-6	730	断母材	2

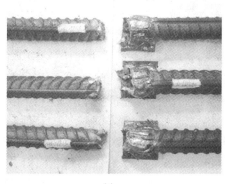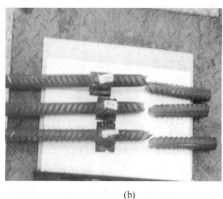

(a)　　　　　　　　　　　　　　　(b)

图 5-7   R525 钢筋坡口焊接头拉断图片

(a) 焊接试验方案 1 下拉断图片；(b) 焊接试验方案 2 下拉断图片

由试验结果可以看出，同样的焊接参数，坡口焊和闪光对焊试样经过快速水冷均能达到焊接要求。而空冷条件下试样，因为余热处理钢筋加工工艺带来的特点，焊接接头处母材微观组织易粗化，从而导致试样易在焊缝和热影响区处断裂。因此，余热处理钢筋采用焊接连接方式时，应注意焊后冷却速度。

5.5 国外余热处理钢筋生产与应用介绍

余热处理钢筋在国外已广泛应用，典型例子是英标 460MPa 级及 500 MPa 级钢筋。英标 BS4449 因其科学性和适用性，受到国际建筑业的推崇，许多国家和地区普遍采用 BS4449 标准。英标钢筋与我国和其他国家钢筋标准中同类钢筋相比，不但强度要求较高，而且对冷弯和反弯性能要求更严，因此，其质量要求较高。BS4449 标准中没有规定具体的加入合金元素和成分范围，国外企业生产英标钢筋一般是用碳素钢采用余热处理工艺。新加坡标准 SS2：Part2 中的 500MPa 钢筋，加拿大标准 G30.18 中的 400R、500R 钢筋，美国 ASTM A615/A615M 标准中的 60 级（420MPa）、75 级（520MPa）钢筋，德国标准 DIN488/1 中的 BSt420S、BSt500S 钢筋等都可采用余热处理工艺生产。国外余热处理钢筋的广泛应用表明，余热处理钢筋在建筑上包括在重要建筑上的应用是可靠和可行的。

为了借鉴国外高强度低成本钢筋生产应用方面的先进经验，2009 年 9 月，国家科技支撑计划项目"高效节约型建筑用钢产品开发及应用研究"课题组组团赴欧洲考察了高强度低成本热轧带肋钢筋的生产技术和应用情况，对西班牙的 CELSA ATLANTIC 工厂和希腊的 HALYVOURGIKI 工厂进行了为期 10 天的考察访问，重点考察了热轧带肋钢筋的生产工艺和应用情况。

CELSA ATLANTIC 工厂的热轧带肋钢筋执行西班牙标准 UNE36065-2000 EX，全部采用不含微合金元素的钢种生产，为了达到要求的性能，轧后的棒材通过水箱高水压喷嘴喷水冷却，该厂的技术人员认为，这种淬火自回火工艺（Quench and Self Temper，QST）是生产高强度钢筋的最常见的工艺。目前 CELSA ATLANTIC 工厂生产的钢筋，由高延性的钢制造，可避免承受地震、动载、冲击应力的混凝土结构发生脆性断裂。钢筋使用时是可以焊接的。CELSA ATLANTIC 工厂生产的热轧钢筋盘条主要用于混凝土结构的焊接网、栅格构架梁的制造。西班牙标准 BS400SD 和 BS500SD 余热处理钢筋可以在任何情况下使用，由于其延性高所以增加了安全性，在以下场合则必须使用：结构承受地震应力；结构被设计成非直线的或受力有可能再分配；结构暴露在不容易计算的力下，既可能是自然引起的力，也可能是目前认识不充分的对结构有影响的力；结构有高的火灾风险；结构有改变用途的预期或旧的建筑需要改造。

HALYVOURGIKI 工厂生产的直条钢筋和盘条钢筋执行的是希腊标准 EΛOT 1421-3θE-θK，钢种为 B500C。据该厂技术人员介绍，其符合欧洲标准和英国标准。其他品种还有 S500s（执行希腊标准 EΛOT 971）、StIV（执行德国标准 DIN 488），HALYVOURGIKI 工厂还可根据用户的要求生产，常按英国标准 BS4449：2005 供货。HALYVOURGIKI 工厂可按照无任何后续处理的热轧的工艺生产（含钒钢），也可以是热轧后立即在线热处理的产品，这种在线热处理（余热处理）的产品应用比较普遍，其相对较软的心部提供了延性，强硬的外层提高了钢筋的强度。他们认为这种利用先进装置生产出的钢筋，经过了严格而系统的质量控制，对应用于抗震结构提供了最大的安全保障。

中国香港地区和海外一些国家余热处理钢筋的应用实例见图 5-8 ~ 图 5-10。

海外一些工业发达国家对于余热处理钢筋的连接除发展了焊接、绑扎等技术外，为了

图 5-8　香港维多利亚港的建筑群

图 5-9　新加坡滨海湾鱼尾狮公园周边建筑

解决焊接接头失强的问题,还普遍采用了机械连接技术。早在 20 世纪 70 年代中期,美国、德国、日本等就开始研发冷挤压连接技术、直螺纹连接、锥螺纹连接等机械连接技术,应用于地铁、核电站、大跨度抗震结构中。目前机械连接技术在国外已经广泛应用并制定了相关标准,机械连接也完全符合美国标准(UBC1997)、英国标准(BS8110)、法国标准(NF35-20-1)、德国标准(DIN1045)、ISO/WD15835 等国外相关标准要求,机械连接的接头性能,这些标准也都有具体规定。

5.6　结论

(1)对于余热处理钢筋生产过程,轧后上冷床的温度、轧后冷却的穿水时间及强度等

图 5-10 采用了独立多隔间减震灾设计及余热处理钢筋的雅典卫城博物馆

工艺参数对余热处理钢筋的组织和性能影响较大，因此为了保证最终产品性能的稳定，应严格控制这些工艺参数的波动范围，尤其是轧件上冷床的温度。

（2）由于自然时效后余热处理钢筋屈服强度有所下降，有可能造成产品运输到用户手中后性能复检不合格。因此，余热处理钢筋下冷床后应该经过人工时效处理，检验合格后才能出厂。

（3）当余热处理钢筋采用焊接连接方式时，由于焊接局部受热，温度超过奥氏体转变温度，表面硬化层组织发生转变，可能导致焊后强度降低，因此应严格控制焊接工艺。此外，余热处理钢筋主要靠表面硬化层提高强度，因此不适用于采用表层剥肋的机械连接方式。

（4）国外高强度余热处理钢筋普遍采用非焊接的套管、卡头等连接方式，并且广泛应用于各类重要的建筑结构。因此我国要推广资源节约型余热处理钢筋，应逐步转变余热处理钢筋的使用观念，大力推广套管、卡头等机械连接方式，尤其应修订相应的建筑施工规范，尽快向国外先进的施工规范看齐。

第6章 500MPa、600MPa级及抗震高强钢筋生产工艺

6.1 500MPa级高强钢筋生产工艺

6.1.1 概述

500MPa级高强钢筋主要生产工艺是在低合金钢20MnSi的基础上添加微合金元素钒，充分利用廉价的氮元素实现沉淀强化，使钢材强度达到500MPa级别。钒微合金化工艺具有成分设计经济合理，钢筋性能稳定、强屈比高并具有良好的低温性能与焊接性能，是生产500MPa级高强钢筋的较佳生产工艺。

6.1.2 成分设计

《钢筋混凝土用钢 第2部分：热轧带肋钢筋》（GB 1499.2—2007）规定，HRB500的化学成分和碳当量应符合表6-1所示的要求，并根据需要，在钢中还可以加入钒、铌、钛等元素。不同国家的标准，对500MPa级钢筋的化学成分规定也有所差异，具体如表6-1所示。

表6-1 澳标500E、英标B500C与国标HRB500E成分比对 （%）

标 准	牌 号	C	Si	Mn	P	S	Ceq
		最大值					
GB 1499.2—2007	HRB500E	0.25	0.8	1.6	0.045	0.045	0.55
AS/NZS4671：2001	500E	0.22	—	—	0.05	0.05	0.49
BS4449：2005	B500C	0.22	—	—	0.05	0.05	0.5

6.1.2.1 技术路线

500MPa级高强钢筋的技术路线包括微合金化、超细晶以及轧后余热处理三种，后两种技术采用低合金钢20MnSi的成分，微合金化技术则是在20MnSi的基础上添加了钒、铌、钛等微合金化元素。

A 微合金化

微合金化技术是通过冶金方法在20MnSi钢的基础上添加微合金化元素，以达到提高钢材力学性能的目的。其强化机制是微合金化元素与钢中的碳、氮原子形成高熔点、高硬度的碳化物和氮化物，一方面沉淀在奥氏体晶界上，加热时不易熔入奥氏体，可阻止奥氏体晶粒长大，造成细晶强化；另一方面这些碳化物和氮化物质点也可以在奥氏体转变成铁素体过程中以及转变之后析出，在铁的晶格中阻碍位错运动，造成沉淀强化。

　　B　超细晶

　　超细晶技术不需要添加微合金元素，是控制轧制与控制冷却相结合的现代化轧钢生产技术，控制轧制及控制冷却工艺实施的前提是轧钢生产线全流程的温度控制，并根据不同品种和规格确定特定的轧钢工艺制度。综合利用再结晶控制轧制、未再结晶控制轧制、形变诱导铁素体相变和铁素体动态再结晶机制，控制晶粒尺寸和微观组织，最终实现钢材的细晶强化。

　　C　轧后余热处理

　　轧后余热处理技术不需要添加微合金元素，是将热轧和热处理工艺有机地结合起来，即把钢筋热轧后直接在线淬火，进行表面冷却，然后利用钢材心部余热对钢筋表层进行回火处理，使钢筋表层组织转变为保留马氏体位向的回火索氏体组织，心部为细化的铁素体加珠光体组织，且珠光体相对含量有所增加，最终通过组织强化使 20MnSi 钢达到 500MPa 的强度等级。

　　虽然轧后余热处理与超细晶技术不需要添加微合金元素，但设备成本高，并且产品强屈比偏低，时效现象明显，不宜采用焊接和损伤外表面的机械连接方式。而微合金化技术不需要在轧钢生产线上增加控制温度的辅助设备，设备成本最低，产品强屈比高、时效敏感性小、焊接性能良好。通过对比产品性能与生产成本，可以看出微合金化是生产 500MPa 级高强钢筋的较佳技术路线。

6.1.2.2　常规元素

　　根据大量数据回归统计，钢中每增加 0.01% 碳，屈服强度、抗拉强度可分别提高 7MPa 和 8MPa，但对钢的塑性和焊接性能均不利。因此，需要控制钢中的碳含量，防止碳当量过高。锰的加入可提高固溶强化效果，降低相变温度，细化钢的组织，提高强度及韧性，且锰能提高钒在奥氏体中的固溶度积，增强其沉淀强化效果，但含量太高会增加碳当量，不利于焊接。

6.1.2.3　微合金化元素

　　从国内 HRB500 钢筋微合金化技术的研发历程来看，分别以钒、铌、钛及其组合进行微合金化的方式都曾尝试过。由于 Ti 冶炼过程中收得率不稳定，HRB500 钢筋微合金化方式主要以钒微合金化、铌、钒复合微合金化为主。

　　铌、钒微合金化中，铌元素的固溶温度较钒高，加热时阻止奥氏体晶粒长大的作用十分明显，因而铌的细化晶粒效果较钒更明显。但铌需要较高的加热温度才能充分固溶，并且在连铸过程中，钢坯表面易产生横裂，同时铌的价格较贵，因此在生产控制及成本上不占优势。

　　钒微合金化中，钒元素的固溶温度较低，细晶强化效果相对较弱，主要以沉淀强化为主。钒与钢中的碳、氮原子形成细小的碳化物和碳氮化物，能够充分利用廉价的氮元素，是较经济的微合金化方式。这些碳化物和碳氮化物在奥氏体转化为铁素体和珠光体的过程中以及转变之后逐渐析出，起到细化钢筋微观组织、阻碍晶格中的位错运动，产生沉淀强化的作用，最终达到提高强度的目的。

　　通过大量的相关数据分析比较，确定了钒元素含量对抗拉强度和屈服强度的影响程度，其散点图如图 6-1 和图 6-2 所示。

　　通过图 6-1 和图 6-2 可以看出，在常规冶炼工艺（N≤0.007%）下，当钒元素含量超

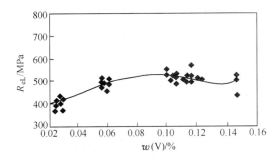

图 6-1 钒元素与屈服强度散点图

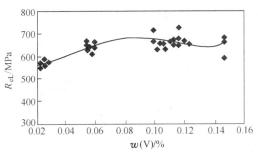

图 6-2 钒元素与抗拉强度散点图

过 0.12% 后，其对钢筋抗拉强度和屈服强度贡献的绝对值都呈下降趋势，因此钒元素加入量不宜超过 0.12%。为增强钒氮析出强化效果，同时又降低钢中游离氮的危害，实际生产中控制钒氮比在 4.5∶1 左右为最佳，不同氮水平下钒的强化效果如图 6-3 所示。

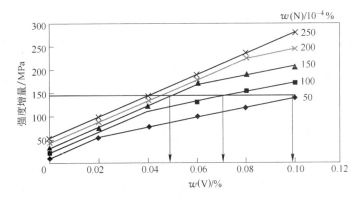

图 6-3 不同氮水平下钒的强化效果

根据 GB 1499.2—2007 对 HRB500 钢筋的技术要求，结合 HRB400、HRB400E 的生产经验以及现有的工装水平、生产工艺特点，并经过生产工艺与合金成本的对比，中国大多数的生产企业采用了钒氮微合金化的工艺路线。

HRB500 化学成分的内控要求如表 6-2 所示。

表 6-2　HRB500 钢筋化学成分

标　准	化学成分/%						
	C	Si	Mn	P	S	V	Ceq
GB 1499.2—2007	≤0.25	≤0.80	≤1.60	≤0.045	≤0.045	—	≤0.55
内控成分	0.20~0.25	0.20~0.70	1.35~1.60	≤0.045	≤0.045	≤0.12	0.45~0.55

6.1.3　工艺路线

HRB500 含钒高强钢筋采用的生产工艺流程为：
铁水→转炉炼钢→精炼→连铸→轧制

6.1.4　生产工艺

6.1.4.1　冶炼工艺

A　转炉冶炼

对于硫含量高的铁水，往往需要脱硫预处理。

转炉采用顶底复吹冶炼，底吹气体采用氮气或氩气。

炼钢终点控制采用一拉一吹或一次拉成方式，尽量避免后吹。

终点控制目标：[C]≥0.07%，[S]≤0.035%，[P]≤0.030%。

出钢过程多采用复合脱氧剂脱氧，挡渣出钢并采用出钢在线吹氩技术。

B　钒微合金化工艺

钒微合金化主要采用氮化钒（74%~80%V，14%~16%N）、氮化钒铁（45%~55% V，11%~13%N）或钒铁（FeV80、FeV50）+富氮合金复合工艺。在实际生产中控制钒氮比为 4.5∶1 左右最佳，如要实现将 HRB335 通过钒微合金化达到 HRB500 强度需增加 165MPa，考虑钒含量增加造成轧制工艺的微调，强度增量也需在 150MPa 以上。从图 6-3 中可以看出，常规冶炼条件下平均氮含量水平为 0.005%，采用 50 钒铁需 0.11%V；采用氮化钒合金方式增加钒含量的同时增加了部分氮含量，需 0.09%V，而 N 为 0.01%，其 V 用量节省 20%；而采用氮化钒铁合金方式增加钒含量的同时增加了更多的氮含量，需 0.05%V，而 N 为 0.015%，则 V 用量节省 50%。说明采用适当的钒氮比在节约钒资源、降低合金料消耗，实现低成本炼钢方面具有重要的现实意义。

C　精炼

为更好促进夹杂上浮，在吹氩站吹氩精炼时间要适当延长，一般为 5~8min。对于大规格（≥φ32mm）钢筋，为进一步提高钢水洁净度要采用 LF 精炼处理工艺。

D　连铸

为保证钢水洁净度，大、中包均采用保护浇注方式。大包开浇温度一般为 1560~1575℃，中间包过热度控制在 15~30℃范围，二冷比水量控制为 0.8~1.0L/kg。

6.1.4.2　轧制工艺

A　加热制度

综合考虑 HRB500 钢筋的化学成分、微合金元素固溶温度、微合金元素对晶粒的影响及加热炉工况条件等，确定轧制温度制度如下：加热炉预热段不大于 1000℃，加热段 1180~1250℃，均热段 1170~1220℃，钢坯头尾温差不大于 30℃，横断面温差不大于 40℃，炉膛保持微正压，钢坯在炉内停留时间 70~90min，确保钢坯加热温度为 1050~1150℃。为避免加热时间过长造成粗大的原始奥氏体晶粒，当因故停轧时要进行降温操作，开轧温度 1000~1100℃。

B　轧制工艺流程

HRB500 钢筋的轧制工艺流程如下：

165mm×165mm 连铸坯→加热炉加热→高压水除鳞→粗轧机组→1 号剪剪切→中轧机组→2 号剪剪切→精轧机组→3 号倍尺飞剪→冷床→4 号定尺摆剪→收集→检验→包装→检验入库

C　孔型选择

孔型系统采用全连续轧制,第1~3机架采用箱形孔型系统,其余采用椭圆-圆孔型系统。轧机采用平立交替布置,有利于轧制过程中实现无扭转。根据钢坯断面的变化,在第1~9机架轧机之间采用微张力轧制,第9~16机架轧机之间采用活套控制,通过合理设定微张力及活套高度,使机架间达到稳定的微张力控制,有利于轧件尺寸的稳定。对于各机架变形量的分配,充分利用了粗轧机能力大的特点,在粗轧机组采用大变形、大延伸。椭圆孔延伸系数取1.35~1.40,圆孔取1.25~1.30。中轧机变形量逐渐减小,成品前孔延伸系数取1.25~1.30,成品孔取1.15~1.20。通过对成品前和成品机架的调整,以及13号入口导卫的调整,消除钢筋横肋错位,保证了产品表面质量。

D　铣槽参数的确定

外形尺寸对于钢筋的性能稳定性有一定的影响,特别是大规格钢筋易在横肋根部出现冷弯裂断。为了从根本上消除这种现象,对铣槽参数重新进行了优化,产品标志倾角(横肋中心线与钢筋纵轴线夹角)由原来的62°增加到65°,同时将横肋深度及刻字深度在标准许可的范围内尽量减小,将内径稍微增大,并对单位体积内的金属量重新进行了计算,以保证其沿长度方向质量(重量)的均匀性,并保证钢材的通条弯曲度符合标准要求。同时在横肋加工完毕后对横肋的根部进行圆角修磨,从设计角度上消除了造成冷弯不合的因素。

E　轧制速度

由于HRB500钢筋合金含量较高,因此在轧制过程中应控制好轧制节奏和速度,使其温度均匀达到晶粒细化的目的,保证产品有正常的金相组织和足够的强度。

6.1.5　结果及性能分析

6.1.5.1　力学性能

目前,国内多家钢铁企业都先后成功开发了HRB500高强钢筋,大多采用钒氮微合金化的方式进行生产,具体性能指标如表6-3所示。

表6-3　HRB500钢筋力学性能

钢　种	力　学　性　能			
	R_{eL}/MPa	R_m/MPa	$A/\%$	冷弯、反弯
HRB500	540~590	680~738	15.5~19.5	完好

通过窄成分控制及稳定的轧制工艺,HRB500钢筋屈服强度稳定在(565 ± 30)MPa范围内,图6-4为某厂随机选取的100炉HRB500钢筋的屈服强度统计结果。

同时,HRB500钢筋的强屈比指标稳定在1.26~1.28之间、屈标比指标稳定在1.08~1.18之间、最大力下钢筋总伸长率指标稳定在12~15之间,满足GB 1499.2对抗震性能的要求。

6.1.5.2　显微组织

采用钒氮微合金化生产的HRB500高强钢筋试样经切割、抛光处理、4%硝酸酒精腐蚀后,用金相显微镜观察,金相组织为分布均匀的铁素体和珠光体(见图6-5),从图中可以看出其组织均匀、晶粒细小,并且钢筋表层与心部组织均匀一致。

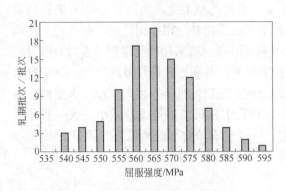

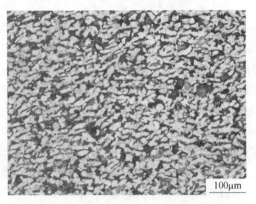

图 6-4　HRB500 钢筋屈服强度分布图　　　　图 6-5　HRB500 钢筋金相组织

6.1.5.3　焊接及机械加工性能

钢筋的连接方式主要有焊接和机械连接两种。采用余热处理与超细晶技术生产的 500MPa 高强钢筋表层组织与心部组织不同，焊接及机械加工会破坏钢筋表层的硬化组织。因此，只有采用钒氮微合金化工艺生产的 500MPa 级钢筋才具有良好的焊接及机械加工性能。

钒氮微合金化工艺生产的 500MPa 高强钢筋，由国家建筑钢材质量监督检验中心分别对 $\phi16mm$ 和 $\phi25mm$ 规格 HRB500 钢筋进行的闪光对焊、帮条焊、搭接焊、坡口焊、熔槽帮条焊、窄间隙焊、电渣压力焊、气压焊、预埋件埋弧压力焊等九种不同类型焊接方法的检验，其结果全部合格。同时，对 $\phi20 \sim 32mm$ 规格的 HRB500 钢筋进行了剥肋滚压直螺纹连接试验，结果也全部合格，满足焊接及机械连接方式对钢筋性能的要求。

6.1.5.4　时效现象

钢筋放置一段时间后，性能会发生一定的变化，即出现时效现象。通过对采用钒氮微合金化工艺生产的 500MPa 高强钢筋进行试验，在同一根钢筋上截取拉伸试样，对当天生产的试样和放置 7 天后的试样分别进行拉伸试验，7 天自然时效后屈服强度呈下降趋势，下降了约 5MPa，抗拉强度变化趋势不大，无明显时效现象。

6.1.5.5　疲劳性能

近年来，全球强震频发，特别是在日本本州岛仙台港以东 130km 处发生了 9.0 级特大地震及中国四川省汶川 5·12 特大地震后，人们对民用以及桥梁、隧道等建筑的抗震安全性提出了更高的要求，强烈地震造成大量钢筋混凝土结构破坏，因此 HRB500 钢筋的高应变低周疲劳性能就显得尤为重要。经国家建筑钢材质量监督检验中心，对采用钒氮微合金化工艺生产的 HRB500 高强钢筋在低周循环荷载作用下的疲劳性能进行了检验（见表 6-4）。检验结果表明，HRB500 钢筋低周疲劳性能完全满足英标（BS4449：2005）的要求。

表 6-4　HRB500 钢筋疲劳性能

编　号	钢　种	规　格	标准值	实测值/万次		
2 号	HRB500	$\phi40mm$	≥500 万次	507	508	508
			断裂情况	未断	未断	未断

6.1.5.6　低温性能

钢的塑、韧性随温度下降而降低，在低于韧脆转变温度下服役时，极易发生脆性断裂。韧脆转变温度评定标准 A_{KV} 多用 27J，即将冲击功为 27J 的试验温度作为韧脆转变温度。经国家建筑钢材质量监督检验中心，对采用钒氮微合金化工艺生产的 ϕ40mm HRB500 高强钢筋的低温冲击及拉伸性能进行了检验，其冲击功在 -40℃ 时仍保持在 30J 以上，同时强度指标随温度降低略有升高，并且伸长率基本未降低。检验结果如表 6-5 及表 6-6 所示，表明采用钒氮微合金化工艺生产的 HRB500 高强钢筋，可以应用在寒冷地区。

表 6-5　HRB500 低温冲击

钢　种	规　格	冲击吸收功/J										
		20℃常温			-10℃低温			-20℃低温			-40℃低温		
HRB500	40mm	101	118	102	81	75	83	80	72	76	56	69	74
		平均 107			平均 80			平均 76			平均 67		

表 6-6　HRB500 低温拉伸性能

钢　种	规　格	低温拉伸/-10℃			低温拉伸/-20℃			低温拉伸/-40℃		
		$R_{p0.2}$/MPa	R_m/MPa	A/%	$R_{p0.2}$/MPa	R_m/MPa	A/%	$R_{p0.2}$/MPa	R_m/MPa	A/%
HRB500	40mm	535	750	26	545	765	23	560	775	25
		540	765	26	545	765	27	565	780	23

6.1.5.7　经济效益和社会效益

经工程实际应用证明，采用 HRB500 替代 HRB400，能够节约钢筋 10% 以上。由于强度/价格比的增大，使用 HRB500 高强钢筋不仅可以节材，还可以减轻结构自重、减少工程施工量、提高施工效率、降低运输费用，从而实现良好的经济效益。同时也保证了混凝土浇捣质量，增加了建筑工程的安全储备，有利于工程结构抗震，使建筑物更加安全可靠；更具有控制资源损失、降低能源消耗、减少三废排放以及环境保护和可持续发展的良好社会效益。

6.1.6　结论

（1）500MPa 高强钢筋主要技术路线包括微合金化、超细晶和轧后余热处理三种，其中钒氮微合金化是较佳工艺，充分利用了廉价的氮元素，节约了合金用量，成分设计经济合理。

（2）采用钒氮微合金化工艺生产的钢筋性能稳定、焊接性能与机械连接性能优良、无明显时效，并具有良好的疲劳性能及低温性能，同时能够满足抗震设计的要求。

（3）500MPa 高强钢筋强度/价格比高、节材效果明显，具有显著的经济效益和社会效益，有利于推动我国钢铁"减量化"，支撑建筑业的转型升级。同时可缓解钢铁生产的资源、能源和环境制约，对我国钢铁工业实现由规模扩张向质量效益转变具有十分重要的意义。

6.2　600MPa 级高强钢筋生产工艺

6.2.1　概述

目前我国使用的钢筋以中低强度级别为主，其中 HRB335 仍然占有较大比例，400MPa 及以上级别的钢筋仅占总量的 40% 左右，500MPa 及以上级别的钢筋更是不到总量的 1%；而 400MPa 和 500MPa 级钢筋在国外已被普遍使用，而且还有向更高级别发展的趋势，如在德、法、英等国，500MPa 级钢筋的比例已超过 70%。相比工业发达国家，中国使用的钢筋强度级别普遍低 1~2 个等级。

与 HRB335 和 HRB400 相比，采用 HRB600，可分别节约用钢量 44.2% 和 33.3%。开发研制 600MPa 级高强钢筋对提高我国钢筋混凝土结构的综合性能，推动重大工程的技术进步，提高建筑结构的安全性，促进钢铁产业的结构调整和节能减排等，都具有十分重要的意义。600MPa 级高强度钢筋开发和应用，还将会推动高性能节能环保型新材料的推广和应用，大大改善当前建筑用产品品种结构，为实现资源节约型、环境友好型企业提供有利支撑。截至 2012 年 9 月，中国仅有沙钢、承钢和济钢等少数钢厂具备成功生产 600MPa 级热轧螺纹钢筋的经验。

6.2.2　成分设计

6.2.2.1　600MPa 级高强钢筋的技术要求

表 6-7 为 GB 1499.2（修订稿）对我国各级别钢筋混凝土用热轧带肋钢筋的成分要求。相比 GB 1499.2—2007，该标准修订稿中增加了 600MPa 级高强钢筋 HRB600。HRB600 的 Si、Mn、P 和 S 含量要求均与 HRB400 和 HRB500 钢筋相同，不同的是 C 含量上限由 0.25% 提高至 0.28%，碳当量上限提高到 0.58%。表 6-8 为该标准修订稿对力学性能的要求，HRB600 的屈服强度 R_{eL} 要求在 600MPa 以上，抗拉强度 R_m 不小于 730MPa，断后伸长率 A 不小于 14%，最大力伸长率 A_{gt} 不小于 7.5%。

表 6-7　GB 1499.2（修订稿）化学成分

牌　号	化学成分（质量分数,不大于)/%					
	C	Si	Mn	P	S	碳当量 Ceq
HRB400 HRBF400 HRB400E HRBF400E						0.54
HRB500 HRBF500 HRB500E HRBF500E	0.25	0.80	1.60	0.045	0.045	0.55
HRB600	0.28					0.58

表 6-8 GB 1499.2（修订稿）力学性能

牌 号	下屈服强度 R_{eL}/MPa	抗拉强度 R_m/MPa	断后伸长率 A/%	最大力总伸长率 A_{gt}/%	$R_m^°/R_{eL}^°$	$R_{eL}^°/R_{eL}$
	不小于					不大于
HRB400 HRBF400	400	540	16	7.5	—	—
HRB400E HRBF400E			—	9.0	1.25	1.30
HRB500 HRBF500	500	630	15	7.5	—	—
HRB500E HRBF500E			—	9.0	1.25	1.30
HRB600	600	730	14	7.5	—	—

注：$R_m^°$ 为钢筋实测抗拉强度；$R_{eL}^°$ 为钢筋实测下屈服强度。

对于带有抗震性能的钢筋，还应满足以下要求：

（1）钢筋实测抗拉强度与实测屈服强度之比 $R_m^°/R_{eL}^°$ 不小于 1.25；

（2）钢筋实测屈服强度与表 6-8 规定的屈服强度特征值之比 $R_{eL}^°/R_{eL}$ 不大于 1.30；

（3）钢筋的最大力总伸长率 A_{gt} 不小于 9%。

此外，直径 28～40mm 各牌号钢筋的断后伸长率 A 可降低 1%；直径大于 40mm 各牌号钢筋的断后伸长率 A 可降低 2%。

为使钢筋的屈服强度达到 600MPa，同时确保其塑性和加工性能，可采取合金化或"低温轧制＋合金化"路线，但后者对轧机负荷和冷却能力要求较高，在大多数现有生产线上无法实现，因此合金化是目前的较佳方案。与 HRB400 和 HRB500 相比，HRB600 属于全新的产品，为此，必须对其进行全新的成分设计，才能得到组织与性能符合要求的产品。在现有 HRB400 和 HRB500 产品中，C、Si 和 Mn 等常用合金元素的含量已接近 GB1499.2 的上限值，即 0.25%、0.80% 和 1.60%，若要开发 HRB600，C、Si 和 Mn 的上调空间不大。另外，良好的焊接性是保证产品普遍应用的前提条件，为保证加工性能与焊接性能，国家标准对微观组织和碳当量也有明确要求。因此，必须采用微合金化路线。

6.2.2.2 合金元素对 600MPa 级高强钢筋组织与性能的影响

常用的微合金元素有 Nb、V、Ti、Al 等，这些微合金元素在钢中主要通过碳氮化物的细晶强化作用提高强度，在温度、应变和时间适合的情况下，微合金钢中会析出细小的碳氮化物颗粒，这些第二相粒子对晶界移动具有钉扎作用，可阻碍晶粒长大过程，使最终产品具有细小的微观组织和优异的综合性能。HRB600 中的 C、Si、Mn 含量也比较高，应注意避免由此带来的负面效应，尤其是出现马氏体和大量的贝氏体等，这些组织尽管能够使强度获得显著提升，但同时也会引起塑性下降，发生脆性断裂、性能不稳定等。钢筋中出现少量贝氏体时，对性能影响不大，但当含量增多时，影响将明显增加。资料显示，当钢筋中的贝氏体含量超过 10% 时，会出现屈服点不明显的现象。

如图 6-6 所示，当钢筋组织为铁素体和珠光体时，对应的拉伸曲线有明确的屈服平台，如图 6-7 所示。此时屈服强度应取 R_{eL}；而当组织中出现一定数量的贝氏体时，如图 6-8 与图 6-9 所示，屈服平台将会倾斜向上，甚至不会出现应力的上下反复，完全以平滑的曲线过渡，此时的屈服强度应采用规定非比例延伸强度 $R_{p0.2}$。由于实际生产控制过程中客观存在的温度波动等因素，贝氏体含量往往难以控制，因而会造成比较大的性能波动。而且，当采用 $R_{p0.2}$ 时，检测结果的准确性也会下降。此外，贝氏体或马氏体等异常组织的存在还会恶化焊接性能。因此，在设计高强钢筋的成分时，应使显微组织呈铁素体和珠光体，尽可能减少贝氏体，同时要完全避免马氏体。

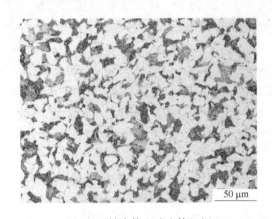

图 6-6 铁素体和珠光体组织

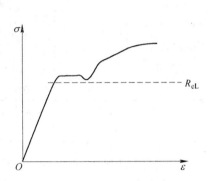

图 6-7 钢筋拉伸曲线

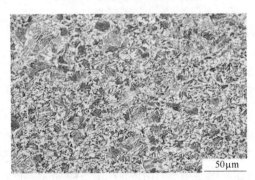

图 6-8 含有贝氏体的钢筋组织

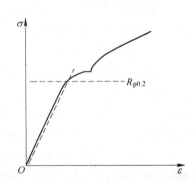

图 6-9 含有贝氏体的钢筋拉伸曲线

通过添加合金元素使钢筋强度获得提升的强化方式主要有四种：固溶强化、细晶强化、析出强化和位错强化。四种强化机制的本质均是通过制造位错运动的障碍，从而阻碍位错运动，提高钢材的塑性变形抗力。四种强化机制的位错运动障碍以及合金元素的作用如表 6-9 所示。

表 6-9 四种强化机制

强化方式	位错运动障碍	合金元素作用
固溶强化	溶质原子	C、N、Si、Mn、V 等原子融入基体当中，使基体晶格发生畸变
细晶强化	晶 界	Nb、V、Ti、Al 等强碳氮化物形成元素形成难溶的第二相质点，细化铁素体晶粒；C、N 等晶界偏聚，提高晶界阻碍能力
析出强化	第二相粒子	Nb、V、Ti 等形成细小均匀的碳氮化物弥散析出
位错强化	位 错	C、N 等均可提高钢的加工硬化能力

对于固溶强化，钢筋中的常见合金元素 C、N、Si、Mn 和 V 等均能起到固溶强化作用，C 和 N 由于原子尺寸较小，通常进入间隙位置，而 Si、Mn 和 V 等元素由于原子尺寸比较大，则是通过置换铁原子而溶解于基体当中的。

细晶强化是能够既提高强度又能兼顾塑性的强化机制。可通过添加 Nb、V、Ti 等强碳氮化物形成元素形成难溶的第二相质点，细化晶粒。晶粒尺寸与屈服强度之间符合 Hall-Petch 关系：

$$\sigma = \sigma_0 + K_y D^{-1/2} \tag{6-1}$$

式（6-1）中的 D 为晶粒尺寸。把某厂生产的 HRB400 产品晶粒尺寸与屈服强度按照 Hall-Petch 关系进行拟合，可得到如图6-10 所示的结果。当晶粒尺寸为 8.1μm 时，屈服强度为 441MPa，图中拟合直线与实际数据的相关度为 0.96。把拟合直线外推，当晶粒尺寸为 5.9μm 时屈服强度可达到 500MPa，而当晶粒尺寸细化至 3.8μm 时屈服强度则能达到 600MPa。由此可见，细化晶粒可有效提高强度。需要说明的是，上述外推结果只有在其他条件不变的情况下才能成立，比如化学成分保持不变，依靠特殊工艺途径使晶粒得以细化等，而实际情况往往要复杂得多，仅仅依靠单一的生产工艺途径很难使晶粒达到 4μm 以下。

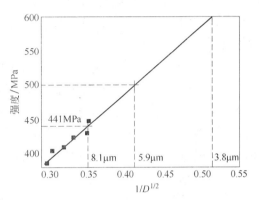

图 6-10　晶粒尺寸与屈服强度关系

由上述分析可知，通过单一的细晶强化很难使屈服强度达到 600MPa，必须结合其他强化方式，如固溶强化和析出强化。通过增加 N、Si、Mn、V 等元素可实现固溶强化，提高强度，但需要避免塑性的明显下降和淬火组织的出现。析出强化是另一种有效的途径，即通过添加 Nb、V、Ti 等强碳氮化物形成元素，形成细小均匀的粒子弥散相析出。在采用第二相强化时，应注意控制析出相颗粒的大小、尺寸和分布。当颗粒尺寸粗大时，会降低钢筋的塑性。

由于高强钢筋通常以热轧状态交货，在使用过程中为保证钢筋的综合性能，不允许进行冷拔而出现"瘦身钢筋"。因此，除非是特殊用途的高强钢筋，一般不会采用冷变形这种通过增加位错密度实现强化的方式来提高强度。位错强化会使钢筋的塑性大幅度降低，但是，适当加入 C、N 等合金元素能够提高钢筋加工硬化系数，对高强钢筋在使用过程中的安全性能也是有利的。

6.2.2.3　600MPa级高强钢筋合金成分设计

合金元素对钢筋的组织与性能影响效果非常显著，可通过固溶强化、细晶强化等强化途径来影响性能。在提高强度方面，少量廉价的 C 可能会比大量的 Si 和 Mn 更有效果，而添加 Nb、V、Ti 又会比单纯添加 C 和 Mn 对塑性更有利。在综合分析实验与生产数据的基础上，现对 600MPa级高强钢筋各元素的含量设计进行分析和介绍。

C 对高强钢筋的强度、塑性、显微组织和冷弯性能等都有显著影响，是钢中最经济的合金强化元素。C 溶解于基体当中，通过固溶强化能够显著提高钢筋强度，还能够与强碳化物形成元素结合形成碳化物，起到细晶强化和析出强化的作用。但另一方面，C 显著提高钢筋淬透性，含量过高会使组织中出现贝氏体或马氏体，降低钢筋的塑性，恶化钢筋的焊接性能。为保证良好的综合性能，600MPa 级高强钢筋的 C 含量可设计在 0.20% ~ 0.28% 范围内。

Si 能够通过固溶强化提高强度，有利于提高钢筋的弹性极限和屈服强度，也是重要的脱氧剂；Si 还能够促进 VC 的析出，强化 V 的析出强化效果。600MPa 级高强钢筋的 Si 含量可设计在 0.40% ~0.80% 范围内。

Mn 能够显著提高钢筋的抗拉强度，但同时也会提高淬透性，当 Mn 含量超过 1.5% 时，易使钢筋出现异常组织，对延展性和可焊性都是不利的。Mn 含量还会影响到氮化钒的析出，如式（6-2）所示，Mn 含量越高，析出的 VN 含量就越少，因此，合适的 Mn 含量控制范围为 1.30% ~1.60%。

$$\lg([V][N])_\gamma = -8330/T + 3.4 + 0.12[\%Mn] \tag{6-2}$$

V 是 600MPa 级高强钢筋中最重要的合金化元素，能够通过析出强化、固溶强化以及细晶强化等强化方式有效提高钢筋强度。国内外大量研究结果表明，钒氮微合金化技术主要是通过钢中增氮后对钒的析出动力学的影响，优化钒的析出状态，增加钒的析出强化效应，以及由此带来的细晶强化效应等作用，从而改善钢的性能。V、C 和 N 结合形成 V(C,N) 颗粒之后，析出强化效果将明显增强。由表 6-10 和图 6-11 可知，以钒铁形式加 V，仅有 35% 的钒形成 V(C,N) 析出相，钒主要以固溶状态存在于基体中；而以钒氮合金形式加 V，则有 70% 的钒形成 V(C,N) 析出相。炼钢过程中以钒氮合金代替钒铁，将会显著提高 V 的强化作用，并能减少 V 的使用量。此外，随着析出 V(C,N)

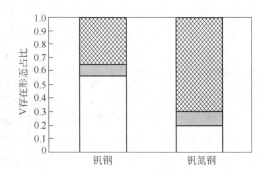

图 6-11　钒在钢中的相间分布图
□ — 游离态的 V；▨ — 固溶态的 M_3C 中的 V；
▨ — 析出相 V(C,N) 中的 V

数量的增多，基体中固溶 V 含量下降，也有助于减轻 V 对钢筋淬透性的影响。诸多研究结果表明，采用钒氮合金微合金化后，钒的强化能力比钒铁微合金化有大幅度提高，成本也会相应降低。资料显示，常规冶炼条件下采用 FeV50 添加 0.1% V 所达到的效果与采用钒氮合金方式添加 0.05% V 的效果相当，V 用量可节省 50%。V 含量较低时强化效果不明显，过高时会提高淬透性，易出现异常组织。因此，其含量以 0.14% ~0.20% 为佳。

表 6-10　钒钢和钒氮钢中析出相数量

合　金	元素含量/%			
	V	N	V(C,N)	$(Fe,Mn,V)_3C$
80% 钒铁	0.1100	0.0085	0.0498	1.7920
钒氮合金	0.1200	0.0180	0.1062	1.1590

Nb 是强碳氮化物形成元素，通常固溶于基体当中，有细化晶粒和沉淀强化的作用；

Ti 也是强碳氮化物形成元素, 在高温下即能够与 C 和 N 结合形成析出物。Nb 与 Ti 都是常用的微合金化元素, 但是 Nb 的碳氮化物析出温度比 V 的要高, 在钢筋轧制过程中的析出强化作用往往不明显; 而 Ti 的碳氮化物通常在 1400℃ 以上的高温下析出, 生产过程中不易控制, 一旦析出物粗大, 便会成为对性能有害的夹杂物。高强钢筋中尝试添加 Nb 和 Ti, 应综合考虑工艺因素。

N 能够促进碳氮化物的析出, 起到析出强化和细晶强化的作用, 能够使 V 的析出强化作用充分发挥出来, 从而节约 V 的用量。N 还能够固溶于基体当中, 有固溶强化的效果。图 6-12 是根据式 (6-2) 作出来的 VN 溶解度曲线, 在相同 V 含量水平下, 如图中直线 ac 所示, 当 N 含量位于 a 点时, 随着温度的降低, VN 将沿着箭头 ab 的方向析出; 当 N 含量由 a 点增加至 c 点时, VN 将沿着箭头 cd 的方向析出。随着 N 含量的增加, VN 的析出量也明显增加。

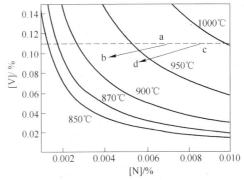

图 6-12 VN 溶解度曲线

资料显示, 每增加 10^{-3}% 的 N, 屈服强度可提高 5 ~ 6MPa。钒氮微合金化通过优化钒的析出从而细化铁素体晶粒, 充分发挥了沉淀强化和细晶强化的作用, 大大改善了钢的强韧性配合, 对高强度低合金钢强度的贡献超过了 70%, 但是当氮以游离状态存在时, 不能实现与氮化物形成元素的有效结合, 并且, 对时效和弯曲等性能也是不利的。从目前少量的数据来看, 600MPa 高强钢筋中的 N 含量控制在 $(150 ~ 250) \times 10^{-4}$% 以内较为合适。

Al 主要用于脱氧和细化晶粒, 高强钢筋中可考虑添加; Cr 是铁素体形成元素, 高强钢筋中添加 Cr 会减少珠光体含量, 降低强度, 不建议添加; Mo 和 B 都是显著增加淬透性的元素, 能够提高强度, 但同时也容易使钢中出现淬火组织。

P 和 S 都是有害元素, P、S 含量较高时, 会降低钢筋的塑性和韧性, 轧制过程中易产生裂纹, 对焊接和冷弯性能也是有害的, 设计成分时应根据实际生产条件尽可能降低 P 和 S 的上限值。

为全面研究合金元素的作用影响, 某研究院设计了 8 种化学成分的试验钢, 并针对这些试验钢进行了综合实验研究。结果显示, 通过添加适量的 Nb、V、Ti 等合金元素, 屈服强度能够达到 600MPa 以上; 在提高强度的作用方面, V 是起主要作用的, 在常规轧制条件下, Nb 和 Ti 的作用不容易充分发挥。对于 C 和 Mn 含量分别在 0.30% 和 1.80% 以上的钢种, 组织中出现大量的贝氏体和马氏体, 引起脆性断裂。

从实验数据和各钢厂成功经验来看, 以 V 微合金化生产 600MPa 级高强钢筋, V 含量至少应在 0.14% 以上。而实验室 80kg 小钢锭数据, 当 V 含量超过 0.20% 时, 虽然组织中的贝氏体含量与 0.14% V 的相当, 但在拉伸时却发生了脆性断裂。综合试验室研究结果, 确定 HRB600 的工业化试制成分如表 6-11 所示。该成分以 V 微合金化为主, 碳当量控制在 0.536%。V 的实际控制量可根据钒氮合金的强化效果以及钢筋规格等进行调整。在保证不出现贝氏体和不影响焊接性能的情况下, C 含量可在中低强度钢筋的基础上适当上调, 这样有利于提高强屈比。Si 和 Mn 的实际控制量可接近或达到如表 6-7 所示的上限值。

表 6-11 HRB600 的工业化试制成分 　　　　　　　　　　　（%）

钢　种	C	Si	Mn	V
HRB600	0. 20 ~ 0. 28	0. 30 ~ 0. 80	1. 20 ~ 1. 60	0. 14 ~ 0. 20

　　根据实验结果，因采用的是实验室模铸的 80kg 小钢锭，可能受工艺的影响，Nb 和 Ti 的作用不明显。考虑到 Nb 的价格较高，而且不易实现稳定控制，而 Ti 由于强烈的固体 N 作用，可能会削弱 V 的析出强化效果，因此，Nb 和 Ti 仅作为可选元素。

6.2.3　工艺路线

　　提高钢筋强度的途径通常有两种，即合金化与轧制工艺控制。国内已成功实现 HRB600 生产的沙钢、承钢和济钢等钢厂均主要采用 V 合金化的技术路线，即通过添加 V 来大幅度提高强度，而目前通过 Nb 和 Ti 以及轧制工艺控制途径来生产 600MPa 级高强钢筋尚不多见。实际上，采用 V 微合金化技术已成为目前世界各国发展高强度可焊接钢筋的主要技术路线。轧制工艺控制途径通常有两种，即控轧控冷和轧后热处理。利用控轧控冷工艺途径生产高强钢筋，主要是通过低温轧制和快速冷却，尽可能地减小晶粒尺寸，提高强度。

　　根据温度范围划分，热轧可分为三个区域：再结晶区轧制（Ⅰ 型）、未再结晶区轧制（Ⅱ 型）和双相区轧制（Ⅲ 型）。再结晶区轧制的晶粒尺寸通常为 10 ~ 20μm，而未再结晶区轧制可获得 5 ~ 10μm 的细小均匀块状铁素体。图 6-13 所示的是某厂的实验结果，将开轧温度在原来基础上降低 40℃ 之后，下屈服强度提高约 8MPa。进一步的大量数据显示，

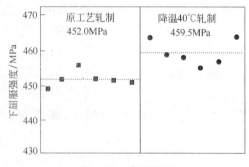

图 6-13　降温轧制

开轧温度降低 50℃，屈服强度提高约 10MPa。需要说明的是，在降低 50℃ 之后，开轧温度仍在 950℃ 以上的再结晶区域，若温度进一步降至 950℃ 以下的未再结晶区域，强度将会有更大的提升。

　　但是，大幅度的降温将会使轧机能力受到挑战。就正常生产的中低强度钢筋产品来说，轧制温度都是调整到稳定合适的状态下进行生产的，从钢厂生产效率和成本控制方面考虑，设备能力基本上已发挥到极致。倘若轧制温度降低幅度较大，势必会引起轧机负荷增大、生产效率降低、轧辊消耗增加等诸多问题。因此，虽然低温轧制有诸多优势，但也只能在小范围内应用。低温轧制的优势与劣势见表 6-12。

表 6-12　低温轧制的优势与劣势

优　势	劣　势
细化晶粒，提高强度，改善产品性能	轧制力增加，轧机负荷增大
减少合金用量，降低合金成本	有时需要降低轧制速率，生产率降低
减少加热能耗，减少氧化烧损、提高成材率	影响轧材的咬入，引起堆钢
减少轧辊的热应力疲劳裂纹和断辊及氧化皮引起的磨损	由于轧制力增大，轧材强度升高，辊耗增加，设备磨损加重

对于控制冷却，如图6-14所示，通常采用的生产工艺为图中曲线1所示的自然冷却方式，产品组织为铁素体和珠光体；曲线3则是将温度快速冷却至马氏体相变温度以下，在产品表面形成一层淬火马氏体组织，上冷床后在钢筋心部余热的作用下，表层的淬火组织转变为回火组织，这就是余热处理钢筋。对于依靠贝氏体或马氏体来提高强度的途径，由于这类组织容易引起钢筋焊接性能下降等问题，目前尚存在争议，客户往往不接受。新版标准GB 1499.2中也明确规定"按热轧状态交货的钢筋，其金相组织主要是铁素体加珠光体，不得有影响使用性能的其他组织（如基圆上出现的回火马氏体组织）存在"。

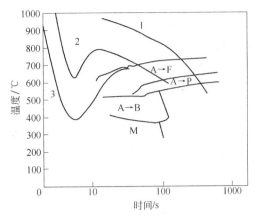

图6-14 钢筋控制冷却
1—自然冷却；2—快速冷却；3—余热淬火

图6-14中曲线2为新型超快速冷却方式，由于采用较快的冷速，能够抑制奥氏体晶粒长大，并在随后转变成晶粒尺寸细小的铁素体和珠光体，相比自然冷却，有细化晶粒的效果。该方法不必冷却到马氏体相变温度以下，因而不会出现回火马氏体组织。轧后超快速冷却技术与轧后余热淬火工艺不同，不需依赖回火组织和低温轧制，能够使钢筋产品在拥有高强度的同时具有良好的韧性。

采用合金化方式，按照与现行中低强度钢筋相同的生产工艺生产600MPa级高强钢筋，一方面可避免进行生产线改造，以及由此而引起的系列设备改造和成本投入等问题；另一方面也有助于HRB600新品能够大范围迅速地生产与推广。但是，由于仅仅依靠合金元素来提高强度，会使合金成本增加，较高的合金含量也容易造成组织异常。综合来看，目前较为合理的600MPa级高强钢筋的工艺路线为：以合金化方式为主，轧制工艺控制途径为辅。尤其在初期阶段，600MPa级高强钢筋的生产工艺应尽量与中低强度钢筋接近，以利于推广应用。

6.2.4 生产工艺

600MPa级高强钢筋的生产工艺流程如图6-15所示。

目前国内普遍采用的螺纹钢筋生产工艺流程如图6-15所示。冶炼之后进行连铸；连铸方坯在轧制生产线上进行轧制，冷却之后打捆入库。其中棒材产品采用轧后穿水或冷床冷却，高速线材产品一般采用Stelmor控制冷却。对于600MPa级高强钢筋，从成功实现生

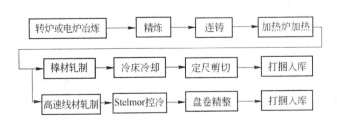

图6-15 钢筋生产工艺流程

产的案例来看，生产工艺与 HRB400 等中低强度级别钢筋的基本相同。目前 600MPa 级高强钢筋的生产仍处于探索阶段，但至少应关注以下三个方面的问题：保证产品性能和质量；确保产品性能稳定性；尽可能减少原料使用量，降低成本。可通过冶炼和轧制的各个环节进行控制。

对于 HRB600 高强钢筋，首先应保证性能满足要求。对于采用 V 微合金化技术路线的高强钢筋来说，淬透性比较高，能否在生产过程中有效避免出现贝氏体或马氏体等异常组织是关键；而对于不同规格产品，合金元素含量也应进行有区别的调整。

6.2.4.1 冶炼工艺

600MPa 级高强钢筋的冶炼工艺流程如图 6-16 所示。

图 6-16　600MPa 级高强钢筋冶炼工艺流程

600MPa 级高强钢筋的冶炼工艺流程与中低强度钢筋的基本相同，即"转炉或电炉冶炼 + 精炼 + 方坯连铸"，具有流程短、设备简单、能耗低、生产率高、成本低等特点。生产企业在大规模生产时一般不走精炼，为保证产品质量均匀，性能一致，化学成分波动范围应尽可能小，对转炉或电炉冶炼环节提出了更加严格的要求。若在转炉或电炉冶炼之后成分控制不达标，则有必要进行精炼。尤其是对于生产工艺尚不成熟而性能又被标准严格限制的 600MPa 级高强钢筋新品，成分的轻微波动即有可能会导致性能发生较大变化。图 6-16 为某厂采用 45t 小转炉进行冶炼 600MPa 级高强钢筋的工艺流程。相关工艺参数如表 6-13 所示。

表 6-13　转炉冶炼工艺参数

名　称	相关参数	名　称	相关参数
转炉总装入量/t	50 ± 2	软搅拌时 Ar 气压力/MPa	0.20 ~ 0.40
铁水加入量/t	40 ± 1	钢水保温时 Ar 气压力/MPa	0.10 ~ 0.20
废钢加入量/t	6 ± 1	中间包容量/t	25
吹炼时间/min	约 15	连铸温度/℃	1547
终渣目标碱度	3.0	连铸流数/流	5
转炉终点 C 含量/%	0.06 ~ 0.20	铸坯尺寸/mm × mm × mm	150 × 150 × 16000
转炉终点温度/℃	1660 ± 20		

吹炼过程保持化渣良好，严格进行终点碳和终点温度的控制，出钢前期和后期要挡好渣。由于合金元素含量上的差异，600MPa 级高强钢筋的液相线与中低强度钢筋的液相线存在差别，出钢温度应作相应的调整。采用脱氧合金充分脱氧，并在脱氧之后加入其他合金，以减少合金烧损量，提高合金收得率。钒氮合金最好在出钢 1/3 时加入，以利于合金

元素与钢液的混合均匀。吹氩软搅拌时间应合理控制，确保夹杂物充分上浮的同时减少或避免钢液中用来与 V 结合的 N 的逸出。

对于采用 V-N 合金化生产的方式，在选择转炉或电炉时，应重点关注两种冶炼方式在 N 含量控制稳定性上的差别。钢中 N 含量的提高虽然有助于增强 V 的析出强化作用，但如何在炼钢过程中实现 N 含量的跨越式提升，实现 N 含量的稳定控制，同时避免诸如皮下气泡的产生等负面问题，是目前亟待解决的技术难题。除了钒氮合金中的氮之外，还可考虑通过缩短生产周期，加快连铸速度等措施，尽可能保留钢中的 N。为保证钢液中的 N 含量，还应避免进行真空脱气处理。某厂在冶炼 600MPa 级高强钢筋时，N 含量最高可达到 $200 \times 10^{-4}\%$。研究结果显示，采用全程吹氮效果并不理想，游离 N 非但不能与 V 有效结合，还会促使铸坯产生皮下气泡。

由于强度级别较高，对夹杂物、裂纹、偏析等钢材常见缺陷的敏感性增大，因此，冶炼过程中对夹杂物尺寸和数量的控制、元素偏析的控制以及 P、S 等有害元素的控制也应比中低强度钢筋的要求更加严格。

6.2.4.2 轧制工艺

600MPa 级高强度钢筋的加热和轧制制度如表 6-14 所示。

表 6-14 加热与轧制制度

加热段温度/℃		均热段温度/℃	开轧温度/℃	轧制速度/m·s⁻¹	精轧入口温度/℃
冷 装	热 装				
1080 ± 50	1060 ± 50	1150 ± 50	1050 ± 50	10 ~ 17.2	1000 ± 50

目前较为普遍采用的螺纹钢筋轧制工艺为"连铸方坯→加热炉加热→控制轧制→冷床冷却/Stelmor 控制冷却"。表 6-14 为某厂生产高强钢筋的轧制工艺，与中低强度级别钢筋的相当。对于 600MPa 级高强钢筋来说，加热炉温度应能使碳氮化物尽可能地充分溶解。对于 V 的碳氮化物，加热温度通常在 1000℃ 左右即可；对于 Nb 的碳氮化物，则需要在 1150℃ 以上；而 Ti 的碳氮化物需要在 1400℃ 以上的高温状态下才能溶解，已超出加热炉所能承受的温度范围。

由图 6-17 可知，对于表 6-11 中所设计的 600MPa 级高强钢筋的成分，当加热温度在 1000℃ 以上时，V 的碳化物可全部溶解；而对于 V 的氮化物来说，当 N 含量达到 $200 \times 10^{-4}\%$ 水平时，根据式（6-2），则需要加热温度达到 1100℃ 以上才有可能使其全部溶解。表 6-14 中加热炉均热段温度为 1150℃，可保证 V 的碳氮化物能够充分溶解。

由 6.2.3 节可知，采用较低的温度轧制有利于细化晶粒，提高强度。但是开轧温度过低会引起轧机负荷报警，而且 600MPa 级高强钢筋的强度本身就比较高，轧制过程中的变形抗力也会比中低强度钢筋的高。综合考虑，将开轧温度定为与中低强度钢筋相同的 1050℃。实际生产过程中未引起轧机负荷

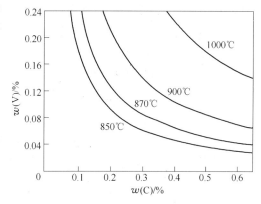

图 6-17 VC 溶解度曲线

报警。采用 16 机架轧制，表 6-15 为各机架功率。第 13～16 机架采用大功率轧机，实测咬合电流值也比较高，但均在轧机负荷范围内。轧机负荷主要考虑第 1、第 2、第 8、第 16 机架。若切分轧制，切分机架负荷往往不大，而预切分机架易出现负荷超载，因此需重点关注预切分机架。轧制速度越快，轧件的变形速率越大，轧机负荷也增大；轧制速度较慢时，又会降低生产效率。因此，轧制速度设计为 10～17.2m/s 范围内较为合适，可根据不同规格进行调整。

表 6-15　各机架功率

轧机机架	1	2	3	4	5	6	7	8
功率/kW	600	600	525	600	525	525	525	525
轧机机架	9	10	11	12	13	14	15	16
功率/kW	800	800	1300	800	1300	1300	1300	1300

图 6-18 为冷床上的温度变化情况。上冷床温度在 1000℃ 以上，距离相变开始温度 800℃ 有较大差距。冷床上相变前冷速约为 3℃/s，相变后冷速约为 2.4℃/s。若生产现场的水冷设施能够实现分级可控，即能够采用如本书第 6.2.3 小节所述的轧后超快速冷却技术，使轧件快速冷却至马氏体相变温度以上停止，则有望降低铁素体和珠光体相变前冷速，提高钢筋性能。由于高强度钢筋添加有较多的合金元素，本身淬透性比较强，若水冷速度难以控制，在冷速过快的情况下容易导致出现大量的贝氏体或马氏体。在设备条件不具备可控性的情况下，不建议进行穿水冷却。

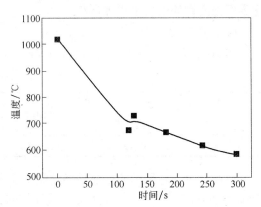

图 6-18　冷床温度变化

表 6-16 为 HRB400 高速线材产品的加热制度，表 6-17 和表 6-18 分别为 HRB400 的轧制制度和辊道速度，在轧机负荷不报警的前提下，600MPa 级高速线材的轧制工艺均可按照 HRB400 的进行。图 6-19 为 ϕ10mm HRB400 高速线材产品的 Stelmor 控冷曲线。当开 4 台风机时，相变及相变后的温度可在 600℃ 附近维持较长时间，铁素体和珠光体能够相变完全；当开 8 台风机，且风量加大时，温度快速冷却至 600℃ 以下，不能使铁素体与珠光体相变进行完全，组织中出现如图 6-20 所示的贝氏体。由于 HRB600 的合金元素含量显著高于 HRB400，淬透性明显增强，更容易出现贝氏体。因此，在吐丝温度和辊道速度与 HRB400 相同的情况下，应进一步减少风机风量，甚至把风机完全关闭，以防大量异常组织的产生。

表 6-16　HRB400 高速线材加热制度

规格/mm	加热段温度/℃		均热段温度/℃		开轧温度/℃
	热 装	冷 装	热 装	冷 装	
ϕ8～12	950～1000	960～1010	1060～1100	1060～1100	990～1020

表 6-17　**HRB400 高速线材轧制制度**

规格/mm	精轧入口温度/℃	精轧出口温度/℃	终轧速度/m·s⁻¹	吐丝温度/℃
$\phi8$	≤890	≤1000	102	1020 ± 10
$\phi10$	≤890	≤1000	72.5	1000 ± 10

表 6-18　**HRB400 高速线材轧制辊道速度**

规格/mm	入口段速度/m·min⁻¹	一段	二段	三段	四段	五段
$\phi8$	0.800	0.880	0.968	0.920	0.874	0.830
$\phi10$	0.967	1.063	1.170	1.287	1.184	1.065
规格/mm	六段	七段	八段	九段	十段	出口段速度/m·min⁻¹
$\phi8$	0.830	0.830	0.830	0.705	0.600	0.700
$\phi10$	1.065	1.065	1.065	0.927	0.788	0.700

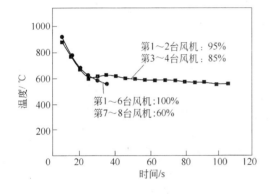

图 6-19　Stelmor 冷却曲线

图 6-20　含有贝氏体的 HRB400 高速线材组织

　　如图 6-21 所示，在 Stelmor 控冷线上的堆积盘条存在着中心疏松部位和边缘密集部位。也就是说，在 Stelmor 控冷线中心与边缘的不同位置上，盘条的堆积密度也不同。这样会造成盘条不同位置处的冷却速度存在差异，从而导致性能出现较大的波动。对于 600MPa 级高强度高速线材产品的生产，应尽可能降低吐丝温度，使盘条进入 Stelmor 线时即开始发生相变，以降低心部与边缘位置的相变温差；合理控制风机风量，保证中心疏松部位的盘条不会因冷速过快而出现异常组织，而边缘密集部位的盘条不会因冷速较慢导致强度不足。

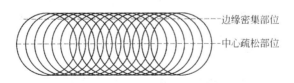

图 6-21　Stelmor 控冷线上的盘条

6.2.5　结果及性能分析

6.2.5.1　力学性能与显微组织

采用表 6-11 所示的成分进行工业化生产，生产工艺为"45t 转炉冶炼→150mm ×

150mm小方坯连铸→1150℃加热炉加热→控制轧制→冷床冷却"。部分V以钒氮合金形式加入，N含量为$100 \times 10^{-4}\%$。试制产品的力学性能如表6-19所示，公称直径分别为20mm和32mm的两种规格HRB600螺纹钢筋下屈服强度均在600MPa以上，抗拉强度在750MPa以上，最大力总伸长率A_{gt}大于9%，强屈比大于1.25，不但能够满足新标准对600MPa级钢筋的性能要求，还能满足GB 1499.2—2007对抗震性能的要求。此外，该产品不经过穿水冷却。

表6-19　HRB600力学性能

钢　种	规格/mm	R_m/MPa	R_{eL}/MPa	A/%	A_{gt}/%	R_m/R_{eL}
HRB600	$\phi20$	790	627	18.6	11.0	1.26
HRB600	$\phi32$	780	610	16.6	11.8	1.28

图6-22为某厂600MPa级高强钢筋的显微组织。无论是20mm的小规格产品（a）还是32mm的大规格产品（b），组织均为铁素体和珠光体，未观察到贝氏体或马氏体等异常组织。铁素体晶粒尺寸分别为10.7μm和13.4μm。

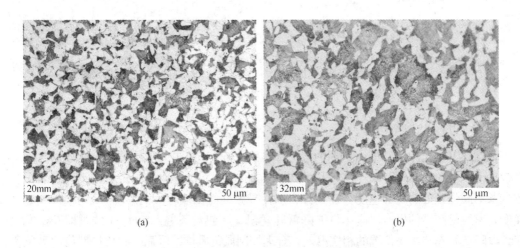

图6-22　600MPa级高强钢筋显微组织

由于表6-19中的HRB600在冶炼时部分V是以钒铁形式加入，N含量约$100 \times 10^{-4}\%$，倘若进一步增加钒氮合金加入比例，强度有望进一步获得提升。表6-20为某厂生产的$\phi28$mm规格CG600，N含量在$170 \times 10^{-4}\%$以上，屈服强度可达650MPa以上。表6-21为某厂生产的600MPa级热轧钢筋的性能，各规格钢筋屈服强度均在640MPa以上，图6-23为OLYMPUS光学显微镜所观察到的VN微合金化600MPa级高强钢筋的显微组织，基本为细小均匀的铁素体和珠光体，晶粒度为9.5～10级。$\phi25$mm的600MPa级高强钢筋拉伸过程应力-应变曲线如图6-24所示，有明显的屈服台阶；试样在拉伸过程出现明显的"颈缩"，宏观断口呈"杯凸状"，属于韧性断裂。采用扫描电镜对拉伸断口的形貌进行分析，如图6-25所示，断口出现较多的韧窝。

表 6-20　工业化生产 HRB600 成分与性能

钢 种	规格/mm	V/%	N/%	R_m/MPa	R_{eL}/MPa	A/%
CG600	φ28	>0.08	>0.0170	781	657	17.0

表 6-21　某钢厂 600MPa 级高强钢筋力学性能

序 号	规格/mm	R_{eL}/MPa		R_m/MPa		A_5/%		A_{gt}/%	
1		685	680	805	805	21.5	23	12.5	11
2	φ12	680	680	810	810	19	20	11.5	11.5
3		685	680	805	805	19	20	10.5	13
4		655	655	800	800	19.5	20	12.5	11
5	φ16	660	660	805	810	19.5	21	11.5	11.5
6		645	645	790	790	18.5	19.5	10.5	13
7		670	675	785	790	24.5	23.5	12.0	11.5
8	φ25	665	670	785	790	25.5	25	9.5	11.5
9		675	665	805	795	25	24	10.5	12.5
10	φ36	660	665	805	810	18.5	18	11	10.5
11		650	660	790	805	19	20	11.5	10

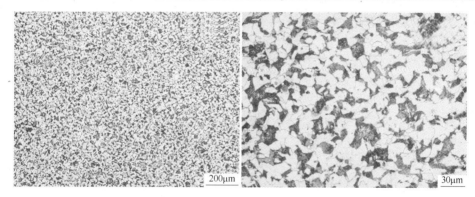

图 6-23　VN 微合金化 600MPa 级高强钢筋显微组织

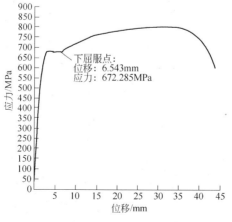

图 6-24　拉伸过程的应力-应变曲线

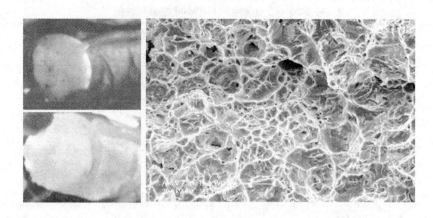

图 6-25　断口宏观和微观形貌

从表 6-20、表 6-21 的数据来看，强度与塑性均能满足新版标准 GB 1499.2 对 600MPa 级钢筋的要求，但强屈比都不足 1.25，不能满足抗震性能要求。若要满足抗震性能，需要进一步提高抗拉强度。表 6-22 为某钢厂 600MPa 级高强钢筋的化学成分，C 含量在 0.24% 以下。而表 6-19 中 600MPa 级高强钢筋力学性能所对应的 C 含量则在 0.24% 以上，这可能是其产品性能满足抗震要求的主要原因。C、Mn 都是能够显著提高抗拉强度的合金元素，当 Mn 含量的上调余地不大时，可尝试把 C 含量适当提高。

表 6-22　某钢厂 600MPa 级高强钢筋化学成分　　　　　（％）

成　分	C	Si	Mn	P, S	V	Ceq
内控目标	0.20 ~ 0.24	0.40 ~ 0.60	1.40 ~ 1.55	≤0.040	0.12 ~ 0.20	≤0.55
	0.22	0.50	1.45	0.030	0.14	0.54

6.2.5.2　时效现象

时效现象是 600MPa 级高强钢筋不能忽视的一个问题。为检验钢筋时效性，某钢厂对 3 批 φ12mm 钢筋按试验批号，每批在同一支钢筋截取时效试样 3 套，分别进行一周和一个月的时效性能检验。检验结果如表 6-23 所示，经 7 天（168h）时效后，屈服强度和抗拉强度降低 7 ~ 8MPa；经 30 天（720h）时效后，屈服强度和抗拉强度降低 9MPa，伸长率略有提高。综合不同钢厂的研究结果，经过时效之后，屈服强度降低 10MPa 左右，实际生产时应使产品的强度裕量足够，避免时效后出现性能不达标现象。

表 6-23　时效性能对比结果

序　号	规　格	初验力学性能检测结果					
		屈服强度/MPa		抗拉强度/MPa		伸长率/%	
1	φ12mm	685	680	805	805	21.5	23
2		680	680	810	810	19	20
3		685	680	805	805	19	20
平均值		681		807		20.4	

批　号	规　格	屈服强度/MPa		抗拉强度/MPa		伸长率/%	
1周时效力学性能检测结果							
1		670	675	790	805	21.5	23.5
2	φ12mm	675	680	805	800	21	22.5
3		670	665	805	795	22	20
平均值		673		800		21.7	

批　号	规　格	屈服强度/MPa		抗拉强度/MPa		伸长率/%	
1个月时效力学性能检测结果							
1		675	665	790	800	24.5	23.5
2	φ12mm	670	675	805	800	20.5	22.5
3		675	670	805	795	22.5	20.5
平均值		672		799		22.3	

比较项目	屈服强度/MPa	抗拉强度/MPa	伸长率/%
力学性能时效前后比较分析			
时效前平均值	681	807	20.4
1周时效平均值	673	800	21.7
比　较	-8	-7	+1.3
1个月时效平均值	672	799	22.3
比　较	-9	-9	+1.9

6.2.5.3　焊接工艺评定

按照《钢筋焊接及检验规程》（JGJ 18—2003）国家行业标准的要求，某厂分别采用闪光对焊、帮条焊、搭接焊、坡口焊、熔槽帮条焊、窄间隙焊、电渣压力焊、气压焊和机械连接九种方式进行了钢筋焊接和连接拉力试验，结果显示拉伸断口特征均为延性断裂，且拉伸断裂位置均为母材位置，这表明 600MPa 级高强钢筋具有良好的焊接性能，适用于常规及特殊焊接方式进行连接。焊接拉伸后的照片如图 6-26 所示。

6.2.5.4　疲劳性能

按照疲劳试验取样标准，对 φ12mm 和 φ25mm 两个规格的钢筋送检国家建筑钢材监督检测中心进行了应力幅值为 260MPa、循环次数为 5×10^6 次的疲劳测试，所有试样均未断裂。

6.2.6　结论

通过采用微合金化的方式，利用常规生产工艺，可成功生产出 600MPa 级高强钢筋。该钢筋的碳当量可控制在 0.54% 以下，显微组织为铁素体与珠光体，具有机械性能稳定、焊接性适用范围广等特点。以钒氮合金方式添加 V，可减少合金用量。

600MPa 级高强钢筋的生产和应用尚处于起步阶段，在政策的导向作用下，对高强钢筋的研究将日趋多元化和深入化，微合金化与控轧控冷工艺将逐渐走向完善和成熟。

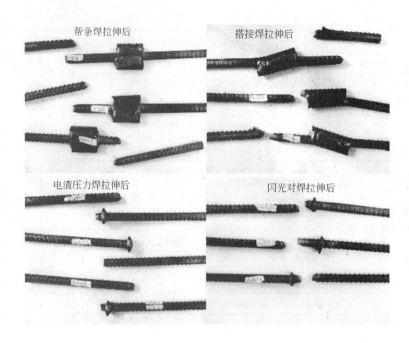

图6-26 焊接试样拉伸前后的照片

6.3 抗震高强钢筋生产工艺

6.3.1 概述

建筑物的抗震性能历来是建筑设计中的重要内容，中国汶川、玉树地震以及海地、智利、日本福岛等地震发生后，建筑物的抗震性能进一步引起了社会各界的广泛关注。为提高建筑物的安全性，满足抗震设防要求，西方工业发达国家对抗震钢筋提出了明确的指标要求。首先，抗震钢筋需要高强度。欧洲标准明确指出抗震钢筋强度为400MPa、500MPa级别的高强度钢筋；其次，对钢筋的塑性指标提出了更高要求，包括：强屈比大于1.20或1.25，均匀伸长率大于8%或10%；要求钢筋性能的一致性，即窄屈服点波动范围，实际屈服点与指标值之比小于1.30。为了体现抗震性能，参照国外标准，我国 GB 1499.2—2007 明确地提出了抗震钢筋的要求，与普通钢筋相比，抗震钢筋增加了强屈比、屈标比、最大力总伸长率（均匀伸长率）三项质量特征值，即：$R_m^\circ/R_{eL}^\circ \geq 1.25$，$R_{eL}^\circ/R_{eL} \leq 1.30$，$A_{gt} \geq 9\%$。抗震钢筋较高的强度和良好的塑韧性，使钢筋从变形到断裂的时间间隔变长，有效地实现了"建筑结构发生变形到倒塌时间间隔尽可能延长"、"牺牲局部保整体"的抗震设计目的。

我国 GB 1499.2—2007 规定抗震钢筋按屈服强度特征值分为 335MPa、400MPa、500MPa 级别（牌号分别为 HRB335E、HRB400E、HRB500E），400MPa、500MPa 强度级别为高强抗震钢筋，相比 335MPa 钢筋，400MPa 级、500MPa 级抗震钢筋具有强度高、安全储备量大、节省钢材用量、施工方便等优越性，更适用于高层、大跨度和抗震建筑结构，是一种更节约、更高效的新型建筑材料。目前我国已修订完成的 GB 1499.2—2013，335MPa 强度级别尺寸规格限制为 $\phi 14mm$ 以下，增加了 600MPa 强度级别钢筋，高强抗震钢筋强度级别为400MPa、500MPa级，牌号为HRB400E、HRB500E。

6.3.2 成分设计

为保证HRB400E、HRB500E抗震钢筋具有较为稳定的工艺力学性能及组织形态，生产工艺主要采用热轧工艺，化学成分设计分两部分考虑，一部分是常规元素含量，另一部分是微合金元素含量，其成分设计原则有以下几点：

（1）在国家标准允许范围内，充分利用廉价的C元素，考虑到C含量波动大不利于轧钢工序对钢筋性能的稳定控制，成分设计缩小C含量波动范围。

（2）充分利用Mn、Si常规元素，Mn有利于淬透性和抗拉强度的提高，成分设计适当提高并控制钢中Mn含量；Si能提高钢的强屈比和抗疲劳性能，改善抗震性能，成分设计在保证脱氧深度的基础上，控制钢中合适的Si含量。

（3）微合金元素的利用，目前通常采用Ti、Nb、V元素，这些元素对C、N都具有很强的亲和力，可以形成碳氮化物，这些微合金碳氮化合物在轧制过程中析出，产生沉淀强化作用，使钢的强度上升。同时，这些碳氮化合物在铁素体基体、晶界、位错线上析出，有效阻止了铁素体晶粒的长大，起到了细化晶粒的作用，再加上这些元素的固溶强化作用，可以显著提高钢的强度。Ti、Nb、V三种微合金化元素中，Ti与氧的亲和力非常强，对脱氧、连铸工艺要求较高，其回收率较低且不稳定，在生产过程中很容易产生大包、中包水口结瘤现象。Nb在沉淀强化及细化铁素体晶粒方面的作用较强，但含Nb钢对生产工艺的要求较为严格，要求低温大变形轧制，对设备性能要求较高，而目前钢筋的线棒材轧机是固定孔型轧制，生产线均实现高效轧制，速度很快，不利于含Nb钢要求的低温大变形的工艺条件；此外，含Nb钢对连铸二冷要求较严，控制不好铸坯易产生裂纹。对V而言，其沉淀强化作用较强，同时具有一定的细化晶粒作用，对炼钢、轧钢工艺控制要求相对不高。综上分析，为确保高强抗震钢筋大批量稳定化生产，微合金元素选择V。为充分利用和发挥钢中昂贵的微合金元素V，采用钒氮合金，通过钢中增氮改变V的析出动力学条件，优化V的析出状态，提高钢中微合金碳氮化物析出相数量和比例，充分发挥析出强化和晶粒细化作用。

根据上述分析，制定钒氮微合金化热轧工艺生产HRB400E、HRB500E高强抗震钢筋化学成分控制要求如表6-24所示。

表6-24 抗震高强钢筋化学成分控制要求 （%）

牌　号	化 学 成 分					
	C	Si	Mn	P	S	V
HRB400E	0.20~0.24	0.35~0.55	1.25~1.50	≤0.045	≤0.045	0.035~0.055
HRB500E	0.20~0.24	0.35~0.65	1.35~1.55	≤0.045	≤0.045	0.080~0.110

6.3.3 工艺路线

通过"转炉冶炼→出钢全程底吹氩→小方坯连铸→步进梁式加热炉加热→18机架全连续棒材轧机轧制"的工艺路线（见图6-27），实现HRB400E、HRB500E高强抗震钢筋大批量工业化生产。

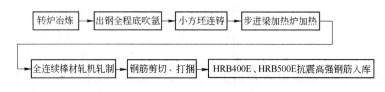

图6-27 HRB400E、HRB500E高强抗震钢筋工艺流程

6.3.4 生产工艺

6.3.4.1 炼钢工艺

A 转炉冶炼

为了准确、稳定地控制化学成分，转炉冶炼实行定量装入，严格控制铁水、废钢等原材料质量，控制终点碳含量不小于0.04%，出钢温度小于1680℃。为更好地促进钢水成分、温度均匀及钢水洁净度的改善，冶炼过程采用顶底复吹冶炼。出钢加入复合脱氧剂、高碳锰铁、硅铁、钒氮合金进行脱氧合金化，重点控制好复合脱氧剂和钒氮合金的加入时机和加入量，为确保V具有较高且稳定的回收率，终脱氧后再加入钒氮合金，脱氧合金化顺序为：复合脱氧剂→高碳锰铁→硅铁→钒氮合金，出钢至3/4时加完合金。出钢过程采用全程底吹氩操作，吹氩时间大于4.0min，利用出钢过程中良好的动力学搅拌条件以及钢水提供的热力学条件，充分均匀钢水成分和温度，促进夹杂物上浮和排除。为改善挡渣效果，结合生产实际，采用悬挂式挡渣装置挡渣，确保挡渣过程推挡渣球（锥）杆不左右摆动，同时对挡渣锥（球）结构、形状、重量和加入方式进行改进，明显提高了挡渣成功率，包内渣层厚度不大于70mm。通过对冶炼及脱氧合金化工艺优化改进，微合金元素V的回收率高且较为稳定，平均回收率大于90.0%。

B 连铸工艺

吹氩结束钢水吊至连铸平台在 $R9m$ 的5机5流小方坯铸机上浇铸成断面150mm×150mm小方坯。采用低过热度（20～30℃）浇铸，中间包温度控制为1535～1545℃，减小铸坯内温度梯度，抑制柱状晶的生长，改善铸坯内部质量。采用中冷配水模式，二冷比水量控制为2.0～2.2L/kg。通过对铸坯进行低倍组织和表面质量检验，铸坯质量较好，满足轧制要求。

6.3.4.2 轧制工艺

采用18机架平立交替布置的高刚度短应力线全连续式棒材轧机轧制，分为粗轧、中轧、精轧三个机组，每个机组由六架轧机组成，公称直径12～14mm采用三切分轧制，公称直径16～18mm采用两切分轧制，公称直径20mm及以上规格采用单线轧制。铸坯经蓄热式加热炉加热50～70min，均热段温度控制为1100～1150℃，开轧温度控制为1000～1030℃，粗轧6个道次，中轧5～6个道次，精轧2～5个道次，精轧温度小于1010℃。钢筋外形尺寸及重量偏差按GB 1499.2规定执行。精轧后钢筋上翻转冷床置于空气中自然空冷至室温，即获得HRB400E、HRB500E抗震高强钢筋。

6.3.5 结果及性能分析

6.3.5.1 力学性能

采用直读光谱仪和万能拉力试验机对VN微合金化工艺生产的HRB400E、HRB500E

高强钢筋进行化学成分和力学性能检验（如表 6-25 所示），从中可以看出，HRB400E 屈服强度 R_{eL} 均值为 452MPa，抗拉强度 R_m 均值为 601MPa，断后伸长率均值为 26.5%，最大力下总伸长率均值为 16.5%，强屈比均值为 1.33；HRB500E 屈服强度 R_{eL} 均值为 546MPa，抗拉强度 R_m 均值为 704MPa，断后伸长率均值为 22.5%，最大力下总伸长率均值为 15.5%，强屈比均值为 1.29；所检验的 HRB400E、HRB500E 工艺力学性能完全满足 GB 1499.2 规定的抗震钢筋性能要求，和 GB 1499.2 下限相比，钢筋强度和伸长率均有一定的裕量空间，抗风险能力较强，综合性能优异。

表 6-25　HRB400E、HRB500E 抗震高强钢筋化学成分和力学性能检验情况

| 牌　号 | 规格 /mm | 统计 批数 | 数值 | 化学成分/% | | | | 力学性能 | | | | | |
				C	Si	Mn	V	R_{eL} /MPa	R_m /MPa	A/%	A_{gt} /%	R_m°/ R_{eL}°	R_{eL}°/ R_{eL}
HRB400E	12~40	678	最小	0.19	0.36	1.27	0.035	425	570	21.5	10.5	1.28	1.06
			最大	0.25	0.57	1.52	0.056	485	625	30.5	18.5	1.41	1.21
			平均	0.22	0.48	1.42	0.043	452	601	26.5	16.5	1.33	1.11
HRB500E	12~40	546	最小	0.20	0.36	1.38	0.082	515	665	19.5	10.0	1.26	1.03
			最大	0.25	0.57	1.58	0.113	595	725	26.5	17.5	1.39	1.19
			平均	0.22	0.48	1.44	0.091	546	704	22.5	15.5	1.29	1.09

注：R_m° 为钢筋实测抗拉强度；R_{eL}° 为钢筋实测屈服强度。

钢中加入钒氮合金后，形成和析出了大量细小弥散的碳氮化物，对奥氏体晶界起钉扎作用，阻碍奥氏体晶界的迁移，阻止了奥氏体晶粒长大。此外，钢中增氮促进了 V(C,N) 在奥氏体向铁素体转变期间在相界面的析出，有效地阻止了铁素体晶粒长大，起到了细化铁素体晶粒的作用。钒氮钢增氮后钢中大量 V(C,N) 析出相具有较强的沉淀强化和一定的晶粒细化作用，使钢筋强度提高的同时仍然保持较好的韧性，具有优异的抗震性能。

6.3.5.2　显微组织

采用金相显微镜对 HRB400E、HRB500E 抗震高强钢筋显微组织进行了检验（见图 6-28

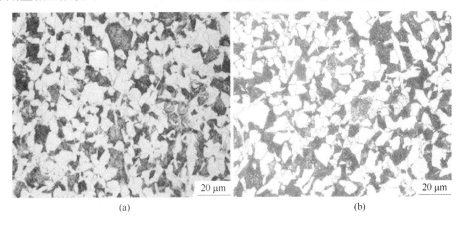

（a）　　　　　　　　　　　　　　　　（b）

图 6-28　ϕ20mm 抗震高强钢筋金相显微组织

（a）HRB400E；（b）HRB500E

所示），从中可以看出，两种钢筋的显微组织均为铁素体（F）+珠光体（P），铁素体呈准多边形块状，珠光体呈片层状，珠光体含量约 35% ~ 40%。整个断面显微组织分布较为均匀，铁素体晶粒呈弥散分布，无聚集长大现象。HRB400E 钢筋晶粒度级别为 10.0 级，HRB500E 钢筋晶粒度级别为 10.5 级。钢中加入钒氮合金后，通过控制合适的轧制温度，在低温铁素体基体、晶界及位错线上，形成和析出了大量的细小弥散的 V(C,N)，促进了晶内铁素体的形成和晶粒细化，晶粒细化使钢的强度提高同时韧脆转变温度下降，钢筋仍保持较好的塑韧性。

6.3.5.3　析出相

析出相沉淀强化主要来源于微合金碳氮化物等析出物的作用，是沉淀物颗粒和位错之间相互作用的结果。采用钒氮微合金化工艺生产 HRB400E、HRB500E 高强抗震钢时，第二相沉淀强化作为主要强化机制之一，其沉淀强化作用的关键取决于钢中 V 的析出行为。通过透射电镜及 X 射线衍射仪，采用电解萃取分离法，对 HRB400E、HRB500E 试样钢第二相析出物形貌进行分析（如图 6-29 所示），根据相分析结果计算出钢中钒的析出率（如表 6-26 所示），从中可以看出，在两种钢铁素体基体处形成了大量细小弥散的析出相，尺寸为 20 ~ 45nm，经 TEM 衍射斑标定，确认析出相主要为 V(C,N)。

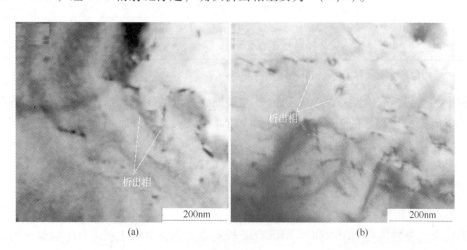

（a）　　　　　　　　　　　　　　（b）

图 6-29　ϕ18mm 抗震高强钢筋第二相 TEM 形貌

（a）HRB400E；（b）HRB500E

表 6-26　抗震高强钢筋中析出物定量分析结果

牌　号	V 含量 /%	VC 析出相			V(C,N) 析出相			固溶 V	
		含量/%	比例/%	尺寸/nm	含量/%	比例/%	尺寸/nm	含量/%	比例/%
HRB400E	0.048	0.004	8.33	20 ~ 45	0.032	66.67	20 ~ 40	0.012	25.00
HRB500E	0.093	0.009	9.68	15 ~ 40	0.064	68.82	20 ~ 45	0.020	21.51

根据微合金碳氮化物沉淀强化的 Orowan 机制，沉淀强化增量可采用 Orowan-Ashby 方程表示：

$$\sigma_{\text{p}} = (0.538Gbf^{1/2}/X)\ln(X/(2b)) \tag{6-3}$$

式中　G——剪切模量，MPa，对于铁基合金为 8.16GPa；

　　b——柏氏矢量，mm，对于铁素体为 0.248nm；

　　f——析出相粒子的体积分数；

　　X——析出相粒子的直径，mm。

　　对 HRB400E、HRB500E 试样钢而言，V(C,N)析出相颗粒粒度细小（20~45nm），且析出相的体积分数较大（>65%），其沉淀析出强化效果较为显著。

　　HRB400E、HRB500E 抗震高强钢中析出了大量细小弥散的 V(C,N)析出相，其绝大部分在铁素体中沉淀析出并与铁素体呈半共格关系，产生了较强的析出强化作用。与此同时，细小弥散的 V(C,N)质点与铁素体基体结合力强，分布较为均匀，且本身强度又比铁素体高，对韧性危害很小。

6.3.5.4　焊接性能

　　采用闪光对焊机对 HRB400E、HRB500E 抗震高强钢筋进行焊接试验，试件长度为 400mm，焊接方式为目前建筑施工中最常用的闪光对焊。试验结果表明：焊接以后，再进行拉伸试验，焊件和母材强度基本不变（如表 6-27 所示），其力学性能满足 GB 1499.2 要求；焊件拉伸断口均在远离焊接接头熔合区及热影响区的母材上（如表 6-27、图 6-30 所示），且具有较大的均匀延伸和缩颈，断口形貌为杯锥状，有明显的剪切唇区，表现为延性断口，钒氮微合金的加入有利于焊接性能的改善；焊接件依据《钢筋焊接及验收规程》（JGJ 18—2003）5.1.7 之规定，全部为合格焊接接头；钢筋母材的基体组织为铁素体和珠光体，闪光对焊后其接头处有极少量的贝氏体产生，使接头部位的抗拉强度略高于母材，同时接头部位的韧性并没有明显降低，试件拉伸和弯曲试验合格。

表 6-27　抗震高强钢筋焊接性能试验

牌　号	编　号	R_{eL}/MPa		R_m/MPa		断口位置（距焊缝）/mm	断口性质
		母材	焊件	母材	焊件		
HRB400E	1	435	432	570	572	24.0	韧性
	2	455	457	605	607	26.5	韧性
	3	440	438	600	598	22.5	韧性
	4	465	467	615	613	24.5	韧性
	5	425	424	595	598	27.5	韧性
	平均	444	444	597	598	25.0	韧性
HRB500E	1	540	542	695	693	22.0	韧性
	2	535	537	685	683	23.5	韧性
	3	545	542	690	693	21.5	韧性
	4	565	569	715	720	24.5	韧性
	5	530	528	690	687	22.5	韧性
	平均	543	544	695	695	22.8	韧性

6.3.5.5　时效性能

　　HRB400E、HRB500E 抗震高强钢筋自然时效后力学性能变化情况如图 6-31 所示。从中可以看出，对 HRB400E 高强钢筋而言，自然时效 14 天后 R_{eL} 下降 2MPa，30

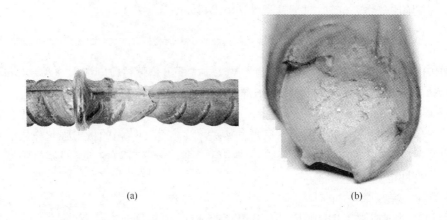

(a)　　　　　　　　　　　　　　　　(b)

图 6-30　φ18mmHRB500E 抗震高强钢筋焊件拉伸断口宏观形貌

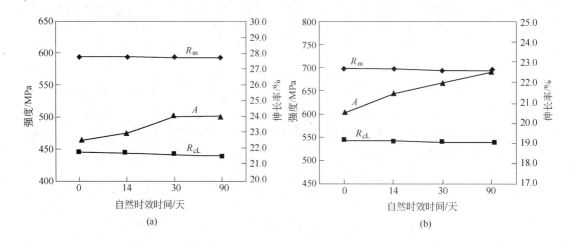

(a)　　　　　　　　　　　　　　　　(b)

图 6-31　抗震高强钢筋自然时效后力学性能变化情况
(a) HRB400E；(b) HRB500E

天后下降 5MPa，30 天后 R_{eL} 变化平缓，90 天后下降 6MPa；自然时效 14 天后 R_m 下降 1MPa，30 天后下降 3MPa，30 天后变化平缓，90 天后下降 3MPa；自然时效 90 天后断后伸长率平均上升 1.5%。对 HRB500E 高强钢筋而言，自然时效 14 天后 R_{eL} 下降 3MPa，30 天后下降 7MPa，30 天后 R_{eL} 变化平缓，90 天后下降 5MPa；自然时效 14 天后 R_m 下降 2MPa，30 天后下降 5MPa，30 天后变化平缓，90 天后下降 6MPa；自然时效 90 天后断后伸长率平均上升 2.0%。自然时效结果表明，钢筋具有良好的低应变时效性。自然放置过程中钢筋内部的残余应力得到进一步释放，内部点阵畸变程度下降导致钢筋自然时效后强度有所下降。对 HRB400E、HRB500E 抗震高强钢筋而言，微合金元素 V 的加入，吸收了钢中自由的间隙元素 N 和 C，防止了间隙元素在位错线周围的钉扎作用，起到了净化基体的作用。钢中 V/N 比高于理想化学配比，V 含量略有过剩起到了较好的抑制应变时效性。低应变时效性对钢筋使用后仍保持较高延性、提高抗震性能具有重要意义。

6.3.6 结论

（1）采用钒氮微合金化工艺生产 HRB400E、HRB500E，通过增氮优化钒的析出、细化铁素体晶粒，充分发挥了析出强化和晶粒细化作用，钢筋具有较好的强韧性匹配和良好的抗震性能，综合性能优异。

（2）钒氮微合金化工艺生产 HRB400E、HRB500E 高强钢筋时，钢中析出大量细小弥散、尺寸为 $20 \sim 45nm$ 的 $V(C,N)$ 析出相，析出量占总含 V 量的 65% 以上，V 的强化效果得到充分发挥。

（3）钒氮微合金化工艺生产的 HRB400E、HRB500E 高强抗震钢筋，焊件拉伸断口在远离焊接接头熔合区及热影响区以外的母材上，焊接性能良好。钢筋自然时效 1 个月，强度下降 $5 \sim 7MPa$，1 个月后强度变化平缓，伸长率有所上升，具有良好的低应变时效性。

第7章 高延性冷轧带肋钢筋生产工艺

7.1 概况

高延性冷轧带肋钢筋是我国近年来研制开发的新型冷轧带肋钢筋，其生产工艺增加了回火热处理过程，有明显的屈服点，强度和伸长率指标均有显著提高。其直径规格为 5～12mm，外形与细直径热轧带肋钢筋相似，为沿长度方向均匀分布的二面横肋，可加工性能良好。产品抗拉强度标准值为 600MPa，比原标准提高 50MPa；屈服强度标准值 R_{eL} = 520MPa，比原标准提高 20MPa；断口伸长率 $A_{5.65} \geqslant 14\%$，比原标准提高 50%；最大力下总伸长率 $A_{gt} \geqslant 5\%$，比原标准提高 1.5 倍，达到了高强度高延性钢筋的要求。抗拉强度设计值 R_m = 415MPa，比原标准提高 55MPa，产品主要为细直径规格，可根据工程要求定尺供货，用作混凝土板类构件的受力钢筋和分布钢筋，既可减少钢筋用量，又可降低工程造价，还能方便施工，社会效益和经济效益均十分显著。

目前国内生产冷轧带肋钢筋的工艺设备一般采用主动式或被动式轧机生产两面或三面带肋钢筋。由于工艺基本定型，多年来没有大的革新，工艺技术已显得落后，不能适应技术进步的新形势。同时，低碳钢热轧圆盘条经过冷轧后，强度提高，延性降低，外形尺寸又有严格要求，伸长率很难达到《冷轧带肋钢筋》（GB 13788—2008）标准中要求的8.0%。不少企业是小规模作坊式生产，缺乏有效的技术管理和严格的质量检验，难以保证产品质量。还有个别假冒伪劣产品进入市场，直接影响到冷轧带肋钢筋产品的信誉。《国家产业结构调整指导目录（2011 年版）》提出对产能在 1 万吨以下的冷轧带肋钢筋生产装备实行分阶段淘汰。对技术装备先进、生产效益高、能耗低、业内推广使用并列入《高延性冷轧带肋钢筋》（YB/T 4260—2011）的高延性冷轧带肋钢筋，其生产装备不作为淘汰内容。这为技术创新、产品升级带来了新的发展机遇。

工业和信息化部于 2011 年 12 月 20 日发布了行业标准《高延性冷轧带肋钢筋》（YB/T 4260—2011），2012 年 7 月 1 日实施。住房和城乡建设部新修订的行业标准《冷轧带肋钢筋混凝土结构技术规程》（JGJ 95—2011），首次纳入高延性冷轧带肋钢筋，旨在促进冷轧带肋钢筋的升级换代。产品升级、更新换代是技术进步的必然趋势，单纯用冷轧方法提高钢筋强度的生产工艺已成为历史，取而代之的将是冷轧热处理的新型生产工艺。采用 Q235 的普碳钢，在不添加任何微合金元素的情况下，用冷轧热处理方式加工高强钢筋，充分挖掘钢筋的内生潜力，达到节材节能环保的经济效果和社会效果，是发展高效能节约型建筑用钢的又一途径。

7.2 成分设计

高延性冷轧带肋钢筋的母材可选用按国家标准《低碳钢热轧圆盘条》（GB/T 701）生

产的 Q215、Q235 低碳钢热轧圆盘条，也可选用按国家标准《钢筋混凝土用钢　第1部分：热轧光圆钢筋》（GB 1499.1）生产，以盘卷供货的 HPB235 热轧光圆钢筋。

高延性冷轧带肋钢筋用盘条的参考牌号和化学成分如表7-1所示。

表7-1　高延性冷轧带肋钢筋用盘条的参考牌号和化学成分

钢筋牌号	盘条牌号	化学成分（质量分数）/%					
		C	Si	Mn	Ti	S	P
CRB600H	Q215	0.09~0.15	≤0.30	0.25~0.55	—	≤0.050	≤0.045
CRB650H	Q235	0.14~0.22	≤0.30	0.30~0.65	—	≤0.050	≤0.045
CRB800H	45	0.42~0.50	0.17~0.37	0.50~0.80	—	≤0.035	≤0.035
	24MnTi	0.19~0.27	0.17~0.37	1.20~1.60	0.01~0.05	≤0.045	≤0.045
	20MnSi	0.17~0.25	0.40~0.80	1.20~1.60	—	≤0.045	≤0.045

实践证明，高延性冷轧带肋钢筋在成分设计上还有一定的调整和优化空间，比如调整化学成分，提高碳含量，充分利用廉价的碳成分来强化钢筋，可节约合金资源，进一步提高钢筋的综合性能。

7.3　工艺路线

高延性冷轧带肋钢筋生产的工艺路线分两部分。一是冷轧部分，冷轧是提高钢强度的有效途径，通过对钢筋实现大量的塑性变形，使内部组织发生畸变，晶体被破碎形成亚结构，位错密度增加，大大提高了钢筋强度，抗拉强度一般在800MPa左右。虽然钢筋强度提高了，但是钢筋的延伸性却降低了，伸长率 $A_{5.65}$ 一般为8%左右，这容易使钢筋在工程应用中形成脆断。解决这一问题的主要方法是增加在线热处理工艺。

采用在线热处理技术，将控制轧制与热处理相结合，使两种强化效果相加，大幅度提高钢材强度和延伸性，消除钢筋在轧制过程中产生的内应力，从而形成一项科学的冷轧形变热处理技术，大幅优化了冷轧带肋钢筋的工艺技术和产品质量。实践证明，经过热处理后，抗拉强度降低了10%左右，控制在650~700MPa，完全能满足标准值600MPa的要求，但是伸长率有了大幅度的提高，实测的 $A_{5.65}$ 值一般都在18%~22%之间，最大力均匀伸长率都在7%~10%之间。资料表明，热处理不仅可以改善钢的加工性能，更重要的是可以改善其使用性能，特别是显著提高了钢的力学性能，并延长其使用寿命。由于钢在固态范围内，随着加热温度的变化，其内部组织结构将发生相应变化，因此，利用不同的加热速度、加热温度和保温时间，来控制或改变钢的组织结构，使其得到强度、韧性、塑性配合都较好的力学性能。

7.4　生产工艺

7.4.1　工艺流程

高延性冷轧带肋钢筋的生产工艺流程为：

低碳钢热轧圆盘条→除鳞处理→冷轧机组→在线热处理→数控定尺剪切→定尺或盘卷自动收线

该生产线主要特点是：采用主、被动两套轧机配合（一道冷轧减径、一道压肋），主动轧机的成型轧辊用于轧制出所需要的肋，可以直接咬入钢材产生足够的牵拉作用，使其通过被动轧机的减径辊，形成一次减径、一次成型的生产方式。这种一拉（主动轧机）一拖（被动轧机）两步生产方式，配合紧凑，保证了钢筋在主动轧机和被动轧机之间同步运行，既不会使钢筋被拉断又不会出现钢筋在两个轧机之间存续，提高了生产效率，产品合格率、产品成材率可达99%以上，外形尺寸及表面横肋不被损伤，并且产品不受反复弯曲，内部微裂纹少且小，达到了提高钢筋强度的目的。

当轧制速度在 200m/min 以下时，主、被动轧机结构形式是最合理的设计。与双主动轧机比较，主、被动轧机机械结构相对简单，换辊方便；不存在双电机因速度不匹配造成对设备和原料的损坏。轧机采用轧辊自锁方式，解决了轧辊与机座间隙引起的振动及其导致轧辊非正常断裂、拆卸、安装困难的问题，同时增加了机身的有效长度，一机多用，不需要更换轧辊即可生产多种规格（$\phi 5.5 \sim 12mm$）。

这套生产装备，结构紧凑，操作方便，从原料上线到出成品，仅用一分钟，称"一分钟流程"，生产效率比普通设备提高一倍。新研制的智能化轧机的单机年产能达到 10 万吨，设备运行率、生产作业率、轧辊更换率、投入产出率均达到国际先进水平。

7.4.2 主要特点

用这种先进装置生产 500MPa 级钢筋具有以下主要特点：（1）以普通碳素钢为原料，采用冷轧和在线热处理工艺，生产高效节约型建筑用钢，以节约钢材和降低工程造价。特别是节约了宝贵的微合金资源，这是该工艺技术的最大亮点。（2）通过优化冷轧工艺，利用控轧新技术，改善内部组织，提高了钢材强度，并保证了外形尺寸精度。（3）通过热处理控温技术，利用在线快速加热法进行稳定化调质，获得良好的力学性能，使钢的强度、延性及外形尺寸达到相对稳定的质量标准，是一种经济合理生产 500MPa 级高强钢筋的有效途径之一。

7.4.3 成果评估

最近，住房和城乡建设部科技发展促进中心组织专家对该高延性冷轧带肋钢筋生产技术的科技成果进行评估，专家认定：采用主被动式冷轧与在线热处理集成技术生产高延性冷轧带肋钢筋是国内首创，达到了国际先进水平。该技术符合国家推广高强钢筋的产业政策，丰富了钢材品种，节省工程用钢量，经济效益和社会效益显著，应用前景广泛，是一项值得推广的新技术。住房和城乡建设部将高延性冷轧带肋钢筋生产技术列为 2012 年全国建设行业科技成果推广项目，科技部将高延性冷轧带肋钢筋生产装备列为国家火炬计划。

7.5 产品质量及性能分析

7.5.1 产品名称

在行业标准《冷轧带肋钢筋混凝土结构技术规程》（JGJ 95—2011）的修订说明中指出，高延性主要是相对于普通冷轧带肋钢筋而言。由于《冷轧带肋钢筋》（GB 13788—2008）中规定冷轧带肋钢筋的最大力总伸长率是2%，高延性冷轧带肋钢筋已达到5%，提高了1.5倍，命名高延性冷轧带肋钢筋比较适宜。同时，与工业和信息化部发布的行业标准《高延性冷轧带肋钢筋》（YB/T 4260—2011）的名称一致，便于统一，利于推广。

为区别以往的冷轧带肋钢筋，经业内专家讨论，高延性冷轧带肋钢筋的牌号定为：CRB600H。C、R、B分别为冷轧（cold-rolled）、带肋（ribbed）、钢筋（bar）三个词的英文首字母，H代表高延性。

7.5.2 产品质量

高延性冷轧带肋钢筋产品主要为细直径规格（$\phi 5 \sim 12mm$），外形与细直径热轧带肋钢筋相似，为沿长度方向均匀分布的两面横肋。高延性冷轧带肋钢筋的抗拉强度为600MPa，屈服强度为520MPa，最大力的总伸长率$A_{gt} \geqslant 5\%$，充分改善了产品的力学性能。经国家建筑钢材质量监督检验中心、国家金属制品质量监督检测中心检测，该钢筋的各项力学性能指标完全达到500MPa级高强钢筋的国家标准，强度高，延性好，产品外形尺寸精确，表面质量优良，与混凝土之间的黏结锚固性能良好。工艺技术创新有效促进了产品质量的优化，能满足高端客户的使用要求，为高延性冷轧带肋钢筋产品的应用和产业化发展开辟了新途径。

(a)　　　　　　　　　　　　　　　　　(b)

图 7-1　产品
（a）直条产品；（b）盘条产品

7.5.3 产品的力学性能和工艺性能

高延性冷轧带肋钢筋的力学性能以及工艺性能如表7-2所示。

表 7-2　高延性冷轧带肋钢筋的力学性能和工艺性能

牌　号	公称直径 /mm	$R_{p0.2}$ /MPa	R_m /MPa	$A_{5.65}$/%	A_{100}/%	A_{gt}/%	弯曲试验 180°	反复弯曲 次数	应力松弛 初始应力相当 于公称抗拉 强度的70%
		不小于							1000h 松弛率 （不大于）/%
CRB600H	5～12	520	600	14.0	—	5.0	$D=3d$	—	—

注：D为弯心直径，d为钢筋公称直径；反复弯曲试验的弯曲半径为15mm。

7.5.4   产品的金相检验结果

质量检验证明，钢筋经稳定化热处理后，可获得具有细晶粒结构的高强度高延性的冷轧带肋钢筋。此种钢筋的金相组织为铁素体＋珠光体，晶粒度不粗于9级，其钢筋晶粒度检验参照《钢筋混凝土用热轧带肋钢筋》（GB 1499.2—2007）标准中细晶粒热轧钢筋的规定要求，见表7-3。

表7-3   高延性冷轧带肋钢筋的金相检验结果

产品名称		冷轧带肋钢筋	产品标准	GB 1499.2—2007
牌　号		CRB 550	直　径	$\phi5.5mm$、$\phi8.0mm$
检验项目		标准值	检验值	单项判定
金相组织	$\phi5.5mm$	铁素体＋珠光体	铁素体＋珠光体	合　格
	$\phi8.0mm$		铁素体＋珠光体（有极少量魏氏组织）	
晶粒度	$\phi5.5mm$	不粗于9级	10.5级	合格
	$\phi8.0mm$		10.5级	合格

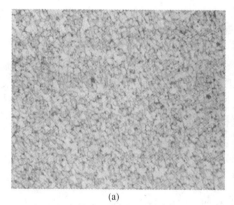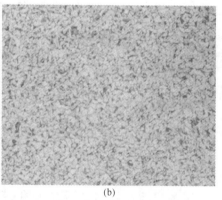

(a)　　　　　　　　　　　　　　　　(b)

图 7-2　产品金相图

（a）$\phi5.5mm$ 晶粒度（100×）；（b）$\phi8.0mm$ 晶粒度（100×）

7.5.5   产品的应用范围

高强高延性冷轧带肋钢筋 CRB600H 宜用作混凝土机构中的受力钢筋、钢筋焊接网、箍筋、构造钢筋以及预应力混凝土结构件中的非预应力筋。

（1）用于现浇楼板、屋面板使用的主筋和分布筋。钢筋一般为 $\phi5\sim12mm$，由于现浇楼板的刚度较大，若以高延性冷轧带肋钢筋替代Ⅰ、Ⅱ级钢筋，是细直径钢筋的理想选择。

（2）剪力墙中的水平和竖向分布筋。由于高延性冷轧带肋钢筋的伸长率较大，因此用于剪力墙，能满足抗震要求。

（3）梁柱中的箍筋。当箍筋按受力箍筋计算时，其抗拉强度设计值按 360MPa 取值，而高延性冷轧带肋钢筋的抗拉强度设计值是按415MPa取值，完全能达到设计要求。

（4）圈梁、构造柱的配筋。

（5）高延性冷轧带肋钢筋是钢筋焊接网的首选材料，因其具有强度高、延性好、易加工与水泥混凝土握裹力强等特点，可广泛应用于房屋建设、高速公路、机场跑道、高层建筑及市政建设等工程中。

7.5.6 节材效果

按抗拉强度设计值等强度代换原则测算，高强高延性冷轧带肋钢筋CRB600H比400MPa钢筋节省钢材13%。

设HRB400钢筋的截面面积为$A_{s,HRB400}$，抗拉强度设计值$R_{m,HRB400} = 360MPa$；CRB600H高延性冷轧带肋钢筋的截面面积为$A_{s,CRB600H}$，抗拉强度设计值$R_{m,CRB600H} = 415MPa$；则由等强度代换原则有：

$$R_{m,CRB600H} \cdot A_{s,CRB600H} = R_{m,HRB400} \cdot A_{s,HRB400}$$

在钢筋达到抗拉强度设计值时总拉力相等条件下，CRB600H高延性冷轧带肋钢筋与HRB400钢筋截面面积的比值为：

$$\frac{A_{s,CRB600H}}{A_{s,HRB400}} = \frac{R_{m,HRB400}}{R_{m,CRB600H}} = \frac{360}{415} = 0.8675$$

则用CRB600H高延性冷轧带肋钢筋代换HRB400钢筋理论上可节省钢筋用量为$1 - 0.8675 = 13.25\%$。在工程中由于受到钢筋直径规格以及钢筋间距规定的限制，实际节省的钢筋用量会略低于13.25%理论值。

7.6 结语

高延性冷轧带肋钢筋的研发成功，行业标准《高延性冷轧带肋钢筋》（YB/T 4260—2011）的实施，使高延性冷轧带肋钢筋生产工艺的技术创新推向一个新阶段。行业标准《冷轧带肋钢筋混凝土结构技术规程》（JGJ 95—2011）和《钢筋焊接网混凝土结构技术规程》将高延性冷轧带肋钢筋纳入施工技术规程，使两个技术规程发生了质的变化。（1）将抗拉强度由550MPa提高到600MPa级，意味着建筑安全系数提高了，还能节约钢材。（2）最大力均匀伸长率$A_{gt} \geqslant 5\%$，大大提高了钢筋的延伸性、抗震性，有效地防止了钢筋脆断，保证了抗震安全度。（3）将强度设计值从360MPa提高到415MPa，扩大了高延性冷轧带肋钢筋的应用范围，不仅应用于现浇楼板，并可应用于剪力墙，大规格可应用于圈梁。据专家测算，强度设计值的提高，标志着每使用一吨高延性冷轧带肋钢筋比400MPa钢筋节约钢材130kg左右。（4）高延性冷轧带肋钢筋强度、延性和设计值的提高，标志着应用高延性冷轧带肋钢筋水平的提高，有利于促进冷轧带肋钢筋的更新换代，有利于高强钢筋的推广应用。

第8章 钢筋标准

钢筋标准作为重要的技术基准，尤其是钢筋标准的强制性属性，使它在推动钢筋产业技术进步与产品升级换代、规范钢筋的市场秩序、合理利用资源、降低生产成本等方面起到了重要作用。纵观国内钢筋标准发展演变，横向对比国内外钢筋标准的异同，会使我们更加清晰把握钢筋生产技术的发展脉络，更好地理解与执行钢筋标准的技术要求。

8.1 我国钢筋标准

我国钢筋标准是钢铁领域中十分重要的产品标准，一直备受政府与企业以及社会各界的关注，其主要原因如下：

（1）产量大。无论我国钢产量怎样快速增长，钢筋的产量都占钢产量的25%左右。

（2）涉及领域广。钢筋产品不仅涉及住宅建筑等民生领域，还涉及铁路、交通、水电以及核电等多个领域。

（3）重要性强。钢筋标准是强制性标准，属于技术法规的范畴，各方必须强制执行，不能违反。钢筋产品属于发放生产许可证的产品，钢筋标准则是生产许可证的重要依据。

8.1.1 新中国钢筋发展历程

8.1.1.1 钢筋生产技术发展

钢筋作为新中国诞生的第一批钢铁产品，与中国钢铁工业一起经历了产品从无到有，质量从低级到高级，数量从短缺到过剩的发展阶段。我国政府历来都非常重视钢筋产品的研发与应用，在第六个五年计划到第九个五年计划期间都设立了国家攻关课题，并且在"十一五"规划期间，将细晶粒钢筋的研发列入了国家973基础研究课题。在这些国家级研究成果的支撑下，我国钢筋的生产工艺不断创新发展，钢筋品种不断扩大，产品质量不断提高，我国钢筋标准也在不断完善与提升。总体说来，我国钢筋生产技术发展基本满足了建筑行业对钢筋的需求。

8.1.1.2 钢筋标准的发展

半个多世纪以来，我国钢筋标准经历了11次修订。每次修订都充分体现了钢筋生产技术的进步与用户使用要求的提高。

我国钢筋产品于1952年问世时，当时在苏联专家的指导下生产出的竹节型钢筋，有技术条件，没有标准编号。1955年中华人民共和国重工业部成立后制定了重工业部钢筋标准，编号为：重111—1955。20世纪60年代冶金工业部成立后，冶金领域的重工业部标准都转为冶金部标准。重111—1955热轧钢筋标准转为冶金工业部标准：YB 171—1963。此后进行了两次修订：YB 171—1965 和 YB 171—1969。在70年代，钢筋标准经过修订后上升为国家标准，编号为：GB 1499—1979。在80年代进行过一次修订，标准编号为：GB

1499—1984；进入了 90 年代，钢筋国家标准又经过两次修订：GB 1499—1991 和 GB 1499—1998。此时经历了国家标准属性的划分，钢筋标准被划为强制性标准。进入了 21 世纪，钢筋国家标准再一次进行修订，标准编号为：GB 1499—2007。

8.1.1.3 钢筋生产工艺发展

最早钢筋的生产是采用常规的热轧工艺，即钢筋热轧后自然冷却。随着微合金化发展与高强钢筋的研发，在第六个五年计划和第七个五年计划攻关中，形成了我国自主研发含 V（20MnSiV）与含 Ti（24MnTi）微合金技术路线，同时也形成了比较成熟的余热处理工艺路线。由于微合金化技术路线受到微合金资源的制约，同时余热处理技术路线虽然节约资源，但延性与焊接性受到影响，在 21 世纪初，在国家 973 重点基础研究发展项目支持下，我国自主研发了细晶粒的工艺路线，达到既可节约资源，又可改善钢筋性能的效果。

8.1.1.4 钢筋牌号与外形发展

在 20 世纪 50 年代，我国最早研发的钢筋是光圆钢筋，钢牌号为 3 号碳素结构钢与 5 号碳素结构钢。由于 5 号光圆钢筋，碳含量较高，延性与焊接性都不好，后从苏联引进了变形钢筋的人字纹和螺旋纹技术。

20 世纪 60 年代，随着低合金钢的发展，用 16Mn 低合金钢取代了 5 号碳素结构钢。到了 70 年代，钢筋标准中牌号仍保留了 3 号光圆钢筋。由于用 16Mn 生产的钢筋强度相对钢筋标准（屈服强度 350MPa）要求偏低，经过大批生产试验与统计分析，将 16Mn 的碳含量由 0.16% 提高到 0.20%，同时也提高了 Si 的含量，牌号也由 16Mn 调整为 20MnSi，同时标准中还增加了 400MPa 级钢筋，牌号为 25MnSi。这个时期的标准不但包括普通钢筋混凝土用钢筋，还包括了预应力用钢筋；不但包括了热轧钢筋，还包括了热处理钢筋。

到了 80 年代，经过 20 多年的生产实践，表明人字纹和螺旋纹外形均有一些缺点，如产量低、事故多、耗钢量多、钢筋弯曲性能不好以及轧辊加工时间长等。有关生产厂和研究单位经过几年的工作，于 1981 年制定了《热轧月牙肋钢筋技术条件》。由于月牙肋外形抗疲劳性能与弯曲性能都好，特别是方便生产与轧辊加工，很快在全国范围内得到推广应用，并将这种外形纳入了钢筋国家标准中。这个时期的标准取消了热处理钢筋，保留了 55 kg 级的预应力钢筋。

进入到 90 年代，随着钢铁行业技术水平提高以及下游用户对钢筋品种质量提出了更高要求，在这 10 年间钢筋标准做了两次修订，其变化包括：（1）标准体系的变化。将 GB 1499 分为 3 个部分：《钢筋混凝土用热轧光圆钢筋》（GB 13013）；《钢筋混凝土用热轧带肋钢筋》（GB 1499.2）；《钢筋混凝土用余热处理钢筋》（GB 13014）。（2）强度变化。形成了 235MPa、335MPa、400MPa、500MPa 级钢筋混凝土用钢筋系列。（3）化学成分的变化。放开了各牌号成分的下限，由生产厂根据资源与工艺条件控制。（4）外形的变化。钢筋的外形统一为月牙肋。这个时期的标准，也将预应力钢筋单独列出，纳入了预应力钢筋体系。

到了 21 世纪，在钢筋标准的修订时，加大了借鉴国际标准以及国外先进标准的力度，其变化包括：（1）将《钢筋混凝土用热轧光圆钢筋》（GB 13013）的编号改为 GB 1499.1，与 GB 1499.2 成为一个系列编号。（2）牌号中加入了细晶粒钢筋的牌号。（3）增加了抗震钢筋的技术要求。具体变化如图 8-1 所示。

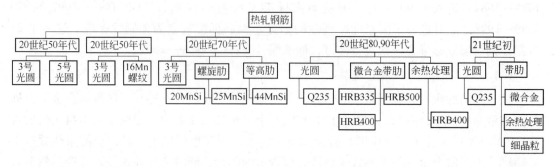

图 8-1 钢筋牌号与外形发展的具体变化

8.1.2 我国钢筋标准的现状

8.1.2.1 标准分类

按钢筋在结构中的作用可将钢筋分为普通混凝土用钢筋和预应力混凝土用钢筋两类。

按钢筋生产工艺可将钢筋分为热轧钢筋、热轧后控轧控冷钢筋、热处理钢筋、冷轧钢筋四类。

按钢筋外形可将钢筋分为光圆钢筋与带肋钢筋两类。

按交货状态可将钢筋分为直条与盘条两种。

8.1.2.2 标准体系

A 产品标准构成

（1）热轧钢筋标准体系。我国热轧钢筋产品标准体系是按钢筋外形，将《钢筋混凝土用钢》GB 1499 分为三个部分：

1)《钢筋混凝土用钢　第 1 部分：热轧光圆钢筋》（GB 1499.1—2008）；

2)《钢筋混凝土用钢　第 2 部分：热轧带肋钢筋》（GB 1499.2—2013）；

3)《钢筋混凝土用钢　第 3 部分：钢筋焊接网》（GB 1499.3—2010）。

GB 1499 与《钢筋混凝土余热处理钢筋》（GB 13014—2012）构成热轧钢筋产品标准。

（2）冷轧带肋钢筋标准构成。我国冷轧带肋钢筋标准体系主要包括：《冷轧带肋钢筋》（GB/T 13788—2008）；《高延性冷轧带肋钢筋》（YB/T 4260—2011）。

（3）预应力钢筋混凝土钢筋标准构成。我国预应力混凝土用钢筋标准体系包括：

《预应力混凝土用钢丝》（GB 5223—2002）；

《预应力混凝土用钢棒》（GB/T 5223.3—2005）；

《预应力混凝土用螺纹钢筋》（GB/T 20065—2006）。

（4）涂层钢筋标准构成。我国涂层国家标准有《钢筋混凝土用环氧涂层钢筋》（GB/T 25826—2010）。

B 钢筋试验方法标准构成

我国钢筋应用试验方法标准主要包括：

《金属材料　拉伸试验　第一部分：室温试验方法》（GB/T 228.1—2010）；

《金属材料弯曲试验方法》（GB/T 232—2010）；

《金属材料线材反复弯曲试验方法》（GB/T 238—2002）；

《混凝土用钢筋 弯曲和反向弯曲试验方法》（YB/T 5126—2003）；

《混凝土用钢材试验方法》（GB/T ×××待批）；

《金属应力松弛试验方法》（GB/T 10120—1996）。

8.1.3 我国钢筋标准的主要内容

8.1.3.1 热轧钢筋牌号及表示方法

我国钢筋标准中规定的牌号与国际通用规则是一致的。热轧钢筋由表示轧制工艺和外形的英文字头，加上钢筋屈服强度的最小值表示，冷轧钢筋由表示轧制工艺和外形的英文字头，加上钢筋抗拉强度最小值表示。因此通过钢筋牌号直接就可以了解钢筋生产、设计与使用最主要的信息。

我国钢筋牌号以及牌号表示方法如表 8-1 所示。

表 8-1 我国钢筋牌号的构成及其含义

标 准	轧制工艺	类 别	牌 号	牌号构成	英文字母含义
GB 1499.1	热轧生产工艺	热轧光圆钢筋	HPB235	HPB + 屈服强度特征值构成	热轧光圆钢筋的英文（Hot rolled plain Bars）缩写
			HPB300		
GB1499.2		普通热轧带肋钢筋	HRB335	由 HRB + 屈服强度特征值构成	HRB—热轧带肋钢筋的英文（Hot rolled Ribbed Bars）缩写
			HRB400		
			HRB500		
			HRB600		
		细晶粒热轧带肋钢筋	HRBF335	由 HRBF + 屈服强度特征值构成	HRBF—在热轧带肋钢筋的英文缩写后加"细"的英文（Fine）首位字母
			HRBF400		
			HRBF500		
GB 13014	余热处理生产工艺	非可焊余热处理钢筋	RRB400	由 RRB + 规定的屈服强度特征值构成	RRB—余热处理筋的英文缩写，W-焊接的英文缩写
			RRB500		
		可焊接余热处理钢筋	RRB400W	由 RRB + 规定的屈服强度特征值 + 可焊构成	
			RRB500W		
GB 13788	冷轧	普通混凝土用钢筋	CRB550	由 CRB + 规定的抗拉强度最小值构成	CRB—冷轧带肋钢筋（cooling-rolled ribbed bar）的英文字头
		预应力混凝土用钢筋	CRB650		
			CRB800		
			CRB970		
YB/T 4260	冷轧后在线热处理	普通混凝土用钢筋	CRB600H	由 CRB + 规定的抗拉强度最小值加 H 构成	CRB—冷轧带肋钢筋（cooling-rolled ribbed bar）的英文字头加代表高延性字母 H
		预应力混凝土用钢筋	CRB650H		
			CRB800H		
GB/T 5223	热处理	预应力混凝土用钢棒	PCB	PCB + 外形	PCB—预应力混凝土用钢（Prestressing Concrete Bar）的英文字头

标　准	轧制工艺	类　别	牌　号	牌号构成	英文字母含义
GB/T 20065	热轧、轧后余热处理或热处理	预应力混凝土用螺纹钢筋	PSB785	由 PSB + 规定的抗拉强度最小值构成	PCB—预应力混凝土用钢（Prestressing Screw Bar）的英文字头
			PSB830		
			PSB930		
			PSB1080		

8.1.3.2　主要定义

标准 GB 1499.1、GB 1499.2 与 GB 13014 中规定的热轧钢筋其主要定义如下：

（1）普通热轧钢筋（hot rolled bars）。按热轧状态交货的钢筋。其金相组织主要是铁素体和珠光体，不得有影响使用性能的其他组织（如基圆上出现的回火马氏体组织）存在。

（2）细晶粒热轧钢筋（hot rolled bars of fine grains）。在热轧过程中，通过控轧和控冷工艺形成的细晶粒钢筋。其金相组织主要是铁素体和珠光体，不得有影响使用性能的其他组织（如基圆上出现的回火马氏体组织等）存在，晶粒度为 9 级或更细。

（3）钢筋混凝土用余热处理钢筋（quenching and self-tempering ribbed steel bars for the reinforcement of concrete）。热轧后利用热处理原理进行表面控制冷却，并利用自身心部余热完成回火处理所得的成品钢筋。其基圆上形成环状的淬火自回火组织。

（4）热轧光圆钢筋（hot rolled plian bars）。经热轧成型，横截面通常为圆形，表面光滑的产品钢筋。

（5）带肋钢筋（ribbed bars）。横截面通常为圆形，且表面带肋的混凝土结构用钢材。

8.1.3.3　尺寸、外形与重量偏差的要求

A　尺寸

（1）钢筋的直径范围：

1）光圆钢筋直径范围 6~50mm；

2）热轧与轧后余热处理钢筋直径范围 6~50mm。

（2）带肋钢筋表面尺寸：

1）需要保证钢筋成品的交货尺寸，主要包括内径、横肋高、横肋间距、弯曲度等；

2）钢筋轧制生产提供孔型设计的尺寸，如：纵肋斜角 θ 为 0°~30°以及纵肋顶宽 a 与横肋顶宽 b。

B　外形

钢筋的外形直接影响钢筋的锚固性能。光圆钢筋的锚固性能较差，使用时必须弯钩，从而增加了钢筋用量和施工成本，故很少作为主要受力钢筋使用。

非光圆钢筋的锚固性能主要与相对肋高（或槽深）、肋面积比、相对肋面积等参数有关，钢筋外形按黏结锚固性能优劣排序依次为：螺旋肋、等高肋、月牙肋。刻痕（钢丝）混凝土构件的裂缝形态也与黏结锚固性能有关，锚固性能好的钢筋混凝土构件其裂缝细而密，反之则呈现宽而稀的裂缝。

C　重量偏差

检验钢筋的重量偏差主要是用于控制钢筋的内径偏差，这是因为内径偏差是影响重量

偏差的主要因素。长期以来，在钢筋标准中，其内径偏差一直作为必保条件，而重量偏差则作为协议条款。

钢筋标准在1998版的修订中，参照了一些国外标准，即当钢筋实际重量与理论重量的偏差符合如表8-2所示的规定时，钢筋内径偏差不作交货条件。也就说重量偏差的检验为必保条件，而内径偏差作为协议条款。

表8-2 钢筋的实际重量与理论重量的偏差

标　准	公称直径/ mm	实际重量与公称重量的偏差/%
GB 1499.1	8 ~ 12	±7
	14 ~ 20	±5
GB 1499.2 GB 13014	8 ~ 12	±6
	14 ~ 20	±5
	22 ~ 40	±4

8.1.3.4　主要技术要求

A　化学成分

国家标准中没有限定钢筋使用各牌号钢的主要化学成分范围，只给出各强度等级相应用在钢筋的主要化学成分的最大值以及对应碳当量的最大值。只规定碳、硅和锰三个主要元素的上限，这可以让生产企业充分发挥自身的生产技术、工艺、资源优势与特点，在保证钢筋各项性能指标合格的条件下，尽量降低生产成本，提高竞争力。根据需要，标准中规定添加的V、Nb、Ti等元素是微合金化钢筋主要添加元素，用以同时提高钢筋的强度与韧性。

钢筋牌号、化学成分和碳当量（熔炼分析）相关规定如表8-3所示。

表8-3 钢筋牌号、化学成分和碳当量

标　准	牌　号	化学成分（质量分数,不大于）/%					
		C	Si	Mn	P	S	Ceq
GB 1499.1	HPB300	0.25	0.55	1.50	0.045	0.50	—
GB 1499.2	HRB335	0.25	0.80	1.60	0.045	0.045	0.52
	HRB400 HRBF400						0.54
	HRB500 HRBF500						0.55
	HRB600	0.28					0.58
GB 13014	RRB400 RRB500	0.30	1.00	1.60	0.045	0.045	—
	RRB400W RRB500W						0.54 0.55

B　碳当量

如表8-3所示，钢筋中的碳当量（Ceq）最大值是与影响碳当量的主要化学成分最大值相协调的，规定也充分考虑了钢筋的焊接性能。

碳当量 Ceq（百分比）值的计算公式如式（8-1）所示。公式表明除 C、Mn 元素外，在钢中添加其他合金与微合金元素后必须考虑其对碳当量的影响。

$$Ceq = C + Mn/6 + (Cr + V + Mo)/5 + (Cu + Ni)/15 \qquad (8\text{-}1)$$

C　强度等级

钢筋的强度等级是按其屈服强度划分的，它是钢筋设计的重要依据。表 8-4 列出了目前主要的钢筋强度等级。

表 8-4　钢筋强度等级

序 号	牌 号	强度等级	交货状态	表面外形	标准号
1	HPB300	300MPa	热轧	光圆	GB 1499.1
2	HRB335[①]	300MPa	热轧	带肋	GB 1499.2
	HRB400 HRBF400	400MPa	热轧	带肋	GB 1499.2
3	RRB400 RRB400W		余热处理	带肋	GB 13014
4	HRB500 HRBF500	500MPa	热轧	带肋	GB 1499.2
5	RRB500		余热处理	带肋	GB 13014
6	HRB600	600MPa	热轧	带肋	GB 1499.2

①仅限定直径不大于 14mm 的钢筋。

D　力学性能

钢筋标准中规定强度与延性的力学性能特征值（见表 8-5）作为交货检验的最小保证值。

强度包括屈服强度 R_{eL} 与抗拉强度 R_m，它们是结构安全的保证。钢筋与混凝土需要协调工作，故普通钢筋存在最大理论应用强度。

表 8-5　钢筋标准中规定各力学性能特征值

标 准	牌 号	下屈服强度 R_{eL}/MPa	抗拉强度 R_m/MPa	断后伸长率 $A/\%$	最大力总 伸长率 $A_{gt}/\%$	R_m°/R_{eL}°	R_{eL}°/R_{eL}
		不小于					不大于
GB 1499.1	HPB300	300	420	25	10	—	—
GB 1499.2	HRB335	335	455	17	7.5		
	HRB400 HRBF400	400	540	16	7.5	—	—
	HRB400E HRBF400E	400	540	—	9.0	1.25	1.30
	HRB500 HRBF500	500	630	15	7.5	—	—
	HRB500E HRBF500E	500	630	—	9.0	1.25	1.30
	HRB600	600	730	14	7.5	—	—

标 准	牌 号	下屈服强度 R_{eL}/MPa	抗拉强度 R_m/MPa	断后伸长率 A/%	最大力总伸长率 A_{gt}/%	R_m°/R_{eL}°	R_{eL}°/R_{eL}
		不小于					不大于
GB 13014	RRB400	400	540	14	5.0	—	—
	RRB500	500	630	13		—	—
	RRB400W	400	570	14		—	—
	RRB500W	500	660	13		—	—

注：R_m° 为钢筋实测抗拉强度；R_{eL}° 为钢筋实测下屈服强度。

延性包括断后伸长率 A 与最大力总伸长率 A_{gt}。延性大小主要取决于钢筋的塑性变形能力。在 1998 版标准以前，仅规定断后伸长率 A，没有规定最大力总伸长率 A_{gt}。在 1998 版标准中，采用了国际标准，根据用户要求，规定了最大力总伸长率 A_{gt} 不小于 2.5%，但供方保证，可以不作检验。同时还规定了伸长率类型可从 A 或 A_{gt} 中选定，但仲裁检验时应采用 A_{gt}。若是抗震钢筋则 A 和 A_{gt} 均为必需检验的指标。

由于 A_{gt} 比 A 更能全面反映钢筋的塑性变形能力，A 仅仅包括了钢筋的塑性变形，而 A_{gt} 不但包括了钢筋塑性变形，也包括了弹性变形（见图 8-2）。所以目前世界各国都有用 A_{gt} 取代 A 的趋势。

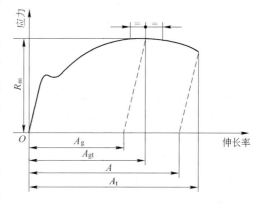

图 8-2　钢筋的实际变形

E　抗震性能

表 8-5 中牌号结尾加 E 的是有较高要求的抗震结构适用钢筋牌号，例如：HRB400E、HRBF400E 等。该类钢筋除了要满足下列要求外，其他性能要求与对应的牌号钢筋相同。

（1）钢筋实测抗拉强度与实测屈服强度之比 R_m°/R_{eL}° 不小于 1.25。

（2）钢筋实测屈服强度与规定的屈服强度特征值之比 R_{eL}°/R_{eL} 不大于 1.30。

（3）钢筋的最大力总伸长率 A_{gt} 不小于 9%。

F　工艺性能

弯曲、反弯也是衡量钢筋加工工艺性能的重要指标。

按规定的弯心直径，钢筋被弯曲 180° 后，受弯曲部位表面不得产生裂纹。各牌号的弯曲要求如表 8-6 所示。

经反向弯曲试验后，钢筋受弯曲部位表面不得产生裂纹。牌号中含 E 的抗震结构适用钢筋应进行反向弯曲试验。其他牌号钢筋进行反向弯曲试验不是必保条件，可以根据需方要求，此时，反向弯曲试验可以代替弯曲试验。反向弯曲试验的弯曲压头直径比弯曲试验相应增加一个钢筋公称直径。

G　时效性能

时效是指力学指标随时间的变化。实际上一些国外钢筋标准规定的各项性能指标都是指时效后的性能。我国标准规定中只有反弯性能是时效以后性能。但实际交货检验过程中，生产企业还是要保证钢筋时效以后的各项性能。

表8-6 各牌号的弯曲要求

强度等级	弯曲半径	弯曲角度/(°)	取样数量/个
HPB300	d		
HRB335	$3d$		
HRB400 HRB400E HRBF400E	$4d$, $5d$, $6d$	180	2
HRB500 HRBF500	$6d$, $7d$, $8d$		
HRB600	$6d$, $7d$, $8d$		

注：d为钢筋的公称直径。

H 焊接性能

焊接是普通钢筋的连接方式之一。

HRB300、HRB335、HRB400与HRB500均为可焊接钢筋，且有成熟的焊接工艺，质量是可以得到保证的。

HRBF细晶粒钢筋原则是可焊性，只是对焊接工艺要求较高。在GB 1499.2中特别强调了"HRBF500与HRBF500E钢筋的焊接性能应进行专门的试验"。这一点应引起钢筋生产企业及用户的注意。

I 机械连接

机械连接操作简单、质量稳定、现场无污染，对大直径钢筋连接具有明显的优势。现在已经成为钢筋的主要连接方式。

在GB 1499—2013中规定HRB600钢筋推荐采用机械连接的方式进行连接。为保证机械连接的性能，钢筋的外形（错台、不圆度）及尺寸偏差应严格控制。带肋钢筋应尽量取消纵肋。

J 疲劳性能

影响钢筋疲劳性能的主要因素是应力幅，在现行标准《混凝土结构设计规范》（GB 50010—2010）中对钢筋提出了疲劳应力幅限值的要求。

在GB 1499—2013中已将疲劳性能规定为类型检验项目，钢筋新品种开发时应重点考虑。

K 表面质量

钢筋应无有害的表面缺陷。

检查钢筋的表面质量、光洁度和颜色。钢筋表面应平滑整齐，颜色均匀，呈光亮均匀的深蓝灰色，不得有裂纹、结疤和折叠等肉眼可见的缺陷，钢筋端面应基本为圆形。劣质钢筋往往端面为椭圆形，表面颜色不均匀，粗糙不平，甚至有结疤、裂纹、折叠等缺陷，轧制时产生的氧化铁皮屑经敲击或擦拭会脱落。

L 标志与质量证明书

GB 1499.2—2013 规定：带肋钢筋的表面标志应符合下列规定。

带肋钢筋应在其表面轧上牌号标志，还可依次轧上经注册的厂名（或商标）和公称直径毫米数字。

（1）钢筋牌号以阿拉伯数字或阿拉伯数字加英文字母表示，HRB335、HRB400、HRB500、HRB600 分别以 3、4、5、6 表示，HRBF400、HRBF500 分别以 C4、C5 表示，HRB400E、HRB500E 分别以 4E、5E 表示，HRBF400E、HRBF500E 分别以 C4E、C5E 表示。厂名以汉语拼音字头表示。公称直径毫米数以阿拉伯数字表示。

（2）对于公称直径不大于 10mm 的钢筋，也可采用表面横肋标志表示钢筋的等级。

1）HRB335 标志间距为横肋间距的 3 倍，标志间距内的 2 条横肋取消，如图 8-3 所示。HRB400、HRB500、HRB600 分别以 1 条、2 条、3 条反向的横肋表示，标志间距内的横肋取消；

图 8-3 公称直径不大于 10mm 的 HRB335 钢筋标志

HRB400E、HRB500E 在 HRB400、HRB500 反向横肋的基础上，从反向横肋的中部开始顺表面横肋方向加 1 条肋，并取消标志间距内的横肋。如图 8-4 所示。

2）HRBF400、HRBF500 分别以 1 条、2 条垂直于钢筋纵轴线的横肋表示，并取消标志间距内的 2 条横肋；HRBF400E、HRBF500E 在 HRBF400、HRBF500 垂直于钢筋纵轴线的横肋基础上，从垂直于钢筋纵轴线的横肋中部开始顺表面横肋方向加 1 条肋，并取消标志间距内的 2 条横肋。如图 8-5 所示。

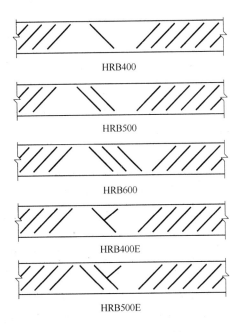

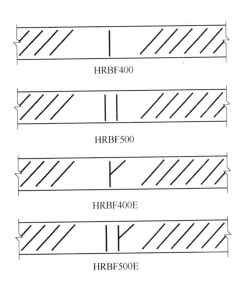

图 8-4 公称直径不大于 10mm 的 HRB400、HRB500、HRB600、HRB400E、HRB500E 钢筋标志

图 8-5 公称直径不大于 10mm 的 HRBF400、HRBF500、HRBF400E、HRBF500E 钢筋标志

8.2 一些国家和国际标准介绍

世界各国都有各自的钢筋国家标准，各国标准都反映了本国的钢筋生产技术特色以及使用要求。从体系上综合分析，可以归纳为三大体系：

（1）国际标准体系：国际标准把钢筋分为光圆钢筋与带肋钢筋两个标准，囊括了世界各国的牌号。一般来说，亚洲各国标准（如：中国、日本、新加坡、韩国）是采用国际标准制定的。

（2）欧洲标准体系：欧洲标准规定了 500MPa 级可焊接的带肋钢筋、焊网与格子梁等技术要求。英国、新西兰等标准都属于欧洲标准体系。

（3）美国标准体系：美国钢筋标准分为碳素钢与低合金钢两个标准，也就是分为可焊与不可焊。加拿大标准也是使用美国标准体系。

8.2.1 国际及国外钢筋标准分析

国际标准化组织制定的《钢筋混凝土用钢——第 2 部分：带肋钢筋》（ISO 6935-2：2007）是各国钢筋标准的大拼盘，包括有 10 个钢级用于非焊接的，11 个钢级用于焊接的。

（1）日本制定《钢筋混凝土用钢筋》（JIS G 3112：2010）参照了国际标准，但钢级是按本国的使用要求规定的，在一些具体的指标上也有一些不同的规定，如生产工艺。

（2）欧洲《钢筋混凝土用钢——可焊接钢一般技术条件》（BS EN 10080：2005）与英国《钢筋混凝土用钢——可焊接钢棒-盘卷-拆卷产品技术条件》（BS 4449—2005 + A2 - 2009）基本等同，都仅规定了 500MPa 的强度等级，但从标准体系的完整性来说，他们的标准是较为科学的，它们包含的认证体系与检验方案都被各国采用。

（3）美国《钢筋混凝土用——带肋与光圆碳素钢钢筋技术规范》（ASTMA615/A615M—09b）和《钢筋混凝土用——带肋与光圆低合金钢钢筋技术规范》（ASTM A706/A706M—09b）的技术要求有较大的不同，ASTM—A615/A615M—09b 有 280MPa、420MPa、520MPa 三个钢级，没有要求焊接性能，也没有强屈比的要求，交货状态是热轧，也就说可以采用余热处理工艺生产。ASTMA—706/A706M—09b 标准有 420MPa 与 550MPa 两个钢级，不仅有焊接性能要求，也有屈服强度上下限与强屈比的要求，是高质量要求的钢筋。

（4）澳大利亚/新西兰的《钢筋混凝土用钢筋》（AS/NZS 4671：2001）规定了 250N、300E、500L、500N、500E 三个等级、五个级别，明确规定了 L 为较低等级，N 为普通等级，E 为抗震等级。它是首次在标准中明确对抗震钢筋提出技术要求，我国标准抗震钢筋的规定也是参照了澳大利亚/新西兰标准的规定。

（5）加拿大钢筋标准《钢筋混凝土用碳素钢筋》（CSAG30.18—09），规定了 400R、400W 与 500R、500W 四个牌号，对于常规用途的 400R 与 500R 化学成分仅规定了磷含量，对于有焊接要求的 400W 和 500W 化学成分与力学性能都有比较严格的要求。

（6）新加坡钢筋标准《钢筋混凝土用钢：Part1 光圆钢筋（300MPa 级）》（SS2：Part1）；《钢筋混凝土用钢：Part2 带肋钢筋（500MPa 级）》（SS2：Part2）；

（7）韩国钢筋标准《钢筋混凝土用钢筋》（KSD3504：2011）中规定了 SD300、SD350、SD400、SD500、SD600、SD700、SD400W、SD500W 等 8 个牌号。

8.2.2 国际及国外钢筋标准规定牌号分析对比

国际钢筋标准和国外钢筋标准规定牌号与我国标准中规定牌号钢筋强度级别对比如表8-7所示。

表8-7 国内外不同标准牌号钢筋强度级别对比

GB 1499.1 GB 1499.2 GB 13014	ISO 6395-1 ISO 6935-2	AS/NZS 4671	ASTMA706/A706M ASTMA615/A615M	CSAG30.18	BS 4449	JIS G3112	SS2:Part1 SS2:Part2	KSD3504
	B240(A.B.C.D)-P	250N(P.R)	—	—	—	SR235(P)	—	—
HPB300(P)	B300(A.B.C.D)-P B300D-R.WR	300E(P.R)	280(P.R)	—	—	SR295(P) SD295A(R) SD295B(R)	300(P)	SD300(R)
HRB335(R) HRBF335	B350DWR	—	—	—	—	SD345(R)	—	SD350(R)
HRB400(R) HRBF400 RRB400 RRB400W	B400(A.B.C)-R B400(A.B.C.D)WR B420D-P B420DW-P.R	—	420(P.R)	400R(P.R) 400W(R)	—	SD390(R)	—	SD400(R)
HRB500(R) HRBF500	B500(A.B.C)-R B500(A.B.C.D)WR	500L(P.R) 500N(P.R) 500E(P.R)	520(P.R)	500R(P.R) 500W(R)	B500A(R) B500B(R) B500C(R)	SD490(R)	500(R)	SD500(R)
HRB600(R)	—	—	550(P.R)	—	—	—	—	SD600(R)
	—	—	—	—	—	—	—	SD700(R)

注：P（plain）代表光圆；R（ribbed）代表带肋。

8.2.3 国内外钢筋标准钢筋强度等级分析

在各国标准中对钢筋的强度级别以及牌号的设置不尽相同，但大致可分为300MPa、400MPa、500MPa、600MPa、700MPa五组，考虑到各国的具体情况再分为可焊与非可焊以及抗震与非抗震钢筋。

（1）300MPa级别。国际标准、澳大利亚/新西兰标准、美国标准、日本标准以及韩国标准都有300MPa级。

（2）400MPa级别。日本与美国标准中的主力强度级别是400MPa（420MPa）级钢筋，加拿大、韩国标准中都有400MPa级钢筋。

（3）500MPa级别。从表8-7中可以发现，所列出的国际组织与国家标准都有500MPa级别。欧洲、英国、澳大利亚/新西兰、加拿大与新加坡主力强度级别为500MPa级钢筋，尤其是英国与欧洲标准，高强化的趋势更加明显，英国原来标准中的强度等级为460MPa，欧洲为 450MPa，在欧洲标准一体化的过程中，欧洲共同体采用了英国标准，统一到 500MPa，提高了钢筋的应用强度。

（4）600MPa 级别。韩国与俄罗斯的标准有 600MPa 级钢筋，美国在修订标准时增加了 550MPa 级别。

（5）700MPa 级别。只有韩国与俄罗斯标准中规定了 700MPa 级别。

各国热轧钢筋强度级别对比如表 8-8 所示。

表 8-8　各国热轧钢筋强度级别对比　　　　　　　　　　　（MPa）

标准制定 国家与组织	200 MPa 级	300MPa 级	400MPa 级	500MPa 级	600MPa 级	700MPa 级
国际标准	240（光圆）	300（光圆）	400（420）	500		
美　国		280	420	520	550	
日　本	235	295（345）	390	490		
俄罗斯			400	500	600	
英　国				500		
德　国				500		
澳大利亚 与新西兰	250	300		500		
加拿大			400	500		
新加坡		300（光圆）		500		
韩　国		300	400	500	600	700
中　国	235	335	400	500	600	

8.2.4　国内外热轧钢筋标准所规定生产工艺分析对比

国内外热轧钢筋标准所规定生产工艺分析对比如表 8-9 所示。

表 8-9　国内外热轧钢筋标准规定生产工艺分析对比

标 准 号	生 产 工 艺
GB 1499.1.2 GB 13014	热轧、控轧细晶粒、余热处理
ISO 6935-2	生产工艺由生产者决定
AS/NZS4671	生产工艺由钢筋生产企业决定，如果需要的话，应对生产方法进行说明（包括热轧、冷轧）
BS EN 10080	生产工艺由钢筋生产企业决定，如果需要的话，应报告给需方（包括热轧与冷轧）
ASTM A615/A615M ASTM A706/A706M	热轧
CSAG30.18	热轧
DIN 488-1	不带后部处理热轧，热轧和在线热处理热轧与冷拉伸，冷加工（冷拉拔或冷轧）
BS 4449	生产工艺由钢筋生产企业决定，如果需要的话，应报告给需方（包括热轧、冷轧）
JIS G3112	热轧
SS2：Part2：1999	热轧不带后热处理与热轧带控轧控冷（生产工艺由生产者决定）

注：DIN 为德国标准；BS 为英国标准。

第9章 钢筋应用规范

9.1 概述

由于我国土木工程各行业的管理部门不同，除房屋建筑之外，（公路）交通、铁路、水工、港工、电力等行业的工程建设都由相应部委、专业行业协会管理，并编制有相关的设计、施工技术规范。对比建筑工程领域，其他行业的高强钢筋推广工作相对滞后，多数行业规范仍未列入 500MPa 钢筋品种。在管理体制相对封闭的铁路建设方面，钢筋应用仍以 HRB335 为主，400MPa 钢筋也是近年来才列入其混凝土结构设计规范。虽然其他行业的工程建设不隶属住房和城乡建设部直接管理，但建筑工程行业的应用规范对其他行业的建设规范应具有一定的指导性。建筑工程行业高强钢筋应用的经验和成果，将会带动其他行业的高强钢筋应用工作。

标准规范是建筑工程行业推广高强钢筋的基础保证条件。在建筑工程行业，涉及高强钢筋应用的标准规范主要有《混凝土结构设计规范》（GB 50010—2010）、《混凝土结构工程施工规范》（GB 50666—2011）、《混凝土结构工程施工质量验收规范》（GB 50204—2002）等国家标准。各规范在经过新一轮修订后，均纳入了 500MPa 钢筋，并从经济性、技术性等方面为高强钢筋的应用提供了完善的依据。本章主要介绍这三本建筑工程行业的高强钢筋应用规范。

行业标准《钢筋机械连接技术规程》（JGJ 107—2010）、《钢筋焊接及验收规程》（JGJ 18—2012）、《冷轧带肋钢筋混凝土结构应用技术规程》（JGJ 95—2011）也规定了部分的高强钢筋应用内容，均为专业性规定，如《钢筋机械连接技术规程》纳入了高强钢筋机械连接的技术内容、《钢筋焊接及验收规程》纳入了除 HRBF500 钢筋之外的高强钢筋等，有关行业标准本章不作详述。

9.2 《混凝土结构设计规范》

9.2.1 规范修订过程

根据原建设部建标〔2006〕77 号文的要求，由中国建筑科学研究院会同有关单位对国家标准《混凝土结构设计规范》（GB 50010—2002）进行了全面修订，修订组由 22 个单位的 31 名编委组成。修订组成立暨第一次工作会议于 2007 年 2 月 8 日召开，送审稿审查会议于 2009 年 12 月 25 日、26 日召开。2010 年 8 月 18 日，中华人民共和国住房和城乡建设部发布第 743 号公告，批准《混凝土结构设计规范》（以下简称《设计规范》）为国家标准，编号为 GB 50010—2010，自 2011 年 7 月 1 日起实施。

9.2.2 涉及高强钢筋应用的修订内容

9.2.2.1 调整了钢筋混凝土用钢种

（1）列入 500MPa 钢筋。考虑到 500MPa 级钢筋应用的实际需求，在进行大量试验研究和试点工程应用的基础上，首次在《设计规范》中列入了 500MPa 级别钢筋，并对其设计计算、配筋构造均提出了细致要求。但考虑到缺少相应的试验数据，500MPa 钢筋的疲劳设计参数仍未列入。

（2）列入细晶粒钢筋。以前期材料及结构研究为基础，纳入了 HRBF335、HRBF400、HRBF500 三种细晶粒钢筋。但考虑到细晶粒钢筋焊接的实际问题，《设计规范》提出细晶粒钢筋的焊接应经试验确定。

（3）以 HPB300 钢筋替代 HPB235 钢筋。根据国家标准《钢筋混凝土用钢 第 1 部分：热轧光圆钢筋》（GB 1499.1—2008）的规定，考虑到推广高强钢筋的需要，建筑工程中淘汰 HPB235 光圆钢筋，全面推广应用 HPB300 钢筋。

（4）保留了 RRB400 钢筋。《设计规范》保留了 RRB400 钢筋品种，但规定不宜焊接。可理解为此钢筋即为新修订的《钢筋混凝土用余热处理钢筋》（GB 13014—1991）中的不可焊余热处理钢筋 RRB400，RRB400W 钢筋虽未列入，但如有可靠焊接依据，也可应用。RRB500 钢筋由于（GB 13014—1991）产品标准修订未及时完成，暂未纳入。

钢筋强度标准值、强度设计值分别见表 9-1、表 9-2。

表 9-1 普通钢筋强度标准值

种 类	符 号	公称直径 d/mm	屈服强度 f_{yk}/N·mm^{-2}	抗拉强度 f_{stk}/N·mm^{-2}
HPB300	Φ	6 ~ 22	300	420
HRB335、HRBF335	Φ	6 ~ 50	335	455
HRB400、HRBF400、RRB400	Φ	6 ~ 50	400	540
HRB500、HRBF500	Φ	6 ~ 50	500	630

注：当采用直径大于 40 mm 的钢筋时，应经相应的试验检验或有可靠的工程经验。

表 9-2 普通钢筋强度设计值 （N/mm²）

种 类	抗拉强度 f_y	抗压强度 f_y'
HPB300	270	270
HRB335、HRBF335	300	300
HRB400、HRBF400、RRB400	360	360
HRB500、HRBF500、RRB500	435	410

注：1. 用作受剪、受扭、受冲切承载力计算的箍筋，抗拉设计强度 f_{yv} 按表中 f_y 数值取用，但其数值不应大于 360N/mm²；

2. 用作局部承压的间接配筋，以及受压构件约束混凝土配置的箍筋，抗拉设计强度 f_y 按表中数值取用。

9.2.2.2 修改了钢筋的应用范围

（1）积极推广 400MPa 级及以上强度等级的热轧带肋钢筋。《设计规范》规定构件中的纵向受力的普通钢筋宜采用 HRB400、HRB500、HRBF400、HRBF500 钢筋，也可采用 HPB300、HRB335、HRBF335、RRB400 钢筋；箍筋宜采用 HRB400、HRBF400、HPB300、

HRB500、HRBF500 钢筋，也可采用 HRB335、HRBF335 钢筋。

（2）梁、柱纵向受力普通钢筋要求采用 400MPa 级及以上等级的热轧钢筋。《设计规范》规定梁、柱纵向受力的普通钢筋应采用 HRB400、HRB500、HRBF400、HRBF500 钢筋，此规定属于"政策性"规定。主要考虑在梁、柱纵向受力钢筋中应用高强钢筋的可能性较大，经济性优势大，为促进推广高强钢筋的效果，在《设计规范》列出了此规定。

9.2.2.3 调整了抗震设防结构构件中钢筋的配筋要求

（1）扩大"抗震钢筋"的应用范围。牌号带 E 的钢筋（俗称"抗震钢筋"）应用范围扩大为"按一、二、三级抗震等级设计的框架和斜撑构件"，此规定为《设计规范》强制性条文，必须严格执行。"抗震钢筋"性能指标要求同国家标准《钢筋混凝土用钢　第 2 部分：热轧带肋钢筋》（GB 1499.2—2007）："其纵向受力普通钢筋应符合下列要求：钢筋的抗拉强度实测值与屈服强度实测值的比值不应小于 1.25；钢筋的屈服强度实测值与屈服强度标准值的比值不应大于 1.30；钢筋最大拉力下的总伸长率实测值不应小于 9%"。

虽然"抗震钢筋"的范围较 2002 版《设计规范》有所扩大，但强制性应用的仅为各类混凝土结构中的框架梁、框架柱、框支梁、框支柱及板柱-抗震墙中柱的纵向受力钢筋，还有斜撑构件（包括伸臂桁架的斜撑、楼梯的梯段）中的纵向受力钢筋，在房屋建筑中的应用比例仍不大，多是地震作用下需要形成"塑性铰"的关键部位。

（2）重要构件中推荐采用热轧带肋钢筋。抗震设防的结构中，梁、柱、支撑以及剪力墙边缘构件均为较为重要的受力部位，《设计规范》要求其受力钢筋宜采用热轧带肋钢筋。

（3）非重要受力构件中允许采用余热处理钢筋、冷加工钢筋。2002 版《设计规范》规定抗震设防结构中应采用热轧钢筋，未允许采用余热处理钢筋，考虑我国大部分地区均为地震设防，此规定相当于取消了余热处理钢筋的应用。《设计规范》修订后，考虑不同抗震要求构件对钢筋延性要求不同，对楼板、剪力墙、基础筏板等非重要构件的受力钢筋不再规定，即允许根据实际情况采用余热处理钢筋等低延性钢筋，也为合理推广余热处理钢筋提供了可能。

9.2.2.4 调整了正常使用极限状态验算（裂缝计算）的规定

2002 版《设计规范》在受弯构件裂缝计算方面的规定较为严格，同等条件下按 2002 版规范计算的受弯构件裂缝计算宽度大于国际其他国家及国内其他行业的混凝土结构规范，造成在受弯构件中应用高强钢筋往往由裂缝计算控制配筋，经济效益不明显。造成 2002 版《设计规范》存在上述问题的主要原因是以往《设计规范》的设计安全度和承载能力极限状态计算的可靠度系数均偏低，故在裂缝计算方面适当提高安全储备；以往的裂缝计算公式主要依据 HRB335、HPB235 两种低强度等级钢筋的试验参数进行拟合，配置 400MPa 级及以上等级钢筋时公式计算结果偏大。在裂缝计算方面，《设计规范》进行了如下调整：

（1）对钢筋混凝土构件，裂缝宽度计算荷载由标准组合改用准永久组合，对于办公楼、住宅等常规建筑，作用荷载约减小 15% 左右；预应力混凝土构件的抗裂验算也有所放松，取消了二级抗裂时准永久荷载下的双控条件；

（2）根据试验研究结果，钢筋混凝土受弯构件裂缝计算公式（9-1）中的系数 α_{cr} 更改为 2002 版《设计规范》的 0.9 倍，由 2.1 变为 1.9，即

$$w_{\max} = \alpha_{cr} \psi \frac{\sigma_s}{E_s} \Big(1.9 c_s + 0.08 \frac{d_{eq}}{\rho_{te}} \Big) \tag{9-1}$$

（3）对于大保护层厚度的梁，当按《设计规范》第 9.2.15 条配置表层钢筋网片的梁，最大裂缝宽度可适当折减，折减系数可取 0.7。此规定为大保护层厚度混凝土梁裂缝控制提供了一种方法。

结合荷载取值的变化，对常规建筑裂缝计算宽度大约放松了 20% ~ 25%，《设计规范》采用 400MPa、500MPa 钢筋时基本不会因为裂缝宽度计算增加配筋量，相当于直接提高了高强钢筋应用的经济性。

9.2.2.5 修改了受剪承载力计算公式

混凝土构件中的配筋主要为纵向受力钢筋和箍筋（也称横向钢筋），纵向受力钢筋的配筋量由正截面承载力计算确定，箍筋配筋量则主要由斜截面承载力计算确定，其中受剪承载力是最主要的斜截面承载力计算模式。《设计规范》修订后的普通钢筋混凝土梁受剪承载力计算公式如（9-2），其中由箍筋提供的剪力项由 2002 版《设计规范》的 $1.25 f_{yv} \dfrac{A_{sv}}{s} h_0$ 修订为 $f_{yv} \dfrac{A_{sv}}{s} h_0$，主要是考虑我国规范受剪承载力计算的安全度低于国际水平，适当增加安全度。此变化将降低同等箍筋配置条件下的受剪承载力，将增加箍筋用量，并有利于高强钢筋作为箍筋使用。

$$V_{cs} = \alpha_{cv} f_t b h_0 + f_{yv} \frac{A_{sv}}{s} h_0 \tag{9-2}$$

9.2.2.6 调整了钢筋的混凝土保护层厚度规定

钢筋的混凝土保护层厚度主要是为了保护钢筋，防止锈蚀，以满足设计使用年限内的耐久性要求。《设计规范》修订后，钢筋的混凝土保护层厚度应符合表 9-3 的规定。表中混凝土保护层由 2002 版《设计规范》的按纵向受力钢筋考虑改为按最外层钢筋（即箍筋）考虑，主要原因是考虑混凝土耐久性问题并从钢筋锈蚀的机理角度出发。此变化对一般情况下保护层厚度基本不变，但对恶劣环境下大幅增加了混凝土保护层厚度。保护层厚度增加会导致构件截面尺寸相同条件下有效高度（h_0）减小，相同情况下会增加配筋量，有利于高强钢筋的应用。

表 9-3　混凝土保护层的最小厚度 c　　　　　　（mm）

环境等级	板、墙、壳	梁 柱	环境等级	板、墙、壳	梁 柱
一	15	20	三 a	30	40
二 a	20	25	三 b	40	50
二 b	25	35			

注：1. 混凝土强度等级不大于 C25 时，表中保护层厚度数值应增加 5mm；
　　2. 钢筋混凝土基础宜设置混凝土垫层，基础中钢筋的混凝土保护层厚度应从垫层顶面算起，且不应小于 40mm。

9.2.2.7 完善了钢筋锚固构造规定

钢筋与混凝土的黏结锚固性能是钢筋混凝土结构受力的基础，在设计中最直接的参数就是钢筋锚固长度。《设计规范》中钢筋锚固长度的基本规定如公式（9-3），基本锚固长度与钢筋的抗拉强度 f_y 成正比，与混凝土抗拉强度 f_t 成反比。

$$l_{ab} = \alpha \frac{f_y}{f_t} d \tag{9-3}$$

应用高强钢筋之后,钢筋的锚固长度会增加,不仅会增加钢筋用量,在某种情况下还会增加构件的截面(如框架结构的中间层梁柱端节点,柱子截面往往由梁纵向受力钢筋锚入柱子的长度决定)。《设计规范》采取了两项解决高强钢筋锚固问题的措施:

(1)按公式(9-3)中锚固长度计算时混凝土强度允许计算强度由 2002 版《设计规范》的 C40 提高为 C60,高强混凝土与高强钢筋搭配使用时可有效减小锚固长度;

(2)增加了新型的机械锚固形式,机械锚固的计算系数由 0.7 修订为 0.6。

9.2.2.8 修改了构件最小配筋率规定

混凝土结构的配筋数量除由计算决定外,还要考虑各种构造要求。最小配筋率就是影响配筋数量的最主要构造要求,其规定的着眼点是不能在混凝土结构中配置数量过少的钢筋,以避免发生脆性破坏(配筋过少的受弯构件会导致混凝土开裂后很快就破坏,而正常的受弯构件混凝土开裂后会经历多个受力阶段的延性破坏)或构件延性过低(配筋过少的构件承受低周反复荷载的能力较差)。最小配筋率一般规定构件中配筋面积(体积)与构件面积(体积)的最小比值,最小配筋率的数值一般与混凝土抗拉强度 f_t 成正比,与钢筋抗拉强度 f_y 成反比,并一般采用计算公式和绝对数值双控的规定。

高强钢筋主要应用于各类受弯构件中,板类受弯构件最小配筋率的规定直接影响高强钢筋应用的经济性。《设计规范》经修订后,板类受弯构件(不包括悬臂板)当采用 400MPa、500MPa 钢筋时,其受拉钢筋最小配筋百分率修订为 max(0.15,$45f_t/f_y$),其中固定数值由 2002 版《设计规范》的 0.20 改为 0.15,有利于提高 400MPa、500MPa 钢筋在楼板中应用的经济性,促进小直径高强钢筋的应用。

9.3 《混凝土结构工程施工规范》

9.3.1 规范编制过程

按原建设部建标〔2007〕125 号文的要求,由中国建筑科学研究院会同有关单位编制国家标准《混凝土结构工程施工规范》,编制组由 22 个单位的 29 名编委组成。编制组成立暨第一次工作会议于 2008 年 1 月 28 日、29 日召开,送审稿审查会议于 2010 年 7 月 23 日、24 日召开。2011 年 7 月 29 日,中华人民共和国住房和城乡建设部发布第 1110 号公告,批准《混凝土结构工程施工规范》(以下简称《施工规范》)为国家标准,编号为 GB 50666—2011,自 2012 年 8 月 1 日起实施。

《施工规范》的编制,实际上将我国多年实施的国家标准《混凝土结构工程施工质量验收规范》(GB 50204)一分为二,施工过程控制内容均在《施工规范》中表达,而《混凝土结构工程施工质量验收规范》(GB 50204)今后将只规定工程验收的内容。两本规范互相配合,未来将作为指导混凝土结构工程施工的主要标准规范,也将是高强钢筋在工程中应用的主要依据。

9.3.2 涉及高强钢筋应用的主要内容

9.3.2.1 积极推广成型钢筋

成型钢筋指采用专用设备,按规定尺寸、形状预先加工成型的普通钢筋制品。应用成型钢筋可减少钢筋损耗且有利于质量控制,同时缩短钢筋现场存放时间,有利于钢筋的保护。《施工规范》条文规定"钢筋工程宜采用专业化生产的成型钢筋",提倡采用专业化生产的成型钢筋,主要是根据国家产业政策的要求,从节约钢筋的角度出发的。虽然钢筋的采用主要由设计图纸确定,但施工单位在具体工程实施过程中仍可通过设计变更等方式推广成型钢筋。

成型钢筋的专业化生产不同于传统的钢筋集中加工,应在专门场地采用自动化机械设备进行钢筋调直、切割和弯折,其性能应符合现行行业标准《混凝土结构用成型钢筋》(JG/T 226—2011)的有关规定。成型钢筋进场时,应检查成型钢筋的质量证明文件、成型钢筋所用材料的质量证明文件及检验报告,并应抽样检验成型钢筋的屈服强度、抗拉强度、伸长率和重量偏差。检验批量可由合同约定,同一工程、同一原材料来源、同一组生产设备生产的成型钢筋,检验批量不宜大于 30t。

9.3.2.2　明确钢筋代换的规定

当施工中因钢筋采购或局部钢筋绑扎、混凝土浇筑困难等原因需要进行钢筋代换时,应经设计单位确认并办理相关手续。高强钢筋的应用也会涉及钢筋代换。《施工规范》中强制性条文规定"当需要进行钢筋代换时,应办理设计变更文件",主要考虑钢筋代换包括钢筋品种、级别、规格、数量等的改变,涉及结构安全。《施工规范》强制的内容主要是办理涉及变更文件的行为过程必须执行。

钢筋代换应按国家现行相关标准的有关规定,考虑构件承载力、正常使用(裂缝宽度、挠度控制)及配筋构造等方面的要求,不宜用光圆钢筋代换带肋钢筋。应按代换后的钢筋品种和规格执行《施工规范》对钢筋加工、钢筋连接等的技术要求。

9.3.2.3　在规定范围内强制应用"抗震钢筋"

根据国家建筑钢材质量监督检验中心对国内部分钢筋生产企业检验数据统计,常规生产的 400MPa、500MPa 级热轧带肋钢筋(牌号不带 E 的钢筋)中只有部分可完全满足"纵向受力钢筋抗拉强度实测值与屈服强度实测值的比值不应小于 1.25、屈服强度实测值与屈服强度标准值的比值不应大于 1.30、最大拉力下的总伸长率实测值不应小于 9%"三项指标要求,调研国内主要钢筋生产企业反馈的信息也与该统计结果相符。钢筋产品标准 GB 1499.2—2007 在 2009 年完成的 1 号修改单对"抗震钢筋"提出了表面轧有专用标志的要求,钢筋生产企业为满足三个指标要求,专门生产了 HRB335E、HRB400E、HRB500E、HRBF335E、HRBF400E 和 HRBF500E 六种"抗震钢筋"。在此之后,牌号不带 E 的普通钢筋能够满足三个指标的可能性进一步降低。

由于普通热轧钢筋符合三个指标的保证率较低,常规进场检验抽样方法无法准确判断整批钢筋性能是否能够满足三个指标要求,故《施工规范》规定不允许采用。《施工规范》对规定范围内(按一、二、三级抗震等级设计的框架和斜撑构件)强制要求采用"抗震钢筋",是为了避免因钢筋进场检验不符合三个指标造成损失,也为了防止不合格钢筋抽检合格造成的错用。

考虑到"抗震钢筋"在生产成本方面的增加,要鼓励钢筋生产企业积极组织抗震钢筋的生产。在工程建设中可将牌号"抗震钢筋"作为普通热轧钢筋采用,反之则不允许,故"抗震钢筋"将在今后的高强钢筋的应用中占有一定比例。

9.3.2.4　积极推广焊接封闭箍筋

焊接封闭箍筋可靠性好,可节约钢筋用量,是《设计规范》推荐使用的箍筋形式,在

《钢筋焊接及验收规程》（JGJ 18—2012）有详细的施工操作和验收规定。焊接封闭箍筋应用宜以闪光对焊为主。采用气压焊或单面搭接焊时，应注意最小直径适用范围，单面搭接焊适用于直径不小于 10mm 的钢筋，气压焊适用于直径不小于 12mm 的钢筋。批量加工的焊接封闭箍筋应在专业加工场地并采用专用设备完成。

9.3.2.5 增加机械锚固规定

弯钩或机械锚固措施是减小带肋钢筋锚固长度的有效方式。钢筋锚固板是近年来发展起来的新型商品化钢筋机械锚固措施，其具有安装快捷、质量及性能易于保证、锚固性能好等优点，可用作框架梁柱节点处钢筋锚固，简支梁支座、梁或板的抗剪钢筋锚固以及桥梁、水工结构、地铁、隧道、核电站等各类混凝土结构工程的钢筋锚固等。钢筋锚固板工程应用可执行行业标准《钢筋锚固板应用技术规程》（JGJ 256—2011）。

9.3.2.6 提出钢筋进场检验批量扩大的条件

《施工规范》对符合限定条件的产品进场检验作了适当调整，规定"经产品认证符合要求的钢筋，其检验批量可扩大一倍。在同一工程中，同一厂家、同一牌号、同一规格的钢筋连续三次进场检验均一次检验合格时，其后的检验批量可扩大一倍"。这里的"经产品认证符合要求的钢筋"系指经产品质量认证机构认证，认证结论为符合认证要求的产品。产品质量认证机构应是经国家技术监督局认证认可的监督管理部门批准成立的。以上规定主要是为了对成熟产品减少检验，以促进节约，此项规定在《混凝土结构工程施工质量验收规范》（GB 50204）修订后也将纳入。

9.4 《混凝土结构工程施工质量验收规范》

9.4.1 局部修订过程

主编单位中国建筑科学研究院根据住房和城乡建设部标准定额司建标标函〔2010〕68号文件要求，组织开展了钢筋施工和验收的技术规定的研究，并对国家标准《混凝土结构工程施工质量验收规范》（GB 50204—2002）进行局部修订。2010 年 12 月 20 日，中华人民共和国住房和城乡建设部发布第 849 号公告，批准《混凝土结构工程施工质量验收规范》（以下简称《验收规范》）局部修订的条文，《混凝土结构工程施工质量验收规范》（GB 50204—2011）自 2011 年 8 月 1 日起实施。

《验收规范》的全面修订工作已经开展，修订组已于 2011 年 6 月 30 日、7 月 1 日成立，目前修订工作正在进行中。

9.4.2 涉及高强钢筋应用的局部修订内容

9.4.2.1 钢筋进场增加重量偏差检验

考虑到建筑钢筋市场普遍存在负偏差钢筋的实际情况，为了便于从源头上控制钢筋的质量，规范钢筋市场，《验收规范》增加了钢筋进场重量偏差检验项目，并列为强制性条文。

9.4.2.2 "抗震钢筋"应用

"抗震钢筋"应用内容与《施工规范》同。

9.4.2.3 增加了钢筋调直后的检验规定

《验收规范》局部修订后增加了钢筋调直后，要求二次检验力学性能和重量偏差的规定。此规定中推荐采用无延伸功能机械调直方法，此种情况下无需二次检验，可以直接使用。但对于冷拉调直或者经有延伸功能调直机调直的钢筋，则需要增加一次力学性能和重量偏差检验。检验力学性能是为了保证钢筋性能合格，检验重量偏差是为了保证钢筋的配筋量在合理范围内。

9.5 小结

在《设计规范》、《施工规范》和《验收规范》完成修订、编制后，对高强钢筋生产、应用的主要影响有如下几点：

（1）应用技术规范积极推广高强钢筋，为全面应用400MPa、500MPa级钢筋提供了技术支持，并在部分范围（梁、柱纵向受力普通钢筋）内"淘汰"了HRB335钢筋，应受得钢铁生产企业的重视。钢铁企业应提前做好400MPa、500MPa级钢筋生产的设备改造和技术储备，做好停产HRB335钢筋的准备工作。

（2）HPB235钢筋不再应用，转而应用HPB300钢筋，各应用部门和企业应做好准备。今后的Q235盘条建筑工程直接应用较少（但交通、铁路、水工等工程暂时还会应用），应予以注意。HPB300钢筋的最小直径应为6mm，生产单位和使用单位都不要"坚守"6.5mm直径不放。

（3）在HPB300钢筋应用的过渡期，生产单位和使用单位都应为小直径高强钢筋的应用做好过渡准备。

（4）将"抗震钢筋"单独作为一个钢种对待，生产上确保"纵向受力钢筋抗拉强度实测值与屈服强度实测值的比值不应小于1.25、屈服强度实测值与屈服强度标准值的比值不应大于1.30、最大拉力下的总伸长率实测值不应小于9%"三项技术指标，应用上做好采购与检验。结合销售，做好与用户的沟通工作，避免双方误会而造成损失。

（5）加强重量偏差控制，避免负偏差超标影响钢筋进场，造成不良工程影响和经济损失。

（6）钢筋生产企业可适时进行产品认证，提高产品竞争力。

（7）有条件的企业可考虑进入成型钢筋配送行业。

第 10 章 钢筋产品质量

近三十年来，热轧带肋钢筋产品质量状况与行业技术进步同步，钢筋生产企业的工艺装备水平普遍有了很大的提升，质量管理水平不断提高，质量意识逐步增强，企业以强化质量保证体系来提高产品实物质量；同时，我国对钢筋产品实行生产许可证管理和实施产品质量国家监督抽查制度，利用行政许可的法律作用，贯彻落实国家的产业政策，淘汰落后工艺装备，从而为保证产品质量提供有力保证，促进了热轧带肋钢筋质量水平的稳定提高。近年来，我国钢筋产品出口范围包括东南亚、南美、非洲等地区。

10.1 热轧钢筋换发证情况

截至 2012 年 3 月 23 日，取得热轧钢筋生产许可证企业共 527 家，其中热轧带肋钢筋企业 363 家，有炼钢工序的 167 家，仅有轧钢工序的 196 家；热轧光圆钢筋企业 350 家，有炼钢工序的 154 家，仅有轧钢工序的 196 家。

10.1.1 热轧带肋钢筋和热轧光圆钢筋企业取证情况

取得热轧带肋钢筋和热轧光圆钢筋生产许可证的生产企业 186 家；仅取得热轧带肋钢筋生产许可证的生产企业 177 家；仅取得热轧光圆钢筋生产许可证的生产企业 164 家。

10.1.2 热轧钢筋生产企业按工艺分类

取得热轧钢筋生产许可证的企业中，有炼钢、轧钢工序的企业 212 家，仅有轧钢工序的企业 302 家，仅有炼钢工序的企业 13 家。

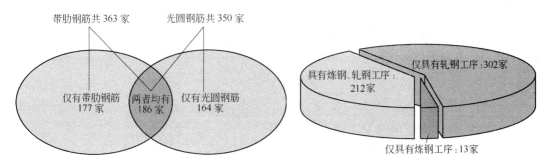

图 10-1 热轧带肋钢筋和热轧光圆
钢筋企业取证状况

图 10-2 热轧钢筋取证企业按生产能力分类

10.1.3 热轧钢筋企业按牌号分类

取得 HRB335 牌号的企业 353 家，HRB400 牌号的企业 305 家，HRB500 牌号的企业

67 家。

取得 HRB335E 牌号的企业 100 家，HRB400E 牌号的企业 116 家，HRB500E 牌号的企业 55 家。

取得细晶粒热轧带肋钢筋生产许可证的企业 3 家。

取得 HPB235 牌号的企业 347 家，HPB300 牌号的企业 155 家。

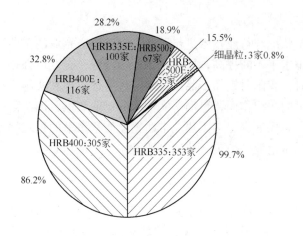
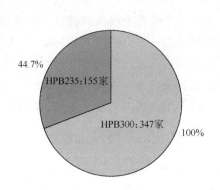

图 10-3　热轧带肋钢筋各牌号
企业取证状况

图 10-4　热轧光圆钢筋各牌号
企业取证状况

10.2　我国热轧钢筋整体质量状况

我国钢筋从质量监督抽查与市场调查的情况看，质量逐年提高，虽然存在一些问题，由于采取了相应的措施，取得了有效的改进。

10.2.1　抽查结果总体分布

1985 年钢筋产品列入首批国家产品质量监督抽查计划，并一直延续至今。最近的五次国家监督抽查结果见表 10-1、图10-5。由表 10-1 可以看出，2008～2011 年，热轧带肋钢筋合格率虽然存在着一定的起伏，但是近三年保持在95%左右，对应的抽查企业产品加权合格率统计均为98%以上，表明该产品总体质量较为稳定。

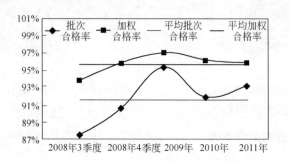

图 10-5　2008～2011 年热轧带肋钢筋抽查合格率对比

表 10-1 2008~2011 年热轧带肋钢筋抽查情况

时 间	企业数	总批次数	合格批次数	批次合格率/%	抽查产品年销售额加权合格率/%
2008 年 3 季度	115	115	101	87.83	95.82
2008 年 4 季度	36	36	33	91.67	98.33
2009 年	90	90	88	97.78	99.89
2010 年	45	45	42	93.33	98.80
2011 年	80	80	76	95.00	98.46
总 计	366	366	340	92.90	98.12

　　图 10-5 为 2008~2011 年全国热轧带肋钢筋各次抽查批次合格率及加权合格率与平均批次合格率及平均加权合格率的对比图。由图 10-5 可以看出，2008 年 3 季度的批次合格率及加权合格率均低于平均批次合格率及平均加权合格率，2009 年之后的批次合格率及加权合格率均高于平均批次合格率及平均加权合格率。这是因为，随着经济、社会发展，政府与民众提高了安全意识，对产品质量也日益重视，相关部门加大了对热轧带肋钢筋检查力度也促使了钢筋合格率的上升，基本保持相对较高的合格率。总体来说，抽查结果表明，近年来钢筋产品质量稳中有升。

10.2.2 分规模、分地区统计分析

　　对近五次抽查进行分规模、分省市统计，如表 10-2 和表 10-3 以及图 10-6 和图 10-7 所示。可以看出，不同规模企业产品抽样合格率及年销售额加权合格率（以下简称"加权合格率"）都大于相应的批次合格率，大中小型企业产品抽样合格率呈阶梯排列，大型企业的产品抽样合格率较高，小型企业的抽样合格率和加权合格率较低。

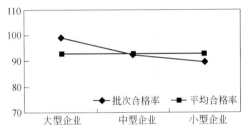

图 10-6 2008~2011 年热轧带肋钢筋
抽查规模企业合格率对比

表 10-2 2008~2011 年热轧带肋钢筋不同规模企业对比情况

企业类型	企业数/家	总批次数	总批次数所代表的年销售额/亿元	合格批次数	批次合格率/%	抽查产品年销售额加权合格率/%
大型企业	105	105	8089.67	104	99.05	99.69
中型企业	91	91	1515.31	84	92.31	92.99
小型企业	156	156	788.26	140	89.74	92.59
总 计	366	366	10456.9	340	92.90	98.12

表 10-3　2008～2011 年热轧带肋钢筋分规模、分省市抽查情况

区 域	省 份	大型企业		中型企业		小型企业	
		抽查企业 /家	批次合格率 /%	抽查企业 /家	批次合格率 /%	抽查企业 /家	批次合格率 /%
华东	山东	22	100.00	14	92.86	7	85.71
	江苏	23	100.00	13	76.92	23	95.65
	安徽	4	100.00	4	100.00	5	80.00
	江西	2	100.00	1	100.00	3	100.00
	福建	3	100.00	13	100.00	7	85.71
	上海	0	—	1	100.00	6	83.33
	浙江	0	—	2	100.00	18	88.89
华中	河南	4	100.00	5	100.00	3	66.67
	湖北	3	100.00	3	100.00	10	80.00
	湖南	1	100.00	1	100.00	2	100.00
华南	广西	3	100.00	2	50.00	12	75.00
	广东	4	100.00	3	100.00	6	100.00
华北	北京	1	100.00	0	—	0	—
	天津	0	—	3	100.00	3	66.67
	河北	13	100.00	11	100.00	31	96.77
	山西	9	88.89	3	66.67	3	100.00
	宁夏	0	—	0	—	4	75.00
西北	陕西	1	100.00	2	100.00	1	100.00
	甘肃	0	—	2	100.00	0	—
	青海	0	—	0	—	1	100.00
西南	四川	3	100.00	0	—	5	100.00
	云南	2	100.00	0	—	4	100.00
	贵州	1	100.00	2	100.00	0	—
东北	辽宁	5	100.00	6	83.33	0	—
	吉林	1	100.00	0	—	2	100.00
总　计		105	99.05	91	92.31	156	89.74

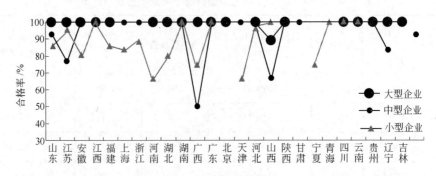

图 10-7　2008～2011 年热轧带肋钢筋分规模、分省市抽查合格率示意图

由表10-3和图10-7可以看出，近几年中，除了山西有一家大型企业不合格之外，其他各个地区的大型企业所生产的热轧带肋钢筋产品全部合格。大型企业钢筋产品的平均批次合格率为99.05%，保持一个较高的水平。中型企业钢筋产品的平均批次合格率为92.31%，比大型企业的合格率低6.74个百分点。部分省市如广西和山西的中型企业钢筋合格率较低，明显小于平均合格率。小型企业钢筋产品的平均批次合格率为89.74%，比大型企业的合格率低9.31个百分点。不同地域之间小型企业的产品质量控制水平存在一定差距，这与当地的经济水平及产业环境有一定的关系。

10.2.3 不合格质量项目统计分析

2008～2011年全国热轧带肋钢筋抽查不合格项目统计见表10-4。由表10-4可以看到，热轧带肋钢筋国家监督抽查不合格项主要包括重量偏差、化学成分、尺寸及外形、力学及工艺性能、表面标志等项目，涉及了产品的每一项检测内容。在5次抽查过程中，其中有4次抽查过程出现重量偏差、化学成分项目不合格，有3次出现尺寸及外形项目不合格，有2次出现力学及工艺性能、表面标志项目不合格。需要说明的是，有些企业所生产的钢筋不止出现1项不合格，可能会出现2～3项不合格。

表 10-4　2008～2010 年热轧带肋钢筋产品国家监督抽查批次不合格情况

抽查时间	总批次数	不合格产品批数	批次不合格率/%	不合格因素				
				重量偏差	化学成分	尺寸及外形	力学、工艺性能	表面标志
2008 年 3 季度	115	14	12.20	3/14	2/14	8/14	—	4/14
2008 年 4 季度	36	3	8.35	2/3	—	—	—	2/3
2009 年	90	2	2.20	1/2	1/2	—	—	—
2010 年	45	3	6.70	2/3	1/3	2/3	1/3	—
2011 年	80	4	5.00	—	2/4	1/4	1/4	—
总　计	366	26	7.10	8/26	6/26	11/26	2/26	6/26

2008～2011年全国热轧带肋钢筋抽查批次不合格率与项目分布情况如图10-8所示，该图显示每年度重量偏差、尺寸外形、化学成分项不合格项目占当年不合格项目数比重。由图可以看出，2008年3季度的批次不合格率较高，2009年之后的不合格率低于平均水

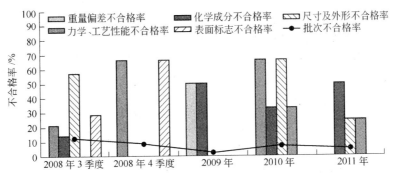

图 10-8　2008～2011 年抽查批次不合格率与重点项目分项不合格率示意图

平。不合格项目中，重量偏差项目持续所占比例较高，但2011年未出现该项目不合格。尺寸外形项目所占比重较高，出现频率较低。化学成分项目所占比重较低，出现频率较高。

10.2.4 不合格质量项目原因分析

重量偏差是指钢筋实际重量与理论重量的允许偏差，部分中、小型企业不按标准规定组织生产，超负偏差轧制，严重影响了抽样合格率。同时，重量偏差不合格也可能会导致尺寸及工艺、力学性能不合格。表10-5是近几年对热轧带肋钢筋的国家抽查不合格统计结果，由此看出抽查重量偏差是最主要的不合格项。重量偏差超出标准值最低的为 -14.30%，最高的高达 -180%，多数超出标准值 -20% ~ -40% 的范围。

表10-5 2006~2011 年国家热轧带肋钢筋监督抽查中因重量偏差不合格的统计情况

抽查时间	抽查不合格企业/家	重量偏差不合格企业/家	占不合格企业比例/%	超出标准值范围/%
2006 年	5	2	40	-25 ~ -40
2007 年 1 季度	12	9	75	-20 ~ -50
2007 年 2 季度	9	6	66.7	-20 ~ -175
2008 年 3 季度	14	3	21.4	-20 ~ -60
2008 年 4 季度	3	2	66.7	-14.30 ~ -40
2009 年	2	1	50	-42.8
2010 年	3	2	66.7	-42.8 ~ -180
2011 年	4	0	0	

造成这种现象的原因主要是：

（1）市场竞争激烈，企业为了降低生产成本，采取不正当的手段来提高效益，在管理上按重量偏差下限组织生产，造成重量偏差成为主要的不合格项；

（2）企业为迎合中间商的要求，追求利润最大化，刻意生产负偏差和超负偏差产品；

（3）重量偏差项目未列入建筑工地抽检项目中，是超负偏差产品能存在的原因之一。

历次国家监督抽查十分重视重量偏差，数据显示，近年来，重量偏差不合格的数量逐年下降，2011年抽查结果未出现重量偏差不合格项，说明了近年来将重量偏差作为重点检查项目取得了较好的成果。

尺寸及外形不合格主要表现为肋间距、横肋高及内径，钢筋的外形影响钢筋与混凝土的黏结力。造成此现象的主要原因为：生产企业为了节约成本，普遍按内径负偏差组织生产，易造成内径、横肋高偏小，肋间距偏大的情况。另一方面，部分企业的产品质量管理意识较低，未能使用符合标准的轧辊及严格执行换辊换槽制度。

化学成分主要表现为 C、P、S 含量超标。钢中含 C 量增加，塑性和冲击性降低，钢材的焊接性能变差，冷脆性和时效敏感性增大，耐大气锈蚀性下降；含 P 愈高，冷脆性愈大，冷脆使钢材的冷加工及焊接性变坏；S 含量愈高，热脆现象愈严重，降低钢材的各种力学性能，也使钢材的可焊性、冲击韧性、耐疲劳性和抗腐蚀性等均降低。钢中含 C 量增加有助于屈服点和抗拉强度的升高，有些企业为了保证屈服点和抗拉强度，C 含量就容易超标。另外，P、S 含量超标主要是在炼钢过程中控制得不严或没有严格执行钢坯验收制度造成的。

力学性能主要为屈服强度不合格，除化学成分、尺寸、重量偏差会对力学及工艺性能造成影响之外，炼钢、连铸及轧制过程控制不当也是力学性能不合格的原因之一。

表面标志不合格项，主要是由于产品标准修订，企业管理没有及时跟进。

10.3　我国抗震钢筋整体质量状况

抗震结构要求使用具有抗震性能的钢筋，即在建筑物受到地震波冲击时，可延缓建筑物断裂发生时间、避免建筑物在瞬间整体倒塌，从而提高建筑物的抗震性能。因此在抗震结构中，理想的钢筋性能应有一个较长的屈服平台，有很好的延性，同时钢筋实际屈服强度相对于屈服强度标准值不宜过高，如图 10-9 所示。

《钢筋混凝土用热轧带肋钢筋》（GB 1499.2—2007）标准发布实施后，我国冶金生产企业，通过设备改造、工艺改进、技术创新等各项努力，开展技术攻关，提高产品质量，研发抗震钢筋，取得了很好的效果。据统计，获抗震钢筋 HRB335E、HRB400E、HRB500E 钢筋许可证的厂家以大中型企业为主，各牌号分别占获证企业总

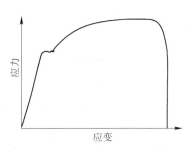

图 10-9　抗震钢筋的应力-应变曲线

数的 15%、17%、9%。随着《混凝土结构设计规范》（GB 50010—2010）的颁布，抗震钢筋用量将会逐步增大，申请生产抗震钢筋的企业也正在增加。从企业的装备来看，大部分钢铁企业具备生产抗震钢筋的能力。

自 2008 年汶川大地震之后，提高建筑物抗震性能的问题就已经引起了政府和企业的高度重视，抗震钢筋也日益得到广泛重视。国家建筑钢材质量监督检验中心统计了近 3 年几千个抗震钢筋产品检测数据，具体统计见表 10-6。以 HRB335E 的 R_{eL} 数据为例做统计分布图见图 10-10。由表 10-6 的数据和图 10-10 可以看出，我国抗震钢筋产品的各项主要指标稳定，完全满足标准要求，实物质量处于较高的水平。

表 10-6　抗震钢筋力学性能检验数据统计

力学性能（平均值）	HRB335E	HRB400E	HRB500E
R_{eL}/MPa	389	470	580
R_m/MPa	557	619	710
R_m°/R_{eL}°	1.44	1.31	1.32
R_{eL}°/R_{eL}	1.15	1.12	1.07
$A_{gt}/\%$	17.5	14.2	13.1

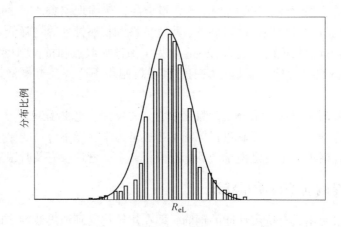

图 10-10 HRB335E 钢筋的 R_{eL} 数据统计分布直方图

10.4 我国高强钢筋质量状况

近三十年来，热轧带肋钢筋生产设备与工艺技术水平取得了很大的飞跃，多数大中型生产企业的生产装备达到世界一流水平，是产品质量提高的有力支撑。目前我国生产和使用以普通热轧 335MPa 级非抗震（简称 HRB335）钢筋数量最多，该牌号约占市场总量的 60% 以上，400MPa 级钢筋的比重约 30% ~ 40%，500MPa 级钢筋的比重较少。

随着近年来国家产业政策的导向，高强钢筋逐渐在我国推广使用。高强抗震钢筋生产技术也已处于世界先进水平。因此，我国钢筋产品总体水平较好，在国际市场上也具有价格优势。国家建筑钢材质量监督检验中心统计了近三年来几万个高强钢筋产品检测数据，各牌号高强钢筋产品的力学性能数据平均值见表 10-7。以 HRB400 的 R_{eL} 数据为例做分布，如图 10-11 所示。由表 10-7 的数据以及图 10-11 可以看出，我国钢筋产品的各项主要指标稳定，集中度较高，且呈正态分布。

表 10-7 高强热轧带肋钢筋力学性能数据统计（平均值）

力学性能	HRB400	HRB500
R_{eL}/MPa	465	543
R_m/MPa	629	703
A/%	24.1	23.1

在推广应用高强钢筋的同时，会出现部分企业为降低生产成本以达到产品具有较高强度的效果，用余热处理钢筋代替普通热轧钢筋交货的新问题。余热处理钢筋和普通热轧钢筋相比，强度级别相同，但成本较低，其使用部位、适用连接方式都有明显区别，如果采用一定量的余热处理钢筋代替普通热轧钢筋，虽然会节约数量可观的合金资源，但若未按照相应的操作规程使用将带来安全隐患。

综合以上分析：引起不合格的项目中，重量偏差和尺寸外形两项比例较大；在出现不合格产品的企业中，中小企业占绝大多数。部分中小企业，由于质量意识、技术水平的不

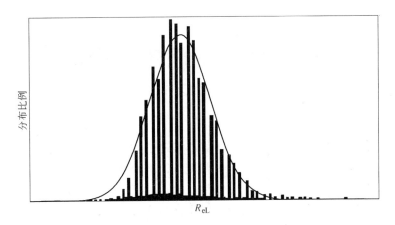

图 10-11 HRB400 屈服强度 R_{eL} 统计分布直方图

足，质量有待提高。

2009 年及以后逐年的抽查合格率均高于 2008 年，国家监督抽查始终将热轧带肋钢筋产品质量作为抽查重点，促进了钢筋产品质量的稳定提高。

针对钢筋产品存在的问题，2011 新版的《混凝土结构工程施工质量验收规范》（GB 50204—2002）和《钢筋混凝土用钢 第 2 部分：热轧带肋钢筋》（GB 1499.2—2007）第 1 号修改单的颁布实施，为提高产品质量提供了标准依据。抗震钢筋及高强钢筋的生产、推广使用是政府主管部门、建筑设计部门、施工单位、钢筋生产企业面临的新课题。

第 11 章 钢筋生产设备

目前，我国在钢筋轧制生产线中，已基本实现了主要工序主体装备国产化，棒、线材生产线主体装备已达到国际先进水平。新型国产高刚度轧机、悬臂式辊环轧机、精密轧制设备、各类控制冷却装置、各类飞剪机、锯切装置、多种结构类型的冷床等装备广泛应用于国内外轧钢生产线，基本取代了同类进口产品，为国家冶金工业发展做出了突出贡献。

目前轧制高强钢筋的企业大都采用高刚度轧机，这类轧机一般具有比较大的轧制力能参数和轧制精度。特别是近年新增棒、线材生产线，粗轧、中轧区高刚度轧机（短应力线轧机、CCR 轧机等）逐步取代传统的闭口牌坊式轧机，这正是由于棒、线材产品升级、新工艺需求和新型轧机的技术进步等因素共同作用而产生的必然结果。

在轧制小规格螺纹钢筋（盘螺）方面，国产高速线材装备的技术进步明显，已替代大部分进口装备。国产顶交重载精轧机组日趋完善，终轧速度已突破 100m/s 大关，达到世界先进水平，小时产量可达 120t，轧线自动化水平稳定可靠。

在钢筋轧制生产线上，高性能飞剪机已广泛应用，基本取代了进口产品。经我国冶金工程技术人员多年的努力，已开发出机型齐全、功能先进的各类飞剪机系列产品。特别是进入 21 世纪以来，针对高等级螺纹钢筋生产线所开发出的低温倍尺飞剪、高速飞剪等已达到国际先进水平并投入了实际应用。

长材轧制生产线的辅助设备均已实现国产化。开发了多种控制冷却线、多种结构形式的冷床、盘卷收集设备和直条收集设备。这些装置功能齐全、结构先进、使用可靠、自动化程度高，满足了我国长材轧制以高产、高效为特点的快节奏的生产需求。

从我国目前的生产现状来看，规格 $\phi 12 \sim 50mm$ 的螺纹钢筋多在小型棒材生产线上生产，轧机配置一般为小型的二辊轧机，$\phi 5.5 \sim 16mm$ 的螺纹钢筋在高速线材生产线上生产，两者的产品覆盖面有一定的重叠。本章节主要介绍我国在这类生产线上常用的主流轧制装备。

11.1 棒材轧机及辅助设备

11.1.1 棒材轧机

短应力线轧机是一种无牌坊轧机，这种轧机结构与传统的牌坊式轧机不同，通过轧机两个轴承座的四根拉杆来承受轧制力，这种新型布置，使轧制应力环线比传统轧机的环线更短，受力件的面积更大，负荷也相对均匀。通过轧机拉杆位置的优化可以保证轴承座具有较高的刚度，减小轧机和轴承座的变形。

短应力线轧机的主要特点包括：轧机应力回线短、刚性高，保证了产品的高精度，容易实现负公差轧制；能实现辊缝的对称调整，操作稳定，提高了导卫装置寿命；能实现线外调整组装，快速整体更换，提高了作业率；与相同规格的轧机相比较，短应力线轧机的重量较轻，整机外形尺寸较小，机架间距小，因此在作业线长度和厂房高度上都有节省投资的潜力。

当前，短应力线轧机正沿着提高轧机刚度、增加轧机小时产量、提高轧机利用系数、生产组织灵活、操作方便以及提高产品尺寸精度和提高力学性能的方向发展。国内外的著名钢铁设备供应商围绕这些方面做了大量的研究工作，推出了不少新机型，如达涅利公司GCC轧机、波米尼公司RR/HS轧机、西马克公司HL轧机、中冶京诚ZJD轧机、中冶赛迪NHCD轧机、中冶设备院SY轧机等。上述设备结构各有所长，但缩短轧机应力回线的目的是一致的。

达涅利公司GCC短应力线轧机，每个机型的辊径范围覆盖比较大，采用反挂式碟簧平衡装置，球面的防轴窜系统，横拉式横梁结构，轧机刚性好。

波米尼公司RR/HS短应力线轧机，在红圈轧机的基础上，进行了结构上的改进，采用中间式弹性胶体平衡装置，弧形面的防轴窜系统，每个机型的辊径范围不大，整体稳定性好。

西马克公司HL短应力线轧机类似达涅利机型，采用反挂式螺旋弹簧平衡装置，平面防轴窜系统，每个机型的辊径范围不大。

中冶京诚ZJD、中冶赛迪NHCD、中冶设备院SY以及其他国内短应力线轧机设备厂家，都是在基于达涅利、波米尼轧机的模型上，融入了各自的元素，开发研制出了全国产化、全系列的短应力线轧机，轧机的技术水平与国外机型相差无几。下面就以中冶京诚ZJD第五代高刚度短应力线轧机为例，介绍短应力线轧机的性能参数及结构特点。

表11-1所列为中冶京诚ZJD第五代高刚度短应力线轧机的性能参数，该机型主要用于棒材、线材、型材的连轧机生产线的粗、中、精轧区。图11-1为水平轧机机列图，由轧机本体、接轴托架、水平轧机底座、机架锁紧装置、机架横移装置及传动装置组成。图11-2为立式轧机机列图，由轧机本体、接轴托架、立式轧机底座、机架锁紧装置、机架提升装置、轧机换辊装置及传动装置组成，其中轧机本体、机架锁紧装置与水平式可以完全互换。

表 11-1 短应力线轧机性能参数

轧机型号参数		9280	8268	7860	6850	5741	4532	3628
开口度 /mm	最大（无负荷）	930	830	800	700	590	460	370
	最大（负荷）	920	820	780	680	570	450	360
	最小（负荷）	800	680	600	500	410	320	280
辊身长度/mm		1200	1200	1000	800	700	650	500
单边最大轧制力/kN		6400	4400	3100	2800	2200	1300	1000
轴承座平衡方式		蝶形弹性阻尼体/蝶形弹簧						
机架横移量/mm		±400	±400	±360	±280	±265	±280	±225
轴向调整量/mm		±4	±4	±3	±3	±3	±3	±3

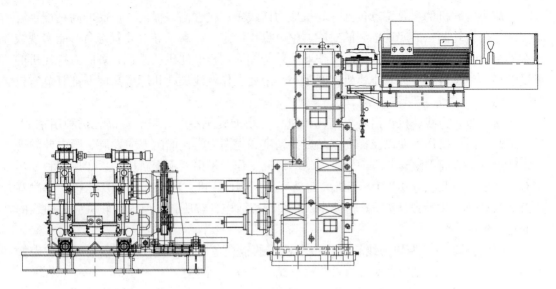

图 11-1 水平轧机机列

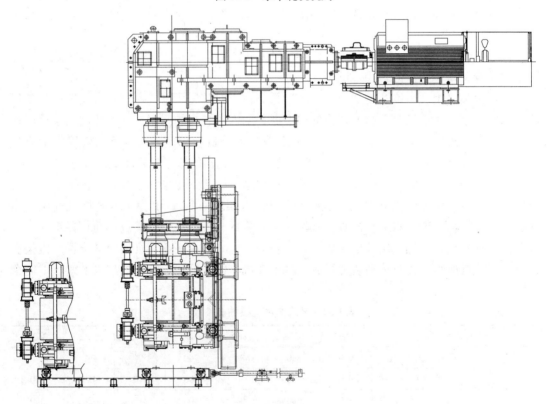

图 11-2 立式轧机机列

  轧机本体由拉杆装置、轧辊装配、压下装置、导卫梁、轧机机座等组成，如图 11-3 所示。

11.1.1.1 拉杆装置

  短应力线轧机因为没有牌坊，其轧制力由四根拉杆承担。拉杆结构如图 11-4 所示，

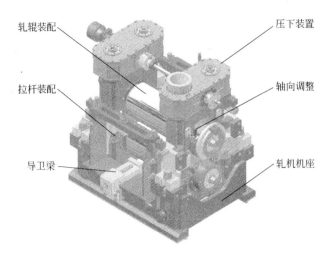

图 11-3　轧机本体

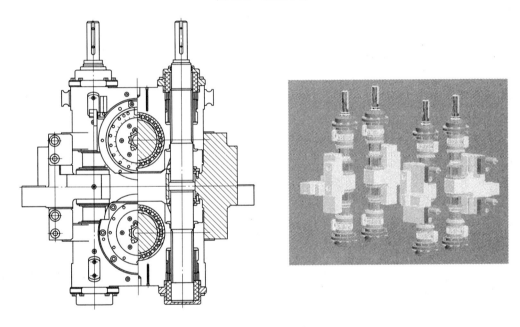

图 11-4　轧机拉杆装置

在拉杆的中部装有中间支撑块，起支撑整个轧机本体的作用。拉杆穿过上下轴承座，拉杆上装有调整螺母、球面垫、定位套等。拉杆上下分别为左右旋的梯形螺纹，梯形螺纹外侧为碟形弹性胶体，对轧辊起到平衡作用。当拉杆转动时，上下轴承座作相对运动，实现轧辊中心距同步相对调整，轧制线保持不变。球面垫具有自动调心作用，保证轧辊轴承受力良好。

11.1.1.2　轧辊装置

轧辊两侧由四列圆柱滚子轴承承受径向载荷，推力滚子轴承承受轴向载荷，通过万向接轴传递力矩。轧辊结构如图 11-5 所示，上辊的轴向调整机构由手动转动蜗杆带动蜗轮进行轴向调整，调整量为 ±3mm，满足孔槽的错位。在轴承座的端部外侧设置球面的防止

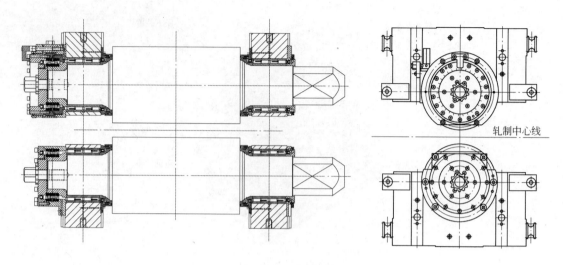

图 11-5　轧机轧辊装置

轴向窜动机构，与机座和支撑块配合保证了轧机的轧制精度。

11.1.1.3　压下装置

压下装置装在拉杆装配的四根拉杆的顶部，压下结构如图 11-6 所示，采用蜗杆-蜗轮-齿轮装置转动四根拉杆，在拉杆正反向螺纹副的作用下，上下轧辊相对于轧制线对称调节。轧机两侧的压下装置可以单独调整。也可以两侧同步调整。压下装置在传动侧由液压马达驱动进行快速调节，也可以在操作侧进行手动精调，压下量由刻度盘显示。

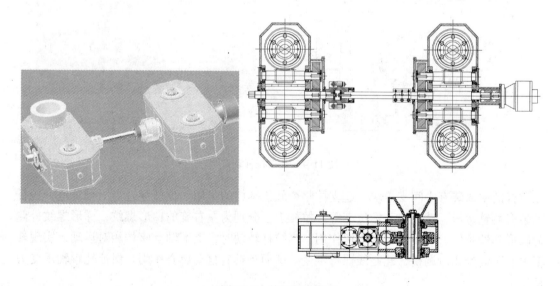

图 11-6　轧机压下装置

11.1.1.4　轧机导卫梁

轧机导卫梁安装在机架中间的支撑块上，如图 11-7 所示，整体焊接框架式结构。导卫梁的升降通过两侧的调整丝杆来完成。导卫座的横移是通过导卫座下面的丝杆来完成

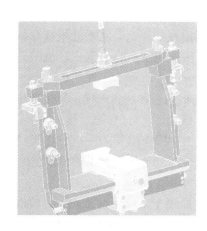
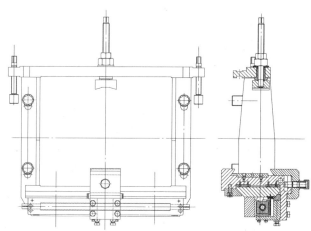

图 11-7　轧机导卫梁

的。导卫梁的中间设有一个压紧装置，可以从顶部将导卫盒压住，正面用燕尾板将导卫盒压紧在燕尾槽中。上下轧辊的配水管通过导卫梁进入。

11.1.1.5　轧机机座装置

轧机机座装置由钢结构焊接而成，短应力线轧机主体装配整合放置其上，机架和底座之间用活接螺栓-螺母固定在一起；底座下部设有滑板，放置在轧机底座上，可沿底座滑动；也可采用液压螺母紧固连接。

11.1.1.6　接轴托架

传动接轴设有接轴托架，如图 11-8 所示，以便换辊时支撑接轴。为了使传动接轴与轧辊连接的万向节始终处于水平位置（有利于换辊操作），万向节由接轴托架内滚动轴承支撑，并在轴承内转动，托架轴承座设有平衡装置，允许接轴可在一定范围内浮动，保证上下接轴相对同步运动，并可停留在任意位置，而中心线始终与轧制线保持一致。接轴托架和轧机本体之间用液压连接销连接在一起，连接销由液压缸插上或打开。接轴托架由轧机横移装置或提升装置移动，从而带动轧机本体移动。水平托架有链条，立式托架没有链条。

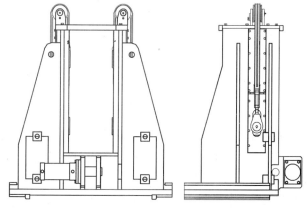

图 11-8　轧机接轴托架

11.1.1.7　轧机底座装置

轧机底座装置由焊接钢结构件加工而成，用地脚螺栓固定在基础上，轧机底座可在其上滑动，底座前后共设四个锁紧装置，用以将轧机本体固定在底座上。水平轧机横移装置（立式轧机的提升装置）固定在底座上，水平轧机一般采用液压缸横移。立式轧机的升降装置一般有两种形式：

（1）采用液压缸升降，这种方式结构简单，和水平轧机的横移装置一样，只是液压系统要考虑平衡和锁紧系统，防止系统故障时轧机因自重下落；

（2）采用螺旋升降机升降，左右各一台丝杆升降机，中间用轴串联在一起，由齿轮电机或液压马达带动，升降丝杆具有自锁性能，确保机构安全可靠和更换孔槽的位置准确。

11.1.1.8　立式轧机换辊装置

立式轧机的换辊车位于轧机下方，车架上有定位孔，换辊车由液压缸传动。更换机架时，由升降装置将机架下降放到换辊车上，液压缸将旧机架推出，由天车将旧机架吊走，将新机架吊到换辊车上，液压缸再将新机架拉入。

11.1.1.9　轧机锁紧装置

轧机锁紧装置固定在轧机底座上，对轧机本体进行固定。结构形式有机械式、碟簧锁紧液压打开式和液压锁紧液压打开式等。

11.1.1.10　轧机传动装置

轧机传动装置由接轴、减速机、联轴器和电动机组成，接轴有万向接轴和鼓形齿接轴两种形式；减速机有平抛及立抛减速机；联轴器一般采用鼓形齿联轴器。

该型短应力线轧机的机型全面，辊径范围覆盖多，轧机刚度高，稳定性好，产品精度高。同时采用了反挂式弹性胶体平衡装置、自适应的球面防轴窜装置、框架式的轴向预紧导卫梁以及多重保护型密封系统等多项先进的专利技术。

11.1.2　辅助设备

以下介绍 ZJD 轧机螺纹棒材生产线的各类剪切机、冷床等主要辅助设备。

11.1.2.1　剪切机

在现代长材轧制生产线上，由于轧件在轧制过程中头尾产生缺陷及要求对轧件的分段剪切和满足成品定尺的要求，需要相应的切断设备对轧件进行头尾剪切和分段。主要切断的方式有剪切、锯切、火焰切割等。目前广泛应用的剪机分为停剪和飞剪，其中停剪主要用于大断面轧机连轧前的切头和成品定尺剪切等，飞剪广泛用于连轧线的切头尾、事故碎断、倍尺剪切、定尺剪切等；锯机包括金属锯和砂轮锯，主要用于中大规格型材生产线的定尺切断；火焰切割设备目前仅用于一小部分大断面异形坯的切断，因其效率低，已逐步被剪机取代。

A　飞剪

飞剪是将轧件在运行状态下剪断的。飞剪动作快，精度高，结构紧凑，装设在连续式轧机的轧制作业线上，在现代化轧钢车间中得到了广泛的采用，是现代连续轧钢生产线上的关键设备之一。

根据生产工艺的要求，通常会在轧线的粗轧区、中轧区，精轧区和收集区各布置一台飞剪，分别用来切头、切尾、事故碎断、倍尺和定尺剪断。飞剪机的特点是能横向剪切运

动中的轧件,对它的基本要求是:

(1) 飞剪机的生产率必须与轧机生产率相协调,能够保证轧机的生产率充分发挥;

(2) 剪切时,剪刃在轧件运动方向的分速度应与轧件运动速度保持一定的关系,保证在剪切过程中,轧件不弯曲也不被拉断;

(3) 按照轧制工艺的要求剪切长度,使长度尺寸公差与剪切断面符合国家有关规定。

飞剪的型式有多种,经常使用的有曲柄连杆式飞剪、回转式飞剪、组合式飞剪、圆盘式飞剪、摆式飞剪等。

B 停剪

停剪是轧件在轧线上处于静止状态下将其剪断的。停剪剪切吨位大,剪切断面平整,一般放置在轧线的收集区用来剪切冷态钢,做定尺成品剪。

棒材在轧线上经过粗轧区、中轧区、精轧区轧制成成品之后,然后上冷床冷却,空冷后的轧件温度为300℃左右,轧件下冷床之后被编组成排,输送到停剪区将排钢剪切成定尺。所以收集区剪切定尺的停剪又称为冷停剪或者冷剪。

冷停剪位于冷床出口辊道之后,用于对成品棒材的定尺剪切,一般由清尾装置、冷剪机列、收集装置等设备组成,其布置图如图11-9所示。

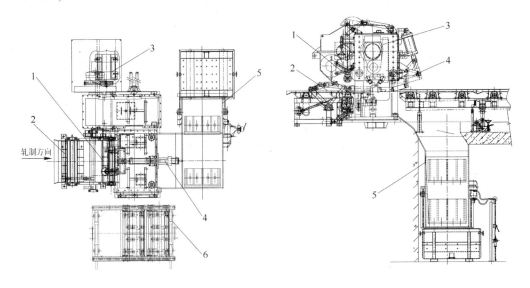

图 11-9 冷停剪布置图

1—入口压辊;2—清尾装置;3—冷停剪机列;4—对齐挡板;5—收集装置;6—换刀架小车

冷停剪通常按照剪切吨位大小进行区分,常见规格有:13000kN、12000kN、10000kN、8500kN、4500kN、4000kN、3500kN、2500kN 等规格,一般根据车间轧机生产能力选择合适的剪切吨位。

我国早期使用的冷停剪主要靠引进技术和设备,随着不断消化吸收国外技术和创新,国产冷停剪设备逐步成熟,目前剪切能力12000kN以下的冷停剪基本均为国产装备。

国内轧钢厂的设计产能一般为 80 万吨/年左右,主要使用的冷停剪吨位通常为8500kN 左右,该型冷停剪(见图11-10)采用偏心轴带动上刀架上切式结构,一台电动机通过皮带轮带动冷停剪机输入轴上的气动离合器转动,当离合器接合时,输入轴通过两级减速带动偏心轴转动，偏心轴通过滑架带动上剪刃上下运动，旋转一周完成一次剪切动作。每剪切一次均通过气动离合器/制动器来完成，电机为连续工作制。

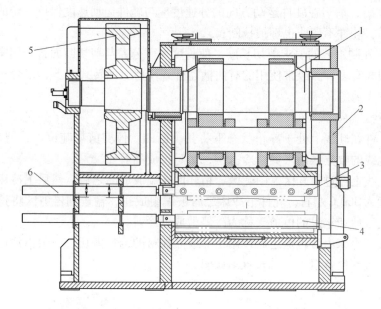

图 11-10　冷停剪结构图

1—偏心轴；2—箱体；3—上刀板；4—下刀板；5—传动齿轮；6—液压缸

剪切定尺时，定尺机定尺挡板处于下位，棒材撞击挡板对齐后，入口导向辊下降压住棒材，冷剪后摆动辊道下降，制动器打开，离合器合上，电动机通过皮带驱动齿轮及偏心轴完成剪切，上剪刃重又回到上位，离合器脱开，制动器制动，冷剪后摆动辊道升起，定尺机定尺挡板升起，棒材继续往前输送，完成一次定尺剪切动作。

清尾装置对棒材尾料进行清理，动作由液压缸执行，清尾辊道具有辊道提升动作，辅助冷停剪剪切。

换刀架小车是独立于冷剪本体外的单独设备，位于冷剪正前方，与冷剪内锁紧缸配合使用满足安全、可靠、快速更换刀片的生产要求，其操作简单方便，提高了生产效率。

冷剪收集装置由料筐、溜槽、气动挡板组成，切下的头、尾沿溜槽落入收集筐内。

C　曲柄连杆式飞剪

曲柄连杆式飞剪由于其剪切断面大，剪切质量好，广泛应用于型钢车间及棒线材轧钢车间，在棒线材车间主要用来切头、切尾、倍尺及碎断。曲柄连杆式飞剪在机构设计过程中要求：

（1）上下剪刃的运动轨迹应该满足给定的封闭曲线，保证两剪刃有一定的开口度和重合度；

（2）为了保证工艺质量，在剪切过程中，剪刃尽可能始终保持垂直于轧件表面；

（3）在剪切过程中，剪刃的水平分速度与轧件运行速度尽可能相等。

曲柄连杆式飞剪通常采用电动机直接启停式工作制度。曲柄式飞剪机由箱体、减速齿轮、刀架、导槽等组成（图 11-11），减速齿轮直接放置在箱体内部，不单独配置减速箱，结构设计紧凑。在飞剪剪切时，电动机通过减速齿轮，将动力传递到剪切四连杆机构，这时固定在刀架上的剪刀随曲柄作近乎垂直于轧件的剪切动作，因而可以获得较高的剪切质量，但由于其存在不均衡质量，因此剪切速度不能太高。同时剪机的高速轴上还可以配置飞轮来提高飞剪的剪切能力。目前国内常用的曲柄式飞剪按照剪切吨位分 3300kN、1600kN、1250kN、1200kN、800kN、600kN、400kN 等。

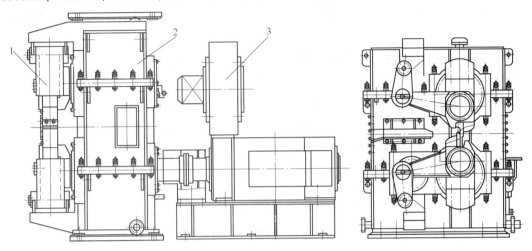

图 11-11　曲柄连杆式飞剪机

1—刀架装配；2—箱体装配；3—传动装置

曲柄连杆式飞剪由于具有好的剪切断面和大的剪切力等优点，所以还经常使用在收集区用于冷态棒材成品定尺剪。由中冶京诚公司开发的龙门式 LFJ-450 冷飞剪（图 11-12）也是采用了曲柄连杆结构。

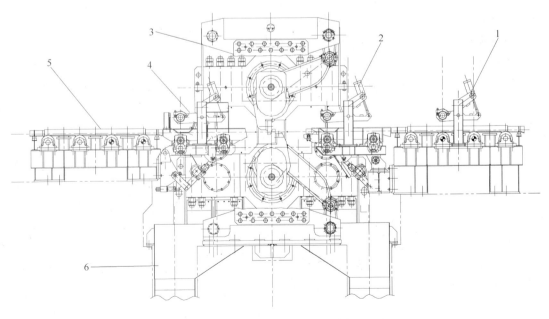

图 11-12　LFJ-450 曲柄式冷飞剪布置图

1—入口辊道；2—入口压辊；3—冷飞剪机列；4—出口压辊；5—出口辊道；6—收集装置

LFJ-450冷飞剪的剪机本体为整体结构，刀架安装在龙门架内，曲轴为双支点支撑，能承受大剪切力；传动系统为齿轮传动，两台直流电机并联传动；机架采用焊接结构；剪机采用启停工作制。

剪机入口、出口均设有压辊装置，以防止剪切时轧件的弹跳。

输入辊道、输出辊道上各安装有四根电磁辊，使被剪棒材紧贴辊面，以保证剪切精度。

输入辊道也可采用磁性链结构，这样能够满足冷飞剪在使用当中，起到稳定棒料，保证剪切精度的功能。

收集装置由料筐、溜槽、导向槽组成，切下的头、尾沿导向板落入收集筐内。

冷飞剪机适用于棒材、小型轧钢车间的最终产品的定尺剪切。和冷停剪相比，可实现轧件运行中剪切，生产效率高、占地小等优点。一台剪切力为4500kN的冷飞剪其生产能力与一台10000kN冷停剪相当。

冷飞剪机布置于棒材、小型轧钢车间的冷床与收集区之间，剪机的输入、输出辊道分别与冷床输出辊道和收集区运输辊道衔接，正常生产时对由冷床输出的成品轧材进行定尺剪切。冷飞剪由剪机本体、传动电机、前后压辊、输入辊道、输出辊道及切头收集装置等组成。

曲柄式冷飞剪机为启停工作制。在轧件连续输送过程中进行飞剪机定尺剪切，其剪切效率与以往的定尺剪机相比有明显的提高。冷飞剪机的最短定尺长度为6m，剪切ϕ25mm以下的棒材时使用平剪刃，剪切ϕ25mm（含）以上的棒材、型钢时使用相应孔型剪刃。使用孔型剪刃时，需同时更换与孔型剪刃相配的压辊及箅条。

D 回转式飞剪

回转式飞剪的工作原理是上下剪刃固定在做圆周运动的剪臂上，剪臂在电动机的驱动下做旋转运动，旋转的剪刃将来料剪断。

回转剪结构相对简单，由箱体、减速齿轮、刀架和导槽组成，如图11-13所示。由于回转剪运动轨迹为一圆形，剪切轧件断面有斜切口，断面质量一般，但是由于其整机惯量小，减小了启动负荷，更适应较小断面且高速运行的轧件的剪切。国内现有的回转式飞剪

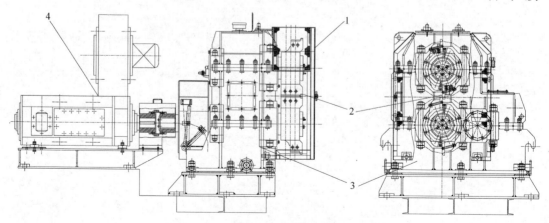

图11-13 回转式飞剪机

1—保护罩；2—剪刃装配；3—箱体装配；4—传动装置

其剪切速度最高可达到 20m/s 以上。

回转剪的高速轴也可以通过配置飞轮来提高飞剪的剪切能力，并且回转剪在剪臂上可以做成双剪刃或者多剪刃结构，以达到碎断长度更短的效果，因为短的废料更方便收集和处理。

E 组合式飞剪

由于飞剪在剪切时要保持速度与轧件大致相同，故飞剪需要不同的回转半径来匹配不同的轧件速度，我们一般在速度范围大于 3 倍的时候选择组合式飞剪。所谓组合式飞剪就是同时具备曲柄剪切模式和回转剪切模式的飞剪机。这种曲柄/回转组合式飞剪一般用于轧件的倍尺剪切，对即将上冷床的轧件分段剪切，得到成倍于定尺长度的剪切长度。因此这种组合式飞剪也被称为倍尺飞剪。倍尺飞剪一般要求剪切的规格范围大，速度范围大，而且随着国内轧钢工艺的发展，多切分轧制和控轧控冷工艺的广泛应用，轧件在经过穿水冷却后，表面的温度低，低温倍尺飞剪应运而生。现以中冶京诚公司开发的低温高速倍尺飞剪为例对组合式飞剪结构加以说明。

如图 11-14、图 11-15 所示，低温高速倍尺剪主要由飞剪保护装置，入口、出口导槽，飞剪本体，飞剪传动，飞剪机上润滑系统五部分组成。

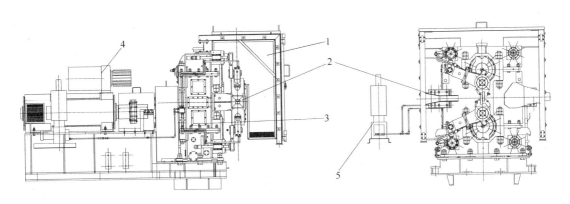

图 11-14 低温高速倍尺飞剪机列图

1—飞剪保护装置；2—入口、出口导槽；3—飞剪本体；4—飞剪传动；5—飞剪机上润滑系统

飞剪机采用电机启停式工作制，电动机通过鼓形齿联轴器带动剪机传动轴转动，传动轴上的齿轮通过一个介轮传动上剪轴的齿轮，同时传动轴上的齿轮与下剪轴的齿轮相啮合，从而带动上下剪刃转动，每剪切一次均由电动机直接启、制动来完成。飞剪机有两套刀体结构，分别用于曲柄剪切模式和回转剪切模式。在剪机的传动轴上装有离合式飞轮，在剪切低速、大断面时将飞轮接合以加大剪切能力。

该型低温高速倍尺飞剪的剪切力可达 650kN，轧件速度范围为 1.8~18m/s。它采用了曲柄/回转组合式结构，该飞剪配置两套刀架，一套为曲柄刀架，另一套为回转刀架。当剪切速度低于 8m/s 时，采用曲柄剪切模式，此时剪轴上安装曲柄刀架；当剪切速度高于 8m/s 时，采用回转剪切模式，此时剪轴上安装回转刀架。两套刀架的剪切中心线重合，并配置有刀架快速更换装置，简化更换步骤，操作省时省力。两种剪切模式均可在一定速度范围内带飞轮剪切，以提高剪切能力。剪机与电机间的手动钳盘式制动器在飞剪机检修

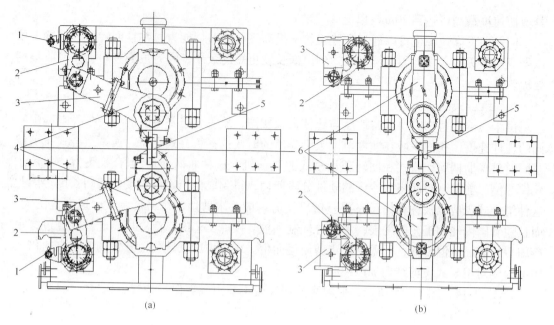

图 11-15　飞剪机的两套刀体结构

(a) 曲柄剪模式；(b) 回转剪模式

1—悬挂装置；2—摆杆；3—连杆；4—曲柄刀架；5—刀片；6—回转刀架

时进行制动，以保证检修人员的安全。

F　圆盘式飞剪

圆盘式飞剪的剪切机构是由固定在上下剪轴上的一对做连续圆周运动的圆盘组成，圆盘外圆固定有剪刃，剪切时，通过剪前的转辙器将轧件摆到剪切中心线上，旋转的剪切将轧件剪断，剪切完毕后，再由转辙器将轧件摆到轧制中心线上（图 11-16）。由于飞剪是连续运转的，要求剪前的转辙器动作要快，精准。

圆盘式飞剪的剪切速度高，一般剪切的轧件速度在 25m/s 以上，而目前国外有些剪机速度能够达到 120m/s 左右。但是，圆盘式飞剪剪切断面小，剪切断面的质量较低。飞剪的圆盘刀架上可以固定一对剪刃，甚至多对剪刃，剪刃对数多能够减小碎断长度，但是在切头时对剪前的转辙器要求的动作更快。圆盘式飞剪剪机本体的结构相对简单，可是由于飞剪本身的高速度，对飞剪前后的辅助设备要求高，往往采用伺服系统来控制导槽的位置。

G　摆式冷飞剪

摆式飞剪由于其剪切吨位大，剪切速度

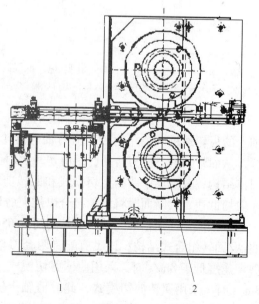

图 11-16　圆盘式飞剪机示意图

1—转辙器；2—高速飞剪

低，可用在粗轧区做切头剪，在棒材车间又常常设在冷床出口，做成品剪。

摆式飞剪按照剪切吨位大小，可分为：4500kN、3500kN、3250kN、2800kN 等多种规格。

摆式飞剪的传动系统是由连续运转的电机通过带飞轮的减速机、气动离合器和制动器驱动偏心轴，剪切时通过控制气动离合器和制动器配合来完成飞剪的剪切动作。摆式飞剪的原理如图 11-17 所示，其布置如图 11-18 所示。

国内生产线上主要引进的摆剪是双偏心对切式摆式飞剪，剪切机构由偏心轴挂在固定机座上，剪切机构上部由偏心轴带动，剪切机构下部由曲柄连杆带动，并于剪切的同时摆动而构成摆式飞剪。

飞剪的剪切传动：两直流电机并联-主减速机-双偏心曲轴剪切机构。飞剪的摆动传动：直流电机-减速机-曲柄连杆机构。

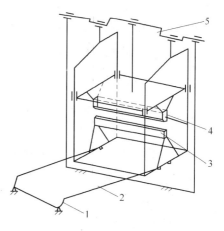

图 11-17 摆式飞剪原理图
1—曲柄；2—连杆；3—下剪刃；
4—上剪刃；5—偏心轴

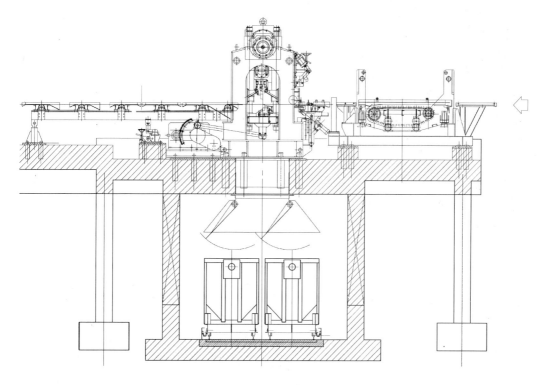

图 11-18 摆式飞剪布置图

摆式飞剪放置在成品区，作为定尺飞剪具有剪切中轧件不停止，剪切断面平整，剪切断面大，剪切精度高，适应轧线节奏的特点，其剪切效率与以往的定尺剪机相比有明显的提高。

11.1.2.2 棒材冷床

冷床是直条长材生产线必不可少的重要设备，用来均匀冷却轧件，同时具备矫直功能。

根据冷却轧件类型、冷床在轧线布置位置以及冷却要求的不同，冷床的结构形式会有很大不同，所需达到的功能也不尽相同。

根据轧件类型冷床可分为圆钢冷床、方钢冷床、钢管冷床、型钢冷床、厚板冷床等。

根据轧线布置位置冷床可分为布置在定尺区前的倍尺冷床和布置在定尺区后的定尺冷床。

根据驱动方式的不同冷床可分为电动冷床和液压冷床。

以上主要是按适用范围及功能划分冷床，但按其结构形式划分，冷床又可分为步进式齿条冷床、链式冷床、步进梁式冷床、步进式辊齿冷床、滚盘冷床等几种结构形式。

根据所轧制型材类型、轧制速度、轧制材料及工艺要求的不同正确选择冷床类型及合理配置相关上下料设备是最终成品品质的重要保证。

在棒线材轧钢车间，特别是螺纹钢筋生产车间，电动步进式齿条冷床是适用范围最宽且应用最为广泛的一种冷床结构形式。下面以国内应用较多的普通小型棒材冷床、高速棒材冷床为例介绍其特点、结构及布置方式。

A 普通小型棒材冷床

此类冷床结构及配置常见于轧件速度不高于 18m/s 的棒材生产线，是我国小型棒材生产线最常用的冷床结构形式，其结构见图 11-19，以下介绍其主要组成装置。

a 冷床上钢装置

该类型冷床采用带制动板输入辊道形式上钢装置，位于轧线分段剪后，实现轧件的输送及分钢上料功能。制动板式结构形式能够满足最高 18m/s 成品轧制速度生产线的棒材分钢上料功能。制动板的升降主要采用液压驱动或电机驱动两种传动方式，图 11-19 所示为液压驱动传动方式；电机驱动制动板结构见图 11-20。

液压驱动制动板升降结构形式，设备结构简单、重量轻，制造及安装相对容易简单，便于维护，投资成本低，但设备振动较大。电机驱动制动板升降结构形式，设备较复杂，制造、安装复杂且对于维护要求较高，但设备振动较小。

图 11-20 中的拉杆 4 要求通水冷却以防止变形。

b 冷床本体

冷床入口设置矫直板以利于轧件的矫直，出口设对齐辊道用于轧件对齐。冷床本体采用电机驱动偏心轮旋转以实现齿条步进，同时主传动轴上安装配重以减小电机功率（图 11-21）。

小规格棒材由于断面较小故冷却较快，冷床长度较短，一般为 12.5m 左右；为保证产量，需采用倍尺冷床，故宽度方向较长，一般在 120m 左右。

偏心轮偏心距为 e，当主传动轴动作时，偏心轮转动，在支撑轮的配合下，整个冷床活动部分（包括动齿条），按半径为 e 的圆周步进动作，达到将定齿条齿槽上的棒材托起步进横移到下一齿槽上。冷床步进分等齿步进和不等齿步进两种，等齿步进即偏心轮偏心距 e 等于二分之一齿条齿距；不等齿步进指偏心轮偏心距 e 小于二分之一齿条齿距。小棒冷床、型钢冷床一般为等齿步进；中棒、大棒、方钢冷床为不等齿步进，主要为达到轧件在冷床步进的过程中翻转的目的。

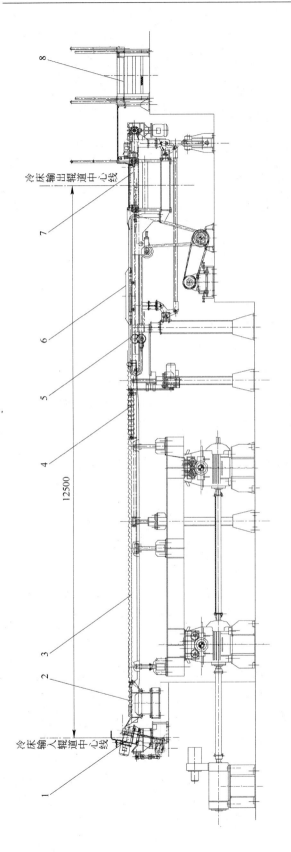

图 11-19 普通小型棒材冷床剖面图

1—带制动板输入辊道；2—矫直板；3—冷床本体；4—对齐辊道；5—排布链式运输机；6—升降小车链式运输机；7—输出辊道；8—走台盖板

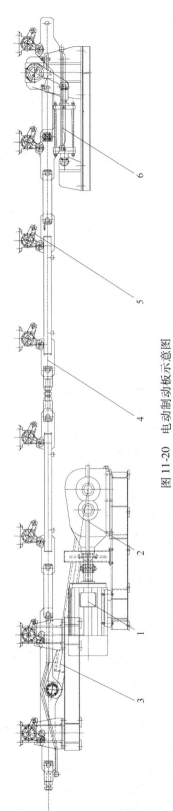

图 11-20 电动制动板示意图

1—电机；2—减速机；3—驱动杆；4—拉杆；5—驱动曲柄；6—平衡气缸

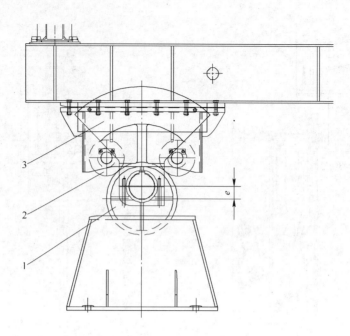

图 11-21　偏心轮步进机构
1—偏心轮；2—支撑轮；3—配重

配重用于平衡冷床活动设备（包括辊箱、动梁、动齿条等）对于主传动轴的力矩。在实际设计时，配重一般都多配一些，一般情况下按照配重产生的力矩等于冷床活动设备及最小负载对传动轴所产生力矩和的原则。

冷床的传动通过电机驱动双包络蜗轮蜗杆减速箱，进而驱动主传动轴的形式。小棒冷床为倍尺冷床，其宽度较长，根据冷床宽度沿轧线方向在冷床中间布置一个或多个冷床传动装置。

冷床末端一般设有对齐辊道，用于对齐轧件。对齐辊道为带有 6 ~ 8 齿槽的槽型辊组成，其齿槽数由轧件速度计算得出，一般小棒冷床设 8 齿槽的对齐辊道。

c　冷床下料装置

如图 11-19 所示，冷床下料装置主要由排布链式运输机、升降小车链式运输机、输出辊道等组成。排布链式运输机用于承接冷床本体输送来的轧件并将其编组排布，当接满一组轧件后由升降小车链式运输机托起并横移到输出辊道上，输出辊道将轧件向后输送。

B　高速棒材冷床

高速棒材冷床用于轧件速度高于 18m/s 的棒材生产线，其结构形式如图 11-22 所示。该结构冷床可以满足轧件速度最大 40m/s 的高速棒材生产线。

高速棒材冷床与普通的小型棒材冷床的主要区别是上钢装置。对于轧件速度高于 18m/s 的高速棒材，制动板式上钢装置就不太适用了，一般采用转鼓式冷床上钢装置（图 11-23）。

转鼓式冷床上钢装置需要与制动夹送辊配合使用，制动夹送辊位于冷床前端，夹紧轧件尾部以达到对轧件制动的目的，当轧件在转鼓中制动后（转鼓轧件输入位），转鼓转动，将轧件转动到到轧件输出位置，依靠重力，轧件从转鼓中落到冷床矫直板上。

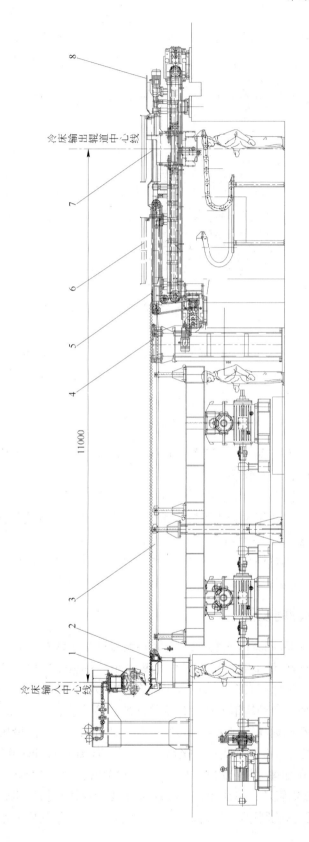

图 11-22 高速棒材冷床剖面图

1—转鼓上钢装置；2—矫直板；3—冷床本体；4—对齐辊道；5—排布链式运输机；
6—升降小车链式运输机；7—输出辊道；8—走台盖板

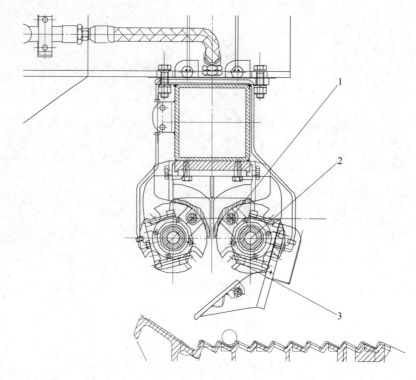

图 11-23　转鼓示意图

1—轧件输入位；2—转鼓本体；3—轧件输出位

高速棒材冷床的冷床本体、冷床下料装置，其设备功能完全与普通的小型棒材冷床相同，具体结构略有不同而已，不再赘述。

高速棒材生产线在国内较少，主要有以下原因：

（1）高速棒材生产线主要用于生产小规格直条棒材以提高产量，虽然其直条棒材质量较线材要高，但相对于高速线材生产线在产量上没有优势；

（2）高速棒材的冷床上钢机构是高速棒材生产线的关键技术，主要由德国西马克、意大利达涅利等公司所掌握，国内没有该类型产品，导致建设成本较高。

11.2　高速线材轧机及辅助设备

直径范围 $\phi 5.5(4.5) \sim 25\text{mm}$，以成卷方式供货的钢材称之为线材（wire rod）。线材在热轧产品中是单重（kg/m）最小的钢材，因为其断面小，在热轧过程中热损失大，也因为断面小，小时产量低。为保证其有足够的变形温度和有较高的生产率，线材生产必需高速度。为提高轧钢生产率，各种轧钢方法：包括热连轧、冷连轧、厚板生产、无缝钢管轧机、长材轧机等都在不断地提高轧制速度，但唯以线材轧机的速度提高最快。

1966 年 10 月美国摩根公司设计制造的无扭精轧机（No-Twist Finishing Mill）和斯太尔摩（Stelmor）控制冷却线在加拿大钢公司成功投产。这种 10 机架集体传动，轧辊与地面呈 45°交替布置，悬臂碳化钨辊环，单线无扭转轧制为主要特征线材精轧机，首次将线材轧制速度提高至 45m/s。随着轧制速度的提高，轧件的温降小，并与其后的水冷线和斯太尔摩控制冷却线相结合，从而可使用更重的坯料，生产效率高，生产尺寸 $\phi5.5mm$ 的线材，产品的尺寸精度高，表面质量好，头尾尺寸和性能均匀。从 20 世纪 60 年代至今的 50 多年中，线材轧制技术和装备的进步一直是围绕无扭精轧机为核心进行，终轧速度逐渐提高，目前达到了 120m/s。

线材的粗轧和中轧机与小型轧机无异，下面分别介绍线材轧机的核心部分：预精轧机、精轧机、夹送辊、吐丝机、冷却线等。

11.2.1　高速线材轧机

11.2.1.1　线材预精轧机

线材无扭精轧机出现的早期，许多厂商只将它用于精轧，即在有扭转轧制的粗轧、中轧机组后，直接安装 10 机架无扭精轧机。摩根公司引导线材轧机设计和轧制技术发展的新潮流，将无扭转轧制的概念向前推进，设计了与无扭精轧机相似的悬臂式 6 机架预精轧机，向全球用户推广。全球用户很快接受了"线材预精轧机"的新概念，使线材预精轧机成为线材轧机核心技术不可分割的组成部分。

A　预精轧机的功能及要求

高速无扭线材精轧机组是以机架间轧辊转速比固定、通过改变来料尺寸和不同的孔型系统、以微张力连续轧制的方法生产诸多规格线材产品的。这种工艺装备和轧制方式决定了精轧的成品的尺寸精度与轧制工艺的稳定性有紧密的依赖关系。实际生产情况表明精轧 6～10 个道次的消差能力为来料尺寸偏差的 50% 左右，即要达到成品线材断面尺寸偏差不大于 $\pm0.1mm$，就必须保证预精轧供料断面尺寸偏差值不大于 $\pm0.2mm$。如果进入精轧机的轧件沿长度上的断面尺寸波动较大，不但会造成成品线材沿全长的断面尺寸波动，而且会造成精轧的轧制事故。为减少精轧机的事故一般要求预精轧来料的轧件断面尺寸偏差不大于 $\pm0.2mm$。

预精轧机组的作用就是继续缩减中轧机组轧出的轧件断面，为精轧机组提供轧制成品线材所需的断面形状正确、尺寸精确并且沿全长断面尺寸均匀、无内在和表面缺陷的中间料。

B　国产预精轧机组布置形式及特点

预精轧的 2～4 个道次，轧件断面较小，对张力比较敏感，轧制速度也较高，张力控制所必需的反应时间要求很短，采用微张力轧制对保证轧件断面尺寸精度和稳定性已难以奏效。自 20 世纪 70 年代末期高速线材轧机预精轧采用单线无扭无张力轧制，对应每组粗轧机设置一组预精轧机，在预精轧机组前后设置水平侧活套，而预精轧道次间设置立活套。这种工艺方式较好地解决了向精轧供料的问题。实际生产情况说明，预精轧采用 4 道次单线无扭无张力轧制，轧制断面尺寸偏差能达到不超过 $\pm0.2mm$，而其他方式仅能达到 $\pm0.3～0.4mm$。

悬臂式预精轧机组主要由两架水平轧机、两架立式轧机、三个立活套以及安全罩等部分组成。此型预精轧机组简图如图 11-24 所示。

每架轧机机架由传动箱和轧辊箱组成。传动箱的作用是将电机或减速器输出的力矩传递到轧辊轴上，水平传动箱有一对圆柱斜齿轮；立式传动箱增加一对螺旋锥齿轮，两架立式传动箱螺旋锥齿轮速比不同。轧辊箱采用法兰插入式安装，每个轧辊箱内有上、下两根

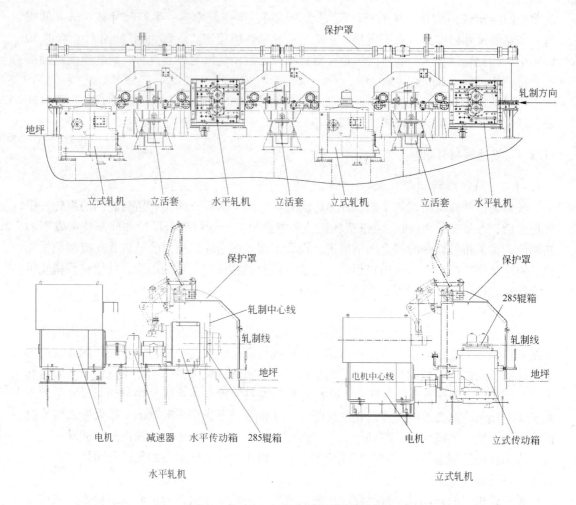

图 11-24 平立交替布置的预精轧机机组

轧辊轴，上、下两根轧辊轴之间不啮合，而是分别由传动箱中的一对圆柱斜齿轮传动。每根轧辊轴上装有一个悬臂的辊环形轧辊，轧辊轴由前、后油膜轴承支撑安装在偏心套内。偏心套由辊缝调节机构中的左、右丝杠和螺母带动转动，使上、下两根轧辊轴相对轧制中心线对称均匀地开启和闭合，从而实现辊缝调整。

悬臂式预精轧机机组的主要特点：

（1）传动箱和轧辊箱各自独立为一个部件，便于装拆；

（2）辊缝调整采用偏心套式，这种调整机构的最大优点是保持轧制中心线不变；

（3）通过轧辊轴末端的止推轴承，有效解决轧辊轴轴向窜动问题，保证轧件的尺寸精度；

（4）水平机架和立式机架的轧辊箱结构和尺寸完全一样，轧辊箱的全部零件均可互换；

（5）采用专用工具装拆辊环，快速可靠；

（6）立式轧机传动系统中省去了减速机，而由安装在传动箱内的一对锥齿轮来传递动力和变速，机列设备重量轻、占地面积小。

国产预精轧机组（中冶京诚 CERI 机型）的设备性能：

（1）轧辊直径：$\phi285 \sim 255$mm；

（2）轧辊宽度：70mm；95mm；

（3）轧辊中心距：$\phi255 \sim 291$mm；

（4）辊缝调整量：±18mm。

C　顶交预精轧机组

20 世纪 80 年代后期，专营线材轧机的几家大公司把高速无扭精轧机技术移用于预精轧，这种预精轧机组结构与无扭精轧机组相同，轧机采用悬臂辊环、顶交 45° 布置（见图 11-25）。轧机规格有两种：一种与精轧机架相同，为 $\phi230$mm；另一种较精轧机架稍大，为 $\phi250$mm。两架一组集体驱动，称为微型无扭轧机。其优点是轧机重量轻，基础减少，轧机强度高，可省去 1 个机架间活套，主电机和传动装置由 4 套减为 2 套，其造价比常规预精轧机可减少 22%。

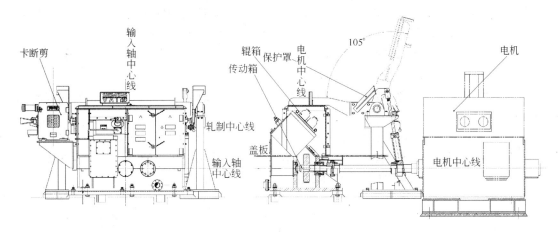

图 11-25　顶交预精轧机组

11.2.1.2　高线精轧机组

A　精轧机的功能及要求

高速线材精轧机组是用于高速线材轧钢车间的终轧设备，其技术水平决定了整套线材轧机的水平。从高速轧机的诞生与发展看，不论哪一种形式的轧机都追求实现高速，而达到高速都必须解决高速运转所产生的振动问题。

减少振动的方法包括：（1）提高机械传动系统的固有频率，避免高速工作时的共振现象；（2）降低轧机高度，缩小轧机尺寸，以降低运转部位到基础的距离和尽可能缩减转动体的体积；（3）取消难以控制振动的零部件，如轧机接轴、轴套、联轴器等；（4）对运转零部件制造质量更严格的控制和动平衡试验。振动问题解决了，轧机运转速度可以提高。这也是设计、生产、制造、使用高速轧机最根本的原则。在此基础上，产生了许多不同形式的高速机组，并各具特点。经过几十年的生产实践，目前技术成熟，应用较多的是摩根机型、达涅利机型、西马克机型和中冶京诚 CERI 机型。

作为终轧设备的精轧机组还必须保证轧件的精度。通常要求高速线材轧机的产品断面尺寸精度能达到 ±0.1mm（对 $\phi5.5 \sim 8$mm 的产品而言）及 ±0.2mm（对 $\phi9 \sim 16$mm 产品及盘条而言），断面不圆度不大于断面尺寸总偏差的80%。这样就要求轧机具有足够的刚性结构和耐磨的轧辊。

B 精轧机组布置形式和特点

历经多年的发展演变，各种类型的高速无扭线材精轧机组在结构和参数上已逐渐呈现趋同状况，并有很多共同之处，即：

（1）为实现高速无扭轧制，采用机组集中传动，由一个电动机或串联的电动机组通过增速齿轮箱将传动分配给两根主传动轴，再分别传动奇数和偶数精轧机架；相邻机架轧辊转速比固定，轧辊轴线互成90°交角；

（2）为使结构紧凑和减小在微张力轧制时轧件失张段长度，尽可能缩小机架中心距；为提高变形效率和降低变形能耗，均采用较小的轧辊直径，各类高速无扭精轧机组辊环直径均为150～230mm；

（3）为便于在小机架中心距情况下调整及更换轧辊和导卫装置，轧机工作机座采用悬臂辊形式，采用装配式短辊身轧辊，用无键连接将高耐磨性能的硬质合金辊环固定在悬臂的轧辊轴上，辊环上刻有2～4个轧槽，辊环宽度62～92mm；

（4）为适应高速轧制，并保证在小辊环直径的情况下轧辊轴有尽可能大的强度和刚度，轧辊轴承采用油膜轴承；

（5）为适应高速轧制，轧机工作机座采用轧辊对称压下调整方式，以保证轧制线固定不变；

（6）为提高机组作业率，均采用插入式辊箱和专用快速拆装辊环工具。

现以目前市场占有率最高的摩根机型为例，介绍高速精轧机组的结构特点，五代机组布置见图11-26，六代机组布置见图11-27。

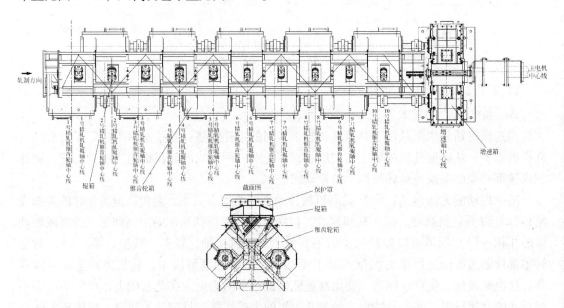

图11-26 摩根型五代精轧机组布置图

由图可见，顶交45°精轧机组是由8～10架（多为10架）轧机组成的整体机组，各架轧机以固定中心距成直线组合排列。所有机架由一台交流电机成组传动，由增速箱同时

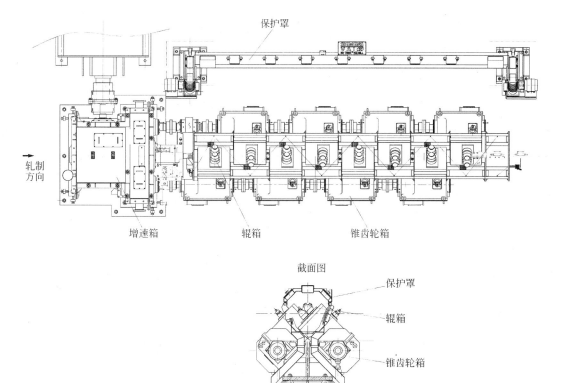

图 11-27 摩根型六代精轧机组布置图

驱动奇数机架和偶数机架的锥齿轮箱，经由锥齿轮变速，然后通过一对变速圆柱斜齿轮传动悬臂辊。即精轧机组主体设备是由增速箱、锥齿轮箱和辊箱等部件组成。

轧机机架由锥齿轮箱（见图 11-28）与插入式结构的轧辊箱（见图 11-29）组成。锥齿轮箱内安装有锥齿轮副、圆柱同步齿轮副。轧辊箱由法兰式锻造面板和焊接辊盒构成，中间的轧辊轴通过偏心套机构安装于轧辊箱内，轧辊箱的辊盒插入锥齿轮箱的箱体内，通过法兰式锻造面板用螺栓与锥齿轮箱联接。轧辊箱内有上、下两根轧辊轴，上、下两根轧辊轴之间不啮合，而是分别由传动箱中的一对圆柱斜齿轮传动。每根轧辊轴上装有一个悬臂的辊环形轧辊，轧辊轴由前、后油膜轴承支撑安装在偏心套内。偏心套由辊缝调节机构中的左、右丝杠和螺母带动转动，使上、下两根轧辊轴相对轧制中心线对称均匀地开启和闭合，从而实现辊缝调整。

C 无扭精轧机组结构特点

（1）轧辊箱采用插入式结构，悬臂辊环，箱体内装有偏心套机构用来调整辊缝；

（2）轧辊箱与锥齿轮箱为螺栓直接连接，轧辊箱与锥齿轮箱靠两个定位销定位，相同规格的轧辊箱可以互换；

（3）轧辊侧油膜轴承处的轧辊轴设计成带锥度的结构，从而提高了轧辊轴的寿命；

（4）轧辊轴的轴向力是由一对止推滚珠轴承来承受，而这一对滚珠轴承安装在无轴向间隙的弹性垫片上，即保证了轧件的尺寸精度；

（5）辊缝的调节是旋转一根带左、右丝扣和螺母的丝杠，使两组偏心套相对旋转；

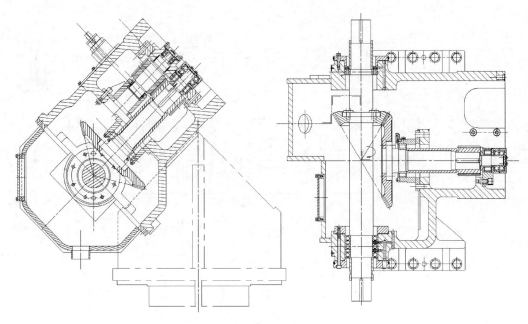

图 11-28 锥齿轮箱

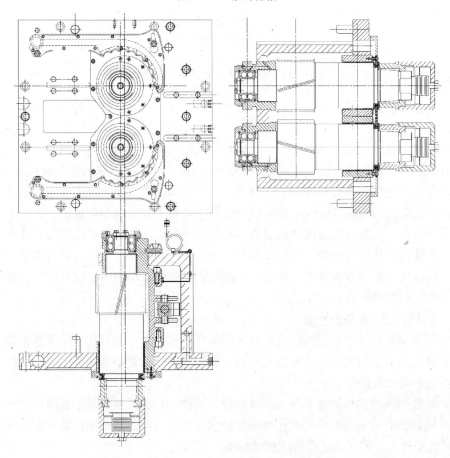

图 11-29 轧辊箱

（6）辊环采用碳化钨硬质合金，用专用的液压换辊工具更换辊环，换辊快捷方便。

D　摩根型精轧机组的设备性能

（1）轧机形式：悬臂辊环式轧机；

（2）机架数量：10 架（其中：第 1 ~ 5 机架为 ϕ230mm 轧机，第 6 ~ 10 机架为 ϕ170mm 轧机，可依轧制要求来布置机架）；

（3）布置方式：顶交 45°，10 机架集中传动；

（4）辊环尺寸：ϕ230mm 轧机：ϕ228.3/ϕ205mm ×72mm；

　　　　　　　　ϕ170mm 轧机：ϕ170.66/ϕ153mm ×57.35/70mm；

（5）传动电机：AC 同步变频电机：

　　　　　　　功率：5500 ~ 6800kW；

　　　　　　　转速：1000 ~ 1500r/min。

11.2.2　辅助设备

11.2.2.1　夹送辊与吐丝机

A　功能与结构

高速线材夹送辊、吐丝机位于高线精轧水冷段之后，散卷风冷运输机之前，是保证线材吐丝成卷的关键设备。

当轧线上热金属检测器检测到高线精轧机组送来的轧件后，夹送辊延时压下，夹持轧件。夹送辊始终以一定的转速旋转，确保轧件保持相对稳定的速度进入吐丝机。高速运动的直线轧件经过吐丝机后形成连续不断的规整的螺旋线圈并自动散布在散卷运输机上。随散卷运输机的运行，形成较长的线材螺旋，以便适应强化冷却的工艺要求，使成品线材便于成卷、包装、贮存、运输。为采用大坯重，提高盘卷直径，提高盘卷重量，提高线材轧制速度，提高生产率，创造了可能性。

高速线材夹送辊、吐丝机的主要特点是：

（1）生产过程中要和精轧机同步运行，要求在精轧机组的最大操作速度下正常夹送和吐丝；

（2）达到最佳吐丝线圈直径并保持均匀；

（3）夹送辊及吐丝机在高速运转条件下振动及噪声均要符合要求。

B　夹送辊

夹送辊的主要作用是夹送经过水冷段穿出的线材，并平稳送入吐丝机中。夹送辊的设计不断改进，以适应高速夹送的要求。当前主流设计为整体式平行传动，水平悬臂夹送，气动控制夹送动作。目前夹送辊的最高设计速度可达到 140m/s，保证工作速度 120m/s。在轧制不同规格线材时，吐丝机前夹送辊所起的作用不同。

在小规格线材的生产中，一般轧制速度较高，此时高速线材的轧制从精轧机到吐丝机间的线材会因如下几方面的原因而引发抖动：

（1）水箱中的冷却喷嘴喷射到高速向前运动的线材上的高压水流的湍流作用；

（2）机组安装的轧制中心线的直线度不好；

（3）线材进入机组各导卫、输送导槽及吐丝管接口时产生的冲击；

（4）夹送辊夹送不均匀。

这些抖动如不消除，对线材的平稳运行极为不利，使吐丝机的圈型不好，影响后续工序；并有可能诱发整个机组或精轧机组的卡钢、乱线及零部件的较大磨损。一般在吐丝机之前设置一个夹送辊来达到消除这种抖动的目的，夹送辊辊环的线速度以一定比例高于精轧机组最后一个工作机架的线速度，使得在夹送辊和精轧机之间的轧件处于一定的拉紧状态来消除抖动。

在大规格线材的生产中，一般轧制速度较低，此时大规格线材末尾脱离精轧机组后，依靠自身惯性难以保证原有速度穿过水冷段和导槽。因此夹送辊会在此时对大规格线材的尾部进行夹送，保证轧材以恒定速度进入吐丝机。

夹送辊由传动齿轮、输入轴、中间轴、轧辊轴和轴承座箱体组成，夹送辊依靠圆柱齿轮进行平行传动，完成单级或多级的增速，夹送辊齿轮箱内由一个中间齿轮带动上、下辊轴上的齿轮，使上、下轧辊向同一个方向同步夹送线材，轧辊夹送动作由气缸压下完成，如图 11-30 所示。

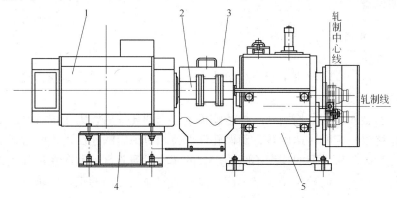

图 11-30　夹送辊结构图

1—电机；2—联轴器；3—联轴器保护罩；4—电机底座；5—夹送辊

夹送辊有单级和多级传动两种结构，不管是几级增速，高速轴上均由油膜轴承支撑径向受力，轴向依靠两盘角接触球轴承定位。单级传动的夹送辊箱体结构紧凑简单，但散热性较差，拆装维修时空间较小；多级传动的夹送辊箱体结构复杂，润滑点较多，但是箱体结构较大，散热效果不受影响。

C　吐丝机

早期的吐丝机为立式的布圈器，线材经过布圈器后向下成圈，散落在风冷辊道上。成圈器工作速度较低，只能适用于轧制速度 30m/s 以下的线材轧制需要。由于轧制速度不断提高，老式布圈器已经无法满足较高轧制速度的要求，于是卧式吐丝机应运而生。卧式吐丝机的倾角最早为 5°或 10°，国内出现过的卧式吐丝机包括摩根、达涅利、德马克、西马克、阿希洛、波米尼等机型，设计速度也从最早的 40m/s 跃升至目前的 140m/s。随着轧制速度的升高，吐丝机倾角也不断加大，由最初的 5°、10°逐渐发展为当前的 15°、20°。卧式吐丝机向下的倾斜角度是为了保证吐丝机与风冷辊道的对接过渡。吐丝机工作主轴上装有空间螺旋曲线形状的吐丝管，吐丝管随吐丝机主轴高速旋转。线材进入吐丝机内部并进入吐丝管，在吐丝管的作用下弯曲成圈，通过旋转的吐丝管沿着圆周切线方向吐出形成线圈，并由吐丝盘将形成圆圈的线材推向前方。

吐丝机由传动齿轮、空心轴、吐丝锥、吐丝管、吐丝盘和轴承座箱体组成，电机通过齿轮传动空心轴旋转，旋转的速度取决于轧制速度。吐丝机的输入轴为齿轮传动，输出轴齿轮位于两轴承之间。由于吐丝机空心轴前端连接有重量较大的吐丝锥，悬臂支撑于吐丝机箱体外，这种结构形式及其较高的工作转速，对吐丝机设备零件的制造和装配精度，以及动平衡调整精度提出了较高要求。目前吐丝机轴系转子和整机的动平衡要求精度等级为 ISO 标准 G2.5 级。

近些年国内装备制造水平不断提升，加工制造能力不断增强，因此国产吐丝机设备无论从原材料质量、热处理技术及机械加工精度都有了显著提高，产品质量及可靠性都有明显改善。目前国产主流吐丝机机型是经过引进、消化、吸收再创新的全国产化吐丝机机型，该机型具有刚度高、悬臂重量轻、运转振动小等特点，保证工作速度可达到 105m/s 以上，如图 11-31 所示。

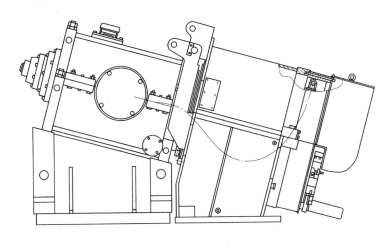

图 11-31 新一代国产吐丝机外形图

随着减定径机组在高速线材轧制领域得到越来越多的应用，国际各知名线材轧制设备供应商都研发了更新一代的吐丝机设备，其中最有代表性的是摩根和达涅利新型吐丝机。

摩根新型吐丝机为卧式结构，锥齿轮增速传动，如图 11-32 所示，其下倾角为 20°（图中未标示出）。输入轴为悬臂形式，输出轴支撑形式比较特殊，固定端由双列角接触轴承定位，浮动端两盘型号不同的圆柱滚子轴承支撑的结构形式，希望两个轴承分担负载径向载荷。其中 $\phi500/\phi600mm$ 轴承安装在吐丝机箱体轴承座上，$\phi400/\phi500mm$ 轴承安装在带减振系统的浮动轴承座上，其轴承间隙可调。这种支撑形式对吐丝机空心轴加工的同轴度要求及现场安装调整要求极高，由于两个轴承的工作游隙不同，负载往往施加在工作游隙小的径向轴承上，因此可能造成两盘径向轴承一盘受力另一盘空转，使得轴承的损坏加快，影响使用寿命。

达涅利新型吐丝机为卧式，倾角初设 20°，且可由液压缸调整倾斜角度，最大倾角可达 30°，见图 11-33。输入轴轴承形式为两端支撑，锥齿轮等速传动，输出轴固定端为双列角接触轴承定位，浮动端由一个内径 $\phi400mm$ 的大型油膜轴承支撑径向力。在吐丝机空心轴浮动端用油膜轴承替换圆柱滚子轴承应该说是一个稳妥可行的方案，油膜轴承的支撑形式运转平稳，高速运行性能良好。

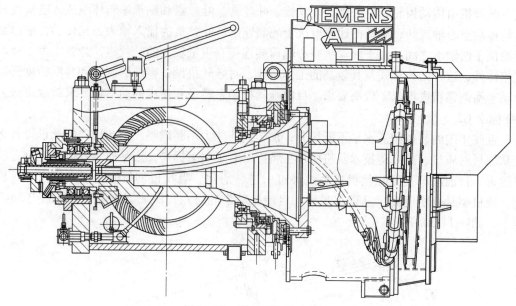

图 11-32　新一代摩根吐丝机

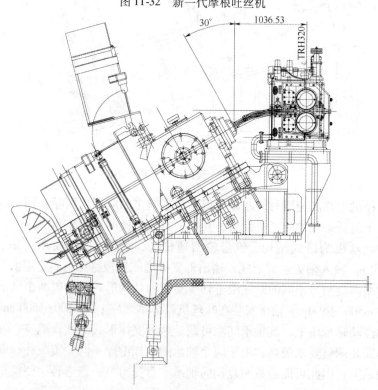

图 11-33　达涅利新型吐丝机示意图

　　上述两种新型吐丝机的共同特点是对吐丝头结构进行了较大改进,吐丝管出口后增加了一圈弧形导槽,有效地提高了导向成圈作用,使吐丝机吐出线圈更加规则整齐,便于集卷收集。

11.2.2.2　散卷冷却运输机

　　散卷冷却运输机是高速线材冷却线的重要设备,其功能是将吐丝机吐出的高温线卷通过在辊道运输过程中的冷却速度控制，完成奥氏体相变过程，使不同钢种、不同规格的产品获得所需要的最佳金相组织和机械性能，然后运输到集卷站进行收集。

A 散卷冷却运输机的分类

散卷冷却运输机按冷却方式的不同而分为标准型、缓冷型和延迟型三种。标准型散卷冷却运输机的上方是敞开的，下方设有风机，散卷在输送机上由下方风机鼓风冷却。缓冷型散卷冷却运输机与标准型的不同之处在于，运输机前部增加了可移动的带有加热烧嘴的保温罩，运输机的速度更低，可使散卷以很缓慢的速度冷却。延迟型散卷冷却运输机是在标准型运输机的基础上，结合缓冷型冷却的工艺特点加以改进而成，它在运输机两侧加装隔热的保温层侧墙，并在保温墙上方装有灵活开闭的保温罩。保温罩打开，可进行标准型冷却；关闭保温罩，又能达到缓冷型冷却的效果。由于延迟型运输机适用性广，取消了缓冷型运输机的加热器，设备费用和生产费用相应降低，目前高速线材生产线大多采用延迟型散卷冷却运输机。

B 散卷冷却运输机的结构

散卷冷却运输机按结构不同有链板式、链式和辊式 3 种，常见为链式和辊式。辊式运输机靠辊子转动带动线圈前进，与链式运输机相比，不存在线圈和辊子之间的固定接触点。同时辊道分成若干段且各段单独传动，可通过改变各段辊道速度改变圈与圈之间的搭接点，因此从保证冷却质量看，辊式的更好些。

目前得以广泛应用的散卷冷却运输机为辊式延迟型，由头部辊道、标准运输辊道及尾部辊道组成。

头部辊道位于吐丝机下方，可摆动升降，以实现不同规格的线圈可平稳落到运输机上，其典型结构如图 11-34 所示。辊道的升降由电机驱动螺旋升降机实现，辊道上方设有

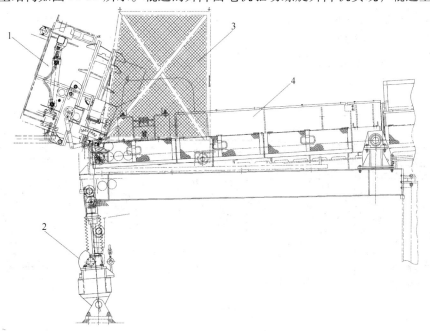

图 11-34 头部辊道

1—吐丝机；2—升降驱动装置；3—安全防护罩；4—运输辊道

可移动的安全防护罩，辊道下方不设风机。标准运输辊道为焊接结构辊架，辊道采用链条分段集中传动，由齿轮电机驱动。辊道上设保温罩，辊道两侧设有对中装置。根据工艺需要，辊道下方可设或不设风机。尾部辊道紧邻集卷站，其典型结构如图11-35所示。为实现不同规格的线圈均可顺利落至集卷筒内，辊道可沿轧制方向横移，辊道横移由电动推杆驱动。靠近集卷筒处设有压卷装置，防止线圈的尾部翘起，使线圈下落更为平稳。

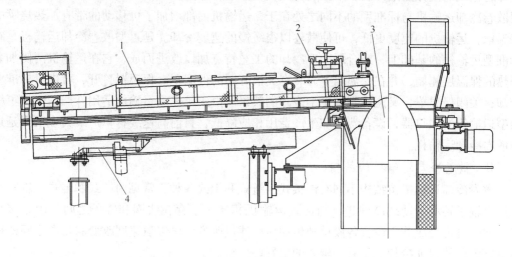

图 11-35　尾部辊道
1—运输辊道；2—压卷装置；3—集卷筒；4—横移驱动装置

C　摩根型辊式延迟型散卷冷却运输机

摩根型（斯太尔摩）散卷冷却运输机为延迟型散卷冷却运输机，在国内应用很广泛。当高线轧制速度大于100m/s时，全长一般在104～114m之间，最终实际长度根据轧线工艺要求设定，通常冷却线总长与线材精轧机的最高轧机速度相当，如精轧最高轧速为120m/s，散卷冷却运输机的总长度亦为120m（从吐丝机中心至集卷站中心）左右。其典型结构如图11-36所示。

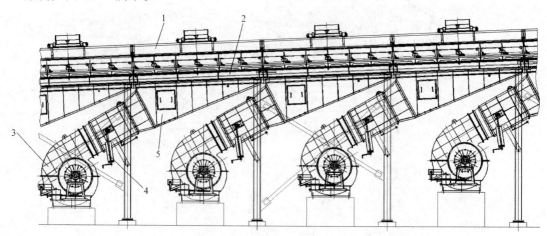

图 11-36　摩根型散卷冷却运输机
1—保温罩；2—标准运输辊道；3—离心风机；4—佳灵装置；5—压力风室

运输机由头部辊道、标准运输辊道、尾部辊道组成。头部辊道长约3.8m，为ϕ125mm的密排辊。标准运输辊道分为10～11个传动组，采用交流变频电机驱动。每组辊道长约9.25m，由两段辊道组成，辊子直径为ϕ120mm，辊子间距约为头部辊道的2倍，辊子之间布置有风机出风口。各段辊道上方均设有保温罩，保温罩由电动推杆控制其开闭。为了各线圈之间的接触点发生变化，在尾部辊道及之前的3段标准运输辊道衔接处设置了3个高度约为200mm的落差台阶。该台阶也有利于单独调节尾部辊道速度，使之符合集卷需要。尾部辊道长约4.3m，横移行程为300mm，其上的压卷装置由悬臂压杆、配重和调节手轮组成。根据生产产品的需要，手动调节手轮以调节压杆与辊面的相对高度，同时可在压杆上设置不同的配重重量。全线辊子采用耐热铸铁材质。

运输机全长为104m时，通常配备14台大风量离心风机，设置于前7段标准运输辊道下方。运输机全长为114m时，通常配备16台大风量离心风机，设置于前8段标准运输辊道下方。由于散卷两侧堆积厚密，中间疏薄，为了加强两侧风量，在各个风机的出风口设置了风量分配装置（佳灵装置）。佳灵装置采用丝杠螺母传动方式，手动调节。

D 达涅利型散卷冷却运输机

意大利达涅利公司称其散卷控制冷却生产线为达涅利线材组织控制系统，在我国高速线材生产线中也占有一定的份额，它分为三种类型，即粗组织控制系统（相当于延迟型）、细组织控制系统及普通组织控制系统（相当于标准型）。目前，达涅利公司通常设计的散卷冷却运输机为粗组织控制系统，即延迟型散卷冷却运输机。

达涅利型散卷冷却运输机当高线轧制速度大于100m/s时，全长一般为112m，其典型结构如图11-37所示。运输机每段辊道下方均配备风机，共设置23台大风量离心风机。风

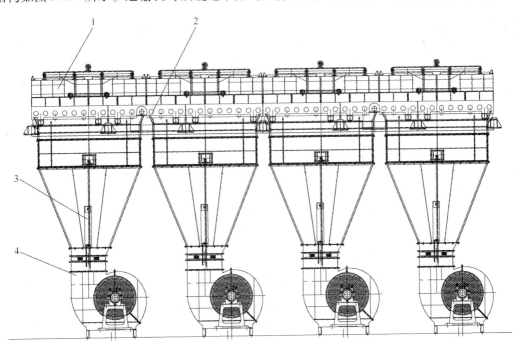

图11-37 达涅利型散卷冷却运输机

1—保温罩；2—标准运输辊道；3—风量调节装置；4—离心风机

机出口处设有手动风量调节装置，采用连杆机构实现两侧风量调节板的打开或闭合，以调节风量的分布。

头部辊道长 4.5m，为 φ120mm 的密排辊。头部辊道处防护罩为一个大的落地防护罩，防护罩侧门可手动推拉，防护罩顶盖采用气动马达驱动齿轮齿条，实现顶盖沿着轧制方向的移动，以满足检修需要。标准运输辊道分为 17 个传动组，采用交流变频电机驱动。每组辊道长约 6m，辊子直径为 φ120mm，辊子间距约为头部辊道的 2 倍，用以布置风机出风口。除紧邻尾部辊道的那段运输辊道外，各段辊道上方均设有保温罩，共有多组保温罩，每个保温罩均可单独开闭。尾部辊道与其前标准运输辊道之间设置了 1 个落差台阶。尾部辊道长约 2.3m，横移行程为 180mm。其上的压卷装置由气缸、连杆、压辊组成。根据生产产品的需要，当需要调节压辊与辊面的相对高度时，可通过气缸驱动连杆实现压辊的上下调节，而气缸的压紧力可通过气动系统的节流阀进行调节。

综合比较上述两种散卷冷却运输机，其辊道的结构基本类似，但风机的数量、布置及出风口方向各有不同。

11.2.2.3　集卷站

集卷站的功能是将散布在散卷冷却运输机上的线材收集成盘卷，以便于成品包装和运输。当一卷已收集好的线卷被卸下时，集卷站可提供一个缓冲空间，保证正常的生产节奏。集卷站有多种结构形式，目前高线上最常用的是双臂回转芯棒式和旋转台架式结构。

A　双臂回转芯棒式集卷站

双臂回转芯棒式结构是目前应用最广泛的集卷站结构形式，现以美国摩根公司设计的双臂回转芯棒式集卷站为例介绍该型集卷站主要结构。如图 11-38 所示，集卷站由集卷筒、双臂芯棒、线卷升降托板及运卷小车组成。

（1）集卷筒由集卷筒、布卷器、鼻锥等组成。集卷筒为钢结构件，筒内径为 1250mm，

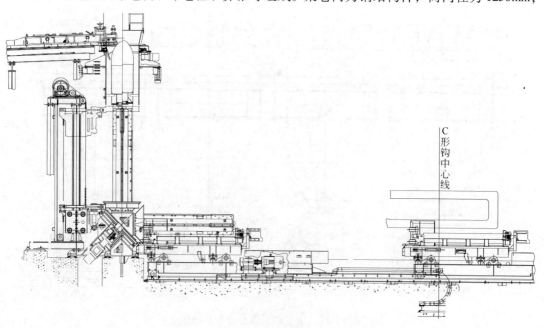

图 11-38　双臂回转芯棒式集卷站示意图

鼻锥外径为838mm。运输机上的线卷进入集卷筒后，先经过不停旋转的布卷器。布卷器通过叶片旋转对散卷进行布圈，以减小成卷高度。集卷筒鼻锥由一套分离爪机构支撑，在散卷完全落于托板上后，分离爪闭合，用于支撑下一散卷，该机构由气缸驱动。集卷筒内设有数组光电开关，依次垂直布置用于推算出线卷堆积的速度，以此确定托盘下降的速度，保证二者速度的匹配。

（2）双臂回转芯棒位于集卷筒下方，其运动由芯棒旋转和内芯棒升降组成。回转芯棒由两个互成90°的芯棒组成，一个为垂直方向用于接料，一个为水平方向用于运卷车卸卷，其旋转轴线与地面成45°。芯棒外圆周上设有耐磨导轨。芯棒旋转由齿轮减速电机或回转液压缸驱动，两芯棒A、B分别在水平和竖直位置交替运动。内芯棒的升降由电动推杆或液压缸驱动，用于在正常落卷时支撑集卷筒的鼻锥。

（3）线卷托板。线卷托板环绕在芯棒周围，其作用是落卷时托板托住盘卷底部并逐步下降，保证散卷落下时的堆积位置基本稳定，不易乱卷，并且使盘卷平稳降至芯棒底部。当托板上升至最高位时，分离爪打开，盘卷落下，托板开始匀速下降至最低位。托板升降由电机驱动，通过链轮与链条的啮合带动托盘上下运动。托板开闭由液压缸驱动。

（4）运卷小车。运卷小车的功能是将水平芯棒上的线卷卸下，并运至钩式运输机的C形钩上。运卷小车由车架、行走机构、升降机构和线卷对中机构组成。行走机构由电机驱动，通过齿轮齿条机构前后行走；升降机构由液压缸驱动；线卷对中机构由液压马达驱动。

B　旋转台架式集卷站

旋转台架式集卷站在国内也得到一定程度的应用，其典型代表是达涅利公司所生产的，现以该机型为例介绍该型集卷站主要结构。旋转台架式集卷站结构如图11-39所示，集卷站由集卷筒、线卷托板、芯棒、升降台架、旋转台架、倾翻台架、运卷小车组成。

（1）集卷筒。除布卷器、鼻锥、分离爪机构以外，该集卷筒增设了2台风机，分别布

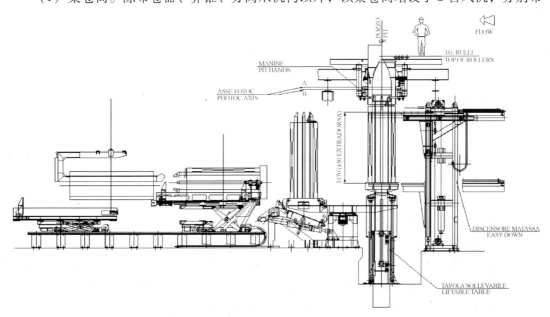

图 11-39　旋转台架式集卷站示意图

置于布卷器两侧，对布卷器进行冷却并吹扫粉尘。该型集卷筒鼻锥的外径略有减小，鼻锥头与下部过渡的圆弧半径加大，更有利于线卷的平稳落下，减小鼻锥挂卷概率。分离爪机构由液压缸驱动，在吸收冲击和缓冲性能上不如气缸。

（2）线卷托板。线卷托板的运动由托板升降和托板的伸出缩回组成。当需要接收新线卷时，托板上升到最高位，托板伸出；当托板和线卷下落至最低位时，托板缩回，线卷落至支撑芯棒的旋转台上。托板的升降由电机驱动，托板的伸出缩回由液压缸驱动。为减小对链条及传动机构的冲击，与托板相对一侧悬挂有配重，配重直接连接于链条上。

（3）升降台架。位于集卷筒下方，用于支撑处于接卷位置的芯棒，通过台架升降使芯棒与鼻锥结合或脱离，由两个液压缸驱动。

（4）旋转台架。旋转台架上布置有互成 180° 的两芯棒。当处于集卷筒下方的芯棒接完线卷后，台架旋转，将卸卷位的芯棒旋转至集卷筒下方，等待接卷；装有线卷的芯棒旋转至运卷小车侧，等待卸卷。通过减速电机驱动齿轮，带动固定于齿轮上的台架进行旋转。

（5）倾翻台架。位于卸卷位芯棒下方，当装有线卷的芯棒旋转至卸卷位置后，由液压缸驱动的四个夹紧爪抬起，卡在芯棒的支座上，将芯棒固定于倾翻台架上，然后由液压缸驱动四连杆机构带动台架和芯棒一起摆动至水平位置，等待运卷小车卸卷。

（6）运卷小车。运卷小车由车架、行走机构、升降机构和挡料机构组成。小车行走由电机经过减速机驱动车轮，带动小车前后移动。

综合比较回转芯棒式和旋转台架式集卷站，回转芯棒式集卷站设备部件数量少，工序简单，控制较容易。旋转台架式集卷站设备部件较多，工序繁琐，故障点较多，对于控制系统要求较高。目前，回转芯棒式集卷站在国内高线生产线应用较为普遍，事故率较低。

11.3 水冷设备

控轧控冷技术是热轧生产中一个非常重要的核心技术。为了不增加或尽量少增加合金元素，而利用控轧控冷技术生产出各项性能参数均合格的产品，需要精确制定热轧和冷却过程的各个工艺参数，并对其进行严格控制和实时监测，然后根据监测结果对工艺参数进行适当调整，以保证产品质量。对于棒线材而言，精轧前的水冷可以控制轧件的终轧温度，而轧后的水冷直接影响材料的相变过程。水冷装置作为重要的直接执行机构在控轧控冷系统中的作用至关重要，它的设置方式及性能直接关系着材料的组织以及最终的性能。

11.3.1 棒材水冷设备

11.3.1.1 水冷却单元

水冷却单元（或喷嘴）是水冷装置的核心装置，轧件温度能否得到有效的控制，水冷却单元是一个主要因素。目前在棒材系统中应用较多的有文氏管式（湍流管）冷却单元、直喷式冷却单元、套筒式冷却单元等。这里详细介绍一下各种水冷单元的结构及特点。

A 文氏管式（湍流管）冷却单元

文氏管式冷却单元是由喷嘴和湍流管构成的组件，其典型结构如图 11-40 所示。

如图 11-40 所示，文氏管作为水冷单元，采用两组高压水喷嘴，喷嘴采用 4-ϕ10mm 的孔进行射流；中间管设有 4 段文氏管元件，可根据轧件规格确定文氏管孔直径，回水主要

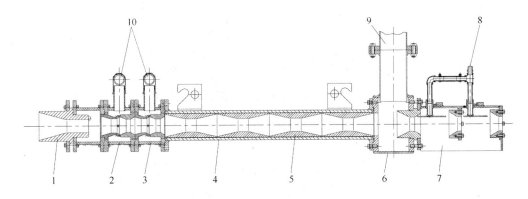

图 11-40 文氏管式冷却单元示意图

1—进口导管；2—第一组喷嘴；3—第二组喷嘴；4—中间管；5—文氏管元件；6—回水箱；
7—偏离箱；8—压缩空气；9—回水管；10—供高压水

通过回水箱，剩余的水通过压缩空气吹扫至偏离箱进行排除。

当水流从喷嘴的 $4-\phi10mm$ 孔通道喷出，加大了流股的喷射能，冷却水中的悬浮物轰击膜态沸腾所产生的气液屏障，由于悬浮颗粒为氧化铁（其密度为 $5.7g/cm^3$），所以其动能为水的 5.7 倍。这样会有效的破坏蒸汽膜。

由于湍流管的变截面形状，采用了最优化的几何角度进行聚敛和发散排列，使冷却水具有紊流状态，冷却水除沿轴向流动外，由于截面变化，造成压力的变化。在轧材的垂直表面形成剧烈的搅动，冷却水的各个质点有更多的机会接触或撞击热态棒材的表面，冲击其表面的蒸汽膜，并将其中的高温质点挤走，充分地进行热交换，从而获得良好冷却效率。

由于文氏管中的水流向与轧件的运动方向相同，而且在高压水（1.8MPa）作用下，水流的速度可以达到20m/s，高于棒材最高的轧制速度18m/s，因此可以达到牵引轧件运动的作用，进而减少了线材在冷却器中的运行阻力。

B 直喷式冷却单元

直喷式冷却单元其实就是一环形喷嘴，冷却水通过喷嘴直接喷射到轧件上，对轧机实施冷却，如图11-41所示。数组喷嘴串列安装在箱体内组成水冷装置。

当冷却水从喷嘴底部的进水口进入喷嘴的环形通道，喷嘴的外锥套和内锥套之间形成收敛的环形缝隙，冷却水从收敛的环形缝隙喷出，加大了流股的喷射能，冷却水中的悬浮物轰击膜态沸腾所产生的气液屏障，这样也会达到有效的破坏蒸汽膜。

环形缝隙通过调整垫片大小，进而控制冷却水的流量，可以有效地控制轧件的冷却温度，减少轧件的温降梯度。

此种结构的轧件冷却强度受到喷嘴的数量、冷却水温度、冷却水压力和冷却水流量的影响，特别是冷却水的流量和压力是两个最主要参数。

C 套筒式冷却单元

套筒式冷却单元是在喷嘴后部增加一个套管，用来提高冷却强度。冷却水通过喷嘴进入管内，轧件通过充满水的套管进行冷却，如图11-42所示。

此结构类似直喷式喷嘴，冷却水从喷嘴的底部进入喷嘴的环形通道，冷却水从收敛的

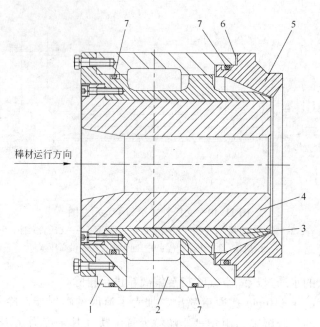

图 11-41 直喷式冷却单元示意图

1—壳体；2—供水口；3—外锥套；4—衬套；5—内锥套；6—调整垫片；7—密封圈

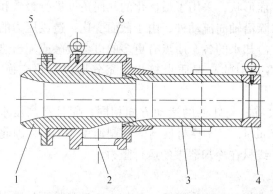

图 11-42 套筒式冷却单元示意图

1—内锥套；2—供水口；3—套筒；4—尾套；5—调整垫片；6—壳体

环形缝隙喷出。但是在喷嘴后增设了套管。尾套将冷却水挡在套筒里，使轧件能够同冷却水充分接触。增加了水冷强度。环形缝隙通过调整垫片调整大小，进而控制冷却水的流量。

此种结构的轧件冷却强度受到冷却水压力和冷却水流量的直接影响。

D 文氏管式与直喷式及套筒式冷却单元特点比较

文氏管式（湍流管）冷却单元的特点是：

（1）文氏管的紊流状态高，因此其换热系数较大，冷却效果较好，与直喷式和套筒式相比，在达到相同冷却效果的情况下，需要的冷却单元数量和用水量均有明显减少；

（2）文氏管结构虽冷却效果好，但也造成轧件冷却温度梯度大，难以精确控制冷却温度，因此多数用于普碳钢种的生产或控制冷却系统中的预水冷装置等控温精度不高的场合；

（3）文氏管结构一般没有水箱体，会造成冷却水溢出，车间水雾比较严重。

直喷式和套筒式冷却单元的特点是：

（1）直喷式沿断面方向的温度梯度分布小，容易控制冷却温度，多用于精轧之后的水冷装置；

（2）直喷式和套筒式比较适合于较大规格和较复杂钢种；

（3）直喷式和套筒式水冷单元都设有箱体，冷却水溢出较小，车间水雾小；

（4）直喷式环形喷嘴对水质要求比较高，环缝容易堵塞。

11.3.1.2 水冷却装置

棒材水冷设备主要分为两部分，第一部分为预水冷却装置，位于中轧机组后，精轧机组前，主要目的是降低轧件进入精轧机组温度，防止精轧温升过大，实现热机轧制；第二部分为精轧后的穿水冷却装置，位于精轧机组后，控制相变，实现轧件最终组织性能。

A 预水冷却装置

预水冷却装置主要为了控制轧件进入精轧机组的温度，防止精轧出口温度过高。要求对轧件的温降梯度不宜过大，但是又要满足温控的需要。所以根据钢种的需要可设一段预水冷，也可设置两段预水冷。

预水冷却装置结构主要由水冷却单元、输送辊道、横移小车、机旁配管四部分构成。

冷却单元和旁通辊道安装在移动小车上，轧件需要水冷时，将水冷单元对准轧制线；轧件不需水冷时，则移动小车将旁通辊道对准轧制线。

预水冷却装置一般选用文氏管式冷却单元，因为文氏管的热交换效率高，也造成水冷的温度梯度比较大。因此，为了保证合理的紊流状态和换热系数，要求冷却单元中文氏管元件数量一定要合理。因为预水冷轧件规格较大，不希望太高的换热系数，否则沿断面方向温度梯度太大，会造成热应力大，恢复时间长。

对于较大规格的轧件，也可选择直喷式或套筒式水冷单元。

机旁配管设有调节阀门，根据轧件规格和钢种，调节阀门的进行水量。阀门调节一般分为两种，一种是闭环程序控制，一种是手动调节控制。

B 穿水冷却装置

穿水冷却装置是利用轧件终轧后的余热进行在线水冷处理，通过快速冷却来控制变形奥氏体的组织状态，阻止晶粒长大或碳化物过早析出，是控制和调整轧材性能的最经济、最有效的手段。其具有以下作用：

（1）显著降低对钢坯质量的要求，对于钢中的 Mn、Si 含量并没有下限要求，即使添加的量低于1/3 或根本不添加，采用水冷装置也能确保各项机械性能指标合格；

（2）采用穿水冷却工艺后，不会再因为化学成分不合格而出现（非夹杂导致的）机械性能指标不合格的质量问题；

（3）目前国内已成功地用 Q235 钢坯生产出 HRB335 钢筋，合格率做到了100%；

（4）用达标成分要求的 20MnSi 原料，可以生产 500MPa 级钢筋，并使其各项指标稳定，尤其是强屈比指标。

目前国内棒材应用于生产的穿水冷却装置的冷却单元大致有两种，一类是套管式，即水通过喷嘴进入管内，钢筋通过充满水的套管进行冷却；另一类是文氏管式（湍流管式），水通过喷嘴进入一连串的湍流管，钢筋通过湍流管进行冷却。其结构详见水冷却单元的介绍。

穿水冷却装置一般由穿水冷却单元（或冷却水箱）、输送辊道、横移小车三部分构成。现以文氏管式穿水冷却装置为例加以说明。图 11-43 所示的是一种 4 通道穿水冷却装置，包括旁通辊道、单线穿水、二切分穿水、四切分穿水通道。

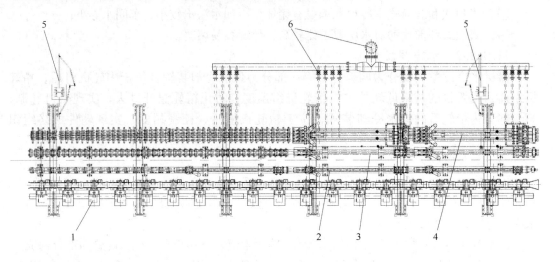

图 11-43　穿水冷却装置平面示意图
1—旁通辊道；2—单线穿水冷却单元；3—双线穿水冷却单元；
4—四线穿水冷却单元；5—液压缸；6—控制阀门

图中每个穿水冷却通道由 2~3 组水冷却单元（一般情况下可设 1~4 组）、缓冷段（或输送辊道）组成，数个通道并行安装在一套横移小车装置上。生产时横移小车进行移动，满足单线轧制穿水和二切分轧制穿水、四切分轧制穿水的生产要求。

每组水冷却单元由进水水箱、两组喷嘴，文氏管组件、回水管及出口偏转箱、控制阀等组成，每个通道的最末一组水冷却单元后加阻水器和缓冷段。

穿水冷却装置目前都能够采用闭环控制。闭环控制系统可以设定轧件冷却后的钢温目标值，并根据检测值自动调节水压，达到控制冷却的目标值。

闭环控制要求在进水总管上安装电磁流量计 1 台（用于进水流量检测，累积计算用水量），进水温度传感器 1 台（检测进水温度），进水压力传感器 1 台（检测进水压力）。每组水冷却单元分别设有气动调节阀 1 台（控制喷水水压和流量），压力传感器 1 台（检测喷水水压），喷水切断阀 4 台（控制喷水位置）。

穿水冷却电气自动控制系统采用 PLC 控制装置和工业计算机（人机接口）实现闭环控制，PLC 控制系统预设所有轧制规格的控冷控制规程，对每种规格的穿水冷却所需的水压进行预设置。并且通过每个水冷却单元上的压力传感器对分段水压进行非常精确的控制，同时可以对供水压力的波动进行一定范围内的补偿，使出水口能达到一个相对恒定的出水压力，从而进一步提高设备的稳定性。水冷装置还配置流量计、压力表、高温计等一次检测器件、控制元器件及其支座。

11.3.2 线材水冷设备

在现代高速线材轧制过程中，在高变形率下轧件的变形功快速转化为热能，从而导致轧件的温升，尤其是在中轧至精轧机组中的轧件温升尤为突出。线材产品要求其化学成分和机械性能均匀稳定，特别是作为金属制品的原料对线材的显微组织和机械性能提出了更高的要求。因此，线材控温轧制和控制冷却尤为重要。

线材控温轧制和控制冷却的目的主要有：降低轧件温升；控制晶粒尺寸；得到具有最佳的变形特性的线材，提高拉拔性能；得到具有均匀的组织和稳定性能的线材；减少氧化铁皮，提高轧件头尾性能，从而提高收得率；对于螺纹线材、预应力钢筋，通过控温轧制和控制冷却，在不增加微量合金元素的情况下，提高钢筋强度级别。目前高速线材生产线上用于实现控温轧制和控制冷却的重要手段是精轧机组前的水冷控制、精轧机组后水冷控制和减定径机组后的水冷控制、散卷的冷却控制等。

11.3.2.1 常见高线水冷装置布置方式

A 预精轧机组 +10 机架精轧机组

预精轧机组 +10 机架精轧机组的水冷装置布置见图 11-44。

图 11-44 预水冷装置及水冷装置布置图一

1—2 号飞剪；2—预精轧侧活套；3—预精轧机组；4—预精轧机间立活套；5—预水冷水箱及
预水冷导槽；6—3 号飞剪；7—精轧机前侧碎断剪；8—精轧机前侧活套及卡断剪；
9—10 机架精轧机组；10—精轧后 1 号水冷水箱；11—精轧后 2 号水冷水箱；
12—精轧后 3 号水冷水箱；13—精轧后 4 号水冷水箱；14—测径仪；15—吐丝机

水箱布置：预水冷需要 1 组水箱，长度约 8m，导槽长度 10m 左右；精轧后水箱 4 组，长度约 6m，回温导槽 12m 左右。

精轧前预水冷：为了控制进入精轧机的轧件温度，在无扭精轧机组前增设水冷箱，降低轧件温度以达到控制轧制的目的。通过控制水箱内水冷喷嘴的开启度和开启数量，轧件经过水冷箱温降可下降 100~150℃，然后经过一个温度恢复段，使轧件的心部表温度均匀，温差控制在 ±30℃ 左右，不影响下一道次的轧制。

精轧后水冷的目的，是为了使轧件从精轧温度冷却至所需要的吐丝温度，以进一步控制线材奥氏体的晶粒度和减少氧化铁皮的生成量。经过理论分析和实践表明，线材在900℃ 以下精轧时晶粒度较细，但没有水冷控制的轧制温度在 1000℃ 以上，在此条件下晶粒非常容易发生再结晶和晶粒长大，所以在精轧机出口布置水冷水箱，对热轧后的线材进行快速冷却能够阻止奥氏体晶粒长大并控制其晶粒度，这对线材在散卷冷却运输机的组织转变有着重要影响。

B 预精轧机组 + 精轧机组 + 减定径机组

预精轧机组 + 精轧机组 + 减定径机组的水冷装置布置见图 11-45。

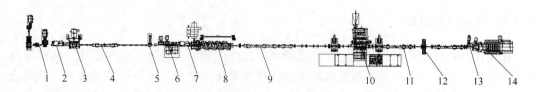

图 11-45 预水冷装置及水冷装置布置图二

1—预精轧前轧机 4 架；2—预精轧后侧活套；3—预精轧机组后 2 架；4—预水冷水箱及导槽；

5，12—测径仪；6—3 号飞剪；7—精轧机前侧活套及卡断剪；8—精轧机组（8 架高速无扭）；

9—精轧后 1 号、2 号、3 号水冷水箱及导槽；10—减定径机组；11—减定径后

1 号、2 号水冷水箱；13—夹送辊；14—吐丝机

水箱布置：预水冷需要 2 组水箱；精轧后水箱 3 组；减定径后水箱 2 组。

减定径机组后的水冷，同样是为了更精确控制吐丝温度，以进一步控制线材奥氏体的晶粒度和减少氧化铁皮的生成量。为了保证线材性能均匀，要求将吐丝温度严格控制在规定范围内，一般控制在 870~900℃，允许波动一般约为 ±10℃。

11.3.2.2 水冷装置结构

常用的水冷装置如图 11-46 所示，其设备结构包括：

（1）水箱箱体：箱体采用焊接结构，长度一般为 5~8m，各箱体可根据工艺要求组合配置合适的水冷长度；

（2）箱体盖子：焊接结构，长度 1m 左右，手动打开，安全钩固定打开状态；

（3）联管箱：机械加工的部件，喷嘴安装在联管箱上，冷却水通过联管箱进入喷嘴，这使得安装底座得到有效的冷却，不会受热轧件的影响而变形；每个联管箱有 1 个进水口（或进气口），对应 2~4 个喷嘴，冷却水的压力和水量控制分配稍微不均；

（4）水箱喷淋冷却管：普通钢管上穿孔，对喷嘴外部进行喷洒冷却；

（5）喷嘴锁紧装置：手轮旋转螺纹把喷嘴锁紧在联管箱上，方便检修更换喷嘴。

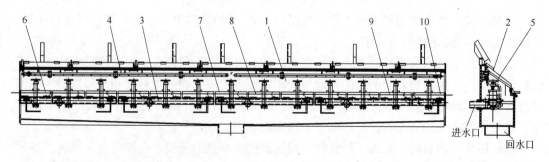

图 11-46 常用水冷装置结构

1—水箱箱体；2—箱体盖子；3—联管箱；4—水箱喷淋冷却管；5—喷嘴锁紧装置；6—正向气扫喷嘴；

7—高效水冷喷嘴；8—空过回温喷嘴；9—反向水冷喷嘴；10—反向气扫喷嘴

第12章 高强钢筋加工配送专用设备

工业发达国家的钢筋加工配送行业已经发展了几十年，自动化的钢筋加工配送基本取代了传统的手工加工配送及半机械化加工配送，目前绝大多数是以集群化加工结合物流配送的形式存在，主要分为棒材钢筋加工配送公司、线材钢筋加工配送公司及专用钢筋制品配送公司三大类。

我国建筑用钢筋过去长期以来都是依靠手工来进行加工的，随着一些国产钢筋加工设备的出现，才使其变为半机械化的加工方式，加工地点主要在施工工地现场。由于所使用的钢筋加工机械技术性能、自动化程度和加工能力较低，严重制约了建筑施工现代化的提高，给施工管理带来很大的麻烦，并且这种加工方式具有劳动强度大、加工质量难以控制、加工效率低、材料和能源浪费高、加工成本高、安全隐患多、占地大、噪声大等缺点。国外钢筋加工厂普遍使用数控全自动钢筋加工设备，这些全自动钢筋加工配送设备主要来自欧洲、北美洲等工业发达国家，例如 EVG 公司、MEP 公司、KBB 公司、SCHNELL 公司等都是国际知名品牌，而目前我国的全自动钢筋加工设备在激烈的市场竞争中也逐渐占有了一席之地，无论是技术含量还是性价比，均已接近或达到世界一流水平，经过我国的全自动钢筋加工装备制造商多年的努力，国产钢筋加工装备也已经很成熟。

根据中国工程机械工业协会标准《工程机械定义及类组划分》（GXB/T Y0001—2011），钢筋加工配送设备分为钢筋强化机械、单件钢筋成型机械、组合钢筋成型机械、钢筋连接机械、预应力机械、其他等几类，具体如表12-1所示。

表 12-1 钢筋加工配送设备一览表

序　号	细分产品	产品类别	产品系列
1	钢筋强化机械	冷轧带肋钢筋成型机	被动冷轧带肋钢筋成型机
			主动冷轧带肋钢筋成型机
		直进式拉丝生产线	直进式拉丝生产线
2	单件钢筋成型机械	钢筋切断机	卧式钢筋切断机
		钢筋切断生产线	钢筋剪切生产线
			钢筋锯切生产线
		钢筋调直切断机	机械式钢筋调直切断机
		钢筋弯曲机	机械式钢筋弯曲机
		钢筋弯弧机	机械式钢筋弯弧机
		钢筋弯曲中心	立式钢筋弯曲中心
			卧式钢筋弯曲中心
		钢筋弯箍机	数控钢筋弯箍机
		剪网机	剪网机
		钢筋螺纹生产线	钢筋螺纹生产线

序 号	细分产品	产品类别	产品系列
3	组合钢筋成型机械	钢筋网成型机	GWC 数控钢筋网焊接生产线
		钢筋笼成型机	手动焊接钢筋笼成型机
			自动焊接钢筋笼成型机
		钢筋桁架成型机	机械式钢筋桁架成型机
		盾构管片钢筋生产线	盾构管片钢筋生产线
4	钢筋连接机械	钢筋对焊机	机械式钢筋对焊机
5	预应力机械	预应力钢筋拉伸机	液压式拉伸机
6	其 他	乱尺钢筋分选机	乱尺钢筋分选机
		钢筋配送辅助机械	钢筋配送轨道车
			钢筋辊道输送机
			摆渡车
		钢筋吊装辅助机械	线材盘条翻转工具
			外吊式盘卷钢筋吊装工具
			内吊式盘卷钢筋吊装工具
			直条棒材钢筋爪型吊具
			直条棒材钢筋链式吊具
			盘圆钢筋吊具
			网片起重吊具
			拆卷机器人

下面对钢筋加工配送典型设备分别予以介绍。

12.1 WG 系列数控钢筋弯箍机

12.1.1 WG 系列数控钢筋弯箍机工艺流程

WG 系列数控钢筋弯箍机工艺流程如图 12-1 所示。

12.1.2 WG 系列数控钢筋弯箍机简介

12.1.2.1 WG 系列数控钢筋弯箍机简介

现代建筑施工的快速发展大量使用箍筋,传统而落后的箍筋加工设备,由于其生产效率低、用工多、箍筋质量差,且大量浪费钢筋,不能满足工程需求,已成为制约现代建设的瓶颈。

传统加工工艺过程是用卷扬机将盘条拉直,之后根据所需的长度用剪切机将直条剪断,然后用弯曲机将直条弯成所需的箍筋,传统加工工艺的问题是,需要三台独立的设备分别完成拉直、剪切和弯箍工序;而数控钢筋弯箍机采用微机编程控制,自动完成钢筋定尺、调直、切断、弯箍,快速、省工、省料、省地。数控钢筋弯箍机是一种先进的箍筋加工设备,可以处理 $\phi 5 \sim 12mm$ 的钢筋,可用计算机输入上百种不同曲线,并实现全自动弯

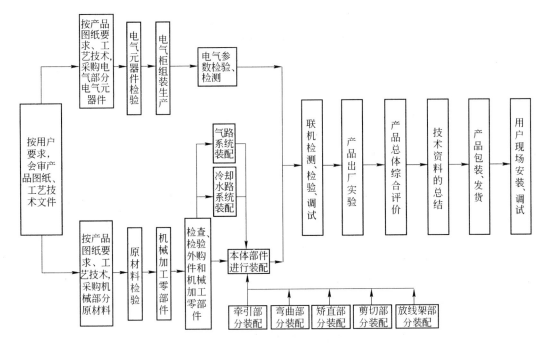

图 12-1 WG 系列数控钢筋弯箍机工艺流程图

曲成型，由于采用伺服电机和数字控制装置，可以保证钢筋成型精度。

12.1.2.2 数控钢筋弯箍机的优点

国外、国内的大量工程实践表明，采用了数控钢筋弯箍机生产效率大幅提高，省去钢筋加工场地。目前国内普遍采用400MPa及以上级别抗震高强钢筋，如果只是采用人工和简易弯曲设备，其劳动强度大，工作效率低，严重影响施工进度；而采用能够加工400MPa及以上级别抗震高强钢筋的数控钢筋弯箍机就能够解决这一难题。根据有关数据统计，当产量相同（如8100个箍筋）时，1套数控弯箍机只需2人操控，消耗电费115元/天；而传统加工模式共需约14人，而电费为147元/天。

专业化建筑用钢筋加工配送中心是工业发达国家已经非常成熟并且广为使用的方式，也是我国建筑行业发展的客观要求和发展的必然趋势。建筑用钢筋加工配送项目具有突出的经济效益和社会效益，开发建筑用钢筋加工配送项目在原材料、基础设施、市场销售网络、人才、运营机制等多方面都有优势，项目所在地建筑市场发展空间巨大。

钢筋箍筋在工厂生产，按施工进度运到现场后即吊运至作业面，现场无需设板筋加工、堆放场地，降低了噪声污染，解决了扰民问题，对环境保护也起到了一定的作用。

12.1.3 WG 系列数控钢筋弯箍机工作原理

数控钢筋弯箍机的构成如图12-2所示，它是将盘料经过水平矫直、牵引、垂直矫直送至弯曲部分进行弯箍成型，最后再进行剪切并将成品收集。生产线采用工业计算机控制，可实现用户的可视化图形编辑，系统提供一个内部存储上百个常用图形的用户图库，经过扩容用户可以无限量存储图形，这方便了不同用户加工不同箍筋的需求。控制系统采用实时控制，方便用户的使用，这能保证不停机就可以生产不同的形状成品。

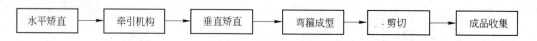

图 12-2 数控弯箍机的组成方框图

数控弯箍机示意图如图 12-3 所示。

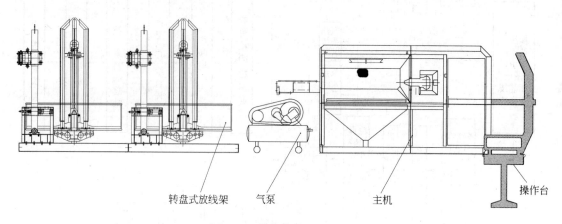

图 12-3 数控弯箍机示意图

12.1.4 WG 系列数控钢筋弯箍机应用

数控弯箍机主要用户是钢筋加工企业和大量使用箍筋的专业建设企业。高强钢筋箍筋广泛用于楼房建筑、桥梁、机场、高速公路、高速铁路、核电站等工程的钢筋混凝土结构和预制构件。

在国内，钢筋弯箍加工的年需求总量约为 100 万吨，并以每年 30% 的趋势在增长。当前投资重点是基础设施建设。截至 2007 年底，我国电气化铁路通车里程为 2.55 万公里。根据《综合交通网中长期发展规划》，到 2020 年，我国铁路营业里程将达到 12 万公里以上，其中电气化铁路比重将占到 60%。由此看来，市场前景尤为乐观。

12.2 GT 系列数控钢筋调直切断机

12.2.1 GT 系列数控钢筋调直切断机工艺流程

GT 系列数控钢筋调直切断机工艺流程如图 12-5 所示。

12.2.2 GT 系列数控钢筋调直切断机简介

12.2.2.1 GT 系列数控钢筋调直切断机简介

钢筋调直切断机利用旋转矫直或辊式矫直两种方式将盘条钢筋进行矫直，然后剪切成一定长度的成品。

此前的矫直机一般采用接近开关或撞块设定长度，用离合器或拉动剪刀来控制剪切。每换一种长度，首先要调整计量长度的接近开关或撞块的位置，把开关调整到对应剪切长度的位置，开关后面还有一个机械的固定挡块，保证剪切的长度一致。当钢筋碰到长度检

图 12-4 高强钢筋箍筋的应用

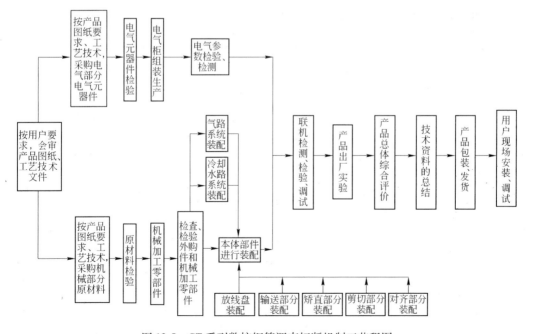

图 12-5 GT 系列数控钢筋调直切断机制工艺程图

测的接近开关，带动切刀的离合器或切刀开始动作，切断钢筋。可见这种调直机调整比较麻烦，钢筋调直速度最高为 60~70m/min，效率低，而且最主要的是传统钢筋矫直机不能用于加工大直径三级钢。

而目前国内新型 GT 系列数控钢筋调直机，定尺和剪切均采用交流伺服系统进行精确定位和高精度剪切。数控系统具有任务单逐一输入、存储、屏幕显示，可连续生产不停机，而且在生产过程中可随时输入或更改，适合于规格种类多、单件或小批量生产、调整简单，钢筋调直速度最高可达到 130~140m/min。

这种数控钢筋调直机可加工 400MPa 级及以上高强钢筋，具有调直速度高、剪切精度高、钢筋表面质量好、自动化程度和生产效率高等优点。

12.2.2.2 GT 系列数控钢筋调直切断机的优点

随着世界建筑业的不断发展，钢筋用量与日俱增，由于直条钢筋的钢筋热轧速度与高速线材盘条热轧速度相差甚远，其效率很低，因此 φ16 以下的直条钢筋越来越少，大量钢筋产品为盘条形式，而盘条不是直接应用在工程上，必须经过调直，钢筋调直机主要就应用于此方面，因此其速度和剪切精度等各项功能指标非常重要，它始终影响着建筑业的施工效率。

国外、国内大量工程实践表明，采用数控钢筋调直机生产效率大幅提高（调直速度 130~140m/min，剪切精度 ±2mm，调直钢筋表面损伤小，钢筋直线度 ≤3mm/m），钢筋调直质量好，自动化程度高。根据有关数据统计，采用数控钢筋调直机后产量可提高一倍，达到 25t/10h，1 人可以同时操作多台机器。

钢筋经数控钢筋调直机调制再经弯曲成型，全部在工厂内生产，按施工进度运到现场后即吊运至作业面，现场无需设板筋加工、堆放场地，降低了噪声污染，解决了扰民问题，对环境保护也具有一定的意义。

12.2.3 GT 系列数控钢筋调直机工作原理

数控钢筋调直机加工流程是将盘料经过调直辊矫直、定尺、剪切、对齐，最后将成品收集。生产线采用可编程控制器控制，显示屏与控制系统分别完成监控与控制功能，通过在系统各部位安装传感器，可以将调直机的动作转变为电信号，这些信号送给可编程控制器分析后，再由可编程控制器控制电磁阀等器件进行动作，从而使系统按照预定程序工作。控制系统通过控制气动电磁阀和电机，对调直输送、调直、集料、对齐、剪切及各种故障信号进行全面控制。控制系统采用实时控制，方便用户的使用，保证用户不用停机就可以生产不同长度的钢筋。

表 12-2 数控钢筋调直机主参数

型 号	主要技术参数	型 号	主要技术参数
牵引速度/m·min^{-1}	130~140	剪切方式	伺服剪切
钢筋直径/mm	φ16	剪切后对齐	有
长度/mm	1000~13000	连切现象	无
剪切误差/mm	±2	多任务连续	有
直线度(不大于)/mm·m^{-1}	3		

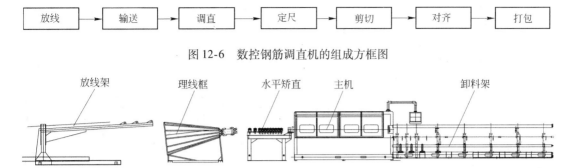

图 12-6　数控钢筋调直机的组成方框图

图 12-7　数控钢筋调直机示意图

12.2.4　GT 系列数控钢筋调直机应用

数控钢筋调直机主要用户是钢筋加工企业和钢筋焊接网企业，这些钢筋加工企业为建筑企业提供各种规格的钢筋以满足楼房建筑、桥梁、机场、高速公路、高速铁路、核电站等工程的钢筋混凝土结构和预制构件方面的要求。

图 12-8　高强调直钢筋的应用

12.3　G2W50 双向移动斜面式数控钢筋自动弯曲中心

12.3.1　G2W50 双向移动斜面式数控钢筋自动弯曲中心工艺流程

G2W50 双向移动斜面式数控钢筋自动弯曲中心工艺流程如图 12-9 所示。

12.3.2　G2W50 双向移动斜面式数控钢筋自动弯曲中心简介

12.3.2.1　G2W50 双向移动斜面式数控钢筋自动弯曲中心简介

在现代建筑工程中，钢筋混凝土结构得到了非常广泛的应用，钢筋作为建筑工程重要材料其需求量在急剧增长，但是，钢筋加工生产发展却很慢。目前，国内现场钢筋弯曲成型方式基本还是手工或半手工操作，自动化程度和加工能力较低，材料和能源浪费高，加

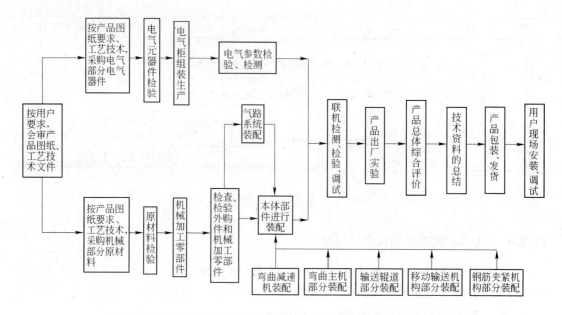

图 12-9　G2W50 双向移动斜面式数控钢筋自动弯曲中心工艺流程图

工质量难以控制，加之占地大，噪声大，很难满足规模化的建筑业飞速发展的需求，已经成为制约我国建筑施工现代化程度的一个瓶颈。不打破这个瓶颈，我们的建设步伐和规模就不可能加快或有更大发展。

传统加工工艺的工艺过程是：

（1）将一定长度的钢筋由人工放到弯曲单机上；

（2）用弯曲单机进行第一次钢筋弯曲；

（3）手工移动钢筋至需要的位置，用弯曲机进行第二次弯曲钢筋，直至最终将直条钢筋弯成所需的箍筋形状。

传统加工工艺的问题是：钢筋弯曲成型需要手工或半手工操作，要进行多次定位，因此浪费能源、材料、人工，其劳动强度大，生产效率低，产品尺寸不精确，不统一，因此必然影响施工质量，这样的落后工艺应当改进。G2W50 双向移动斜面式数控钢筋自动弯曲中心采用微机编程控制，斜面式工作面结构，人工辅助上料，通过两套弯曲主机在一个工作单元内同时快速左右移动、同时进行双向弯曲钢筋，可实现同时多次弯曲不同形状的钢筋，具有快速、省工、省料、节省占地的特点。G2W50 双向移动斜面式数控钢筋自动弯曲中心是一种先进的、可以处理直径 $\phi 10 \sim 50mm$ 的直条钢筋，能生产建筑常用的不同形状的箍筋、板筋、梁主筋和柱主筋制品，可用计算机输入上百种不同钢筋弯曲图形，并实现全自动弯曲成型，由于采用伺服电机和数字控制装置，可以保证钢筋成型精度。

12.3.2.2　G2W50 双向移动斜面式数控钢筋自动弯曲中心的优点

国外、国内大量工程实践表明，采用数控钢筋自动弯曲中心可使生产效率大幅提高，省去钢筋加工场地。据统计，在产量相同的情况下制作 2000 个 $\phi 20mm$ 箍筋，1 套数控钢筋自动弯曲中心只需 1 人，耗电费约 50 元/天；而传统加工模式共需约 3 人，耗电约 80 元/天。

12.3.3 G2W50 双向移动斜面式数控钢筋自动弯曲中心工作原理

左右两台斜面式钢筋自动弯曲机通过齿轮齿条由各自的伺服减速电机牵引，分别归于各自的零点位置。当钢筋需要弯曲时，如图 12-10 所示状态，输送辊在动力驱动机构驱动下转动，并对钢筋经过对齐过程后，将钢筋输送到指定位置然后停止转动，钢筋被托起移送机构开始动作，由气缸的驱动，通过曲柄机构驱动托辊架从输送辊下面托起钢筋，再将托起的钢筋向钢筋加工设备的方向移送至适宜方便拿取钢筋的位置停止，如图 12-11 所示状态。气动对齐挡板抬起，手工"扒取"规定数量钢筋并送入左右两台斜面式钢筋自动弯曲机的定位槽，由人工将钢筋对齐，夹紧机构将钢筋夹紧，气动对齐挡板落下；启动控制系统，通过各自的伺服减速电动机牵引，使左右两台斜面式钢筋自动弯曲机自动移动钢筋至需要弯曲的部位；两台斜面式钢筋自动弯曲机的弯曲轴分别按照指令对钢筋实施连续的弯曲动作，直至完成钢筋的全部弯曲成型，夹紧机构松开钢筋，自动翻料机构由气缸驱动翻料臂将弯曲成型的钢筋翻落至成品料仓中。

上述完成钢筋一次弯曲成型过程后，不断重复上述动作。

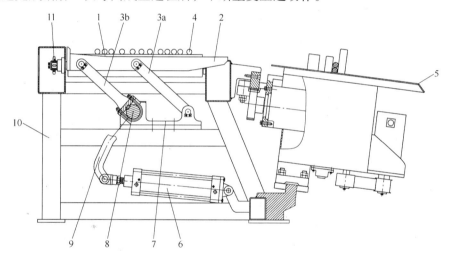

图 12-10 钢筋待弯曲时的状态

1—输送辊；2—托辊架；3a—随动支撑臂；3b—主动支撑臂；4—钢筋；5—钢筋
自动弯曲机；6—气缸；7—支转轴；8—支座；9—曲柄；10—机架；11—链轮

数控钢筋自动弯曲中心采用工业计算机控制，可实现用户的可视化图形编辑，系统内部存储近百个钢筋弯曲常用图形，还提供了一个用户图库，以方便不同用户加工不同箍筋的需求。加工过程采用实时控制系统，方便用户的使用，这能保证用户不用停机就可以生产不同的图形。

表 12-3 数控钢筋自动弯曲中心主要技术指标比较

序号	项　目	主要技术参数	序号	项　目	主要技术参数
1	工作面形式	斜面式	5	机头移动速度/m·s⁻¹	0.75
2	弯曲钢筋直径/mm	$\phi(10\sim50)$	6	机头移动方式	两台弯曲机可同时左右移动
3	最大弯曲速度/(°)·s⁻¹	72	7	弯曲方式	自动
4	弯曲长度误差/mm	±1	8	操作者素质要求	中

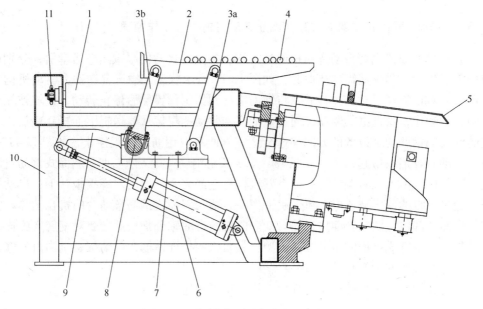

图 12-11　钢筋移送到合适位置的状态

1—输送辊；2—托辊架；3a—随动支撑臂；3b—主动支撑臂；4—钢筋；5—钢筋自动弯曲机；
6—气缸；7—支转轴；8—支座；9—曲柄；10—机架；11—链轮

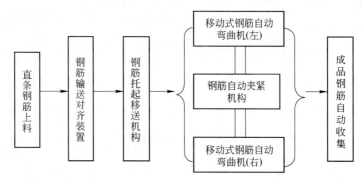

图 12-12　双向移动斜面式数控钢筋自动弯曲中心工艺流程方框图

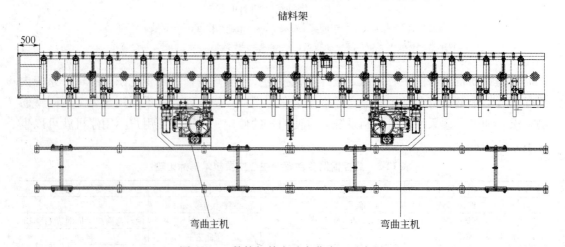

图 12-13　数控钢筋自动弯曲中心示意图

12.3.4 G2W50 双向移动斜面式数控钢筋自动弯曲中心应用

G2W50 数控钢筋自动弯曲中心主要应用包括：专业化钢筋加工的商品配送中心、核电工程、大型建筑工程等项目等，其产品广泛用于楼房建筑、桥梁、机场、高速公路、高速铁路、核电站等工程的钢筋混凝土结构和预制构件。

图 12-14　钢筋箍筋的应用

12.4　GJW 系列数控移动式棒材液压剪切生产线

12.4.1　GJW 系列数控移动式棒材液压剪切生产线工艺流程

GJW 系列数控移动式棒材液压剪切生产线工艺流程如图 12-15 所示。

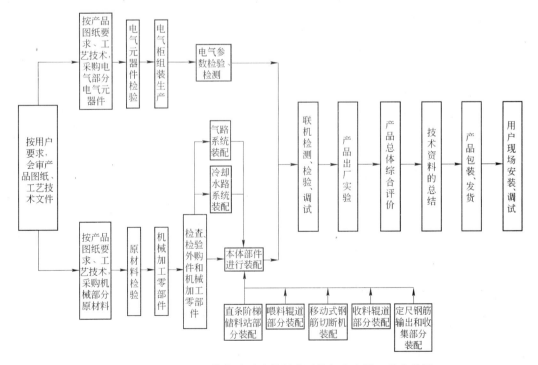

图 12-15　GJW 系列数控移动式棒材液压剪切生产线工艺流程图

12.4.2　GJW 系列数控移动式棒材液压剪切生产线简介

12.4.2.1　GJW 系列数控移动式棒材液压剪切生产线简介

以往国内钢筋剪切方式基本靠手工操作，自动化程度和加工能力较低，材料和能源浪费严重，加工质量难以控制，加之占地大，噪声大，很难满足规模化的建筑业飞速发展的需求。因此为适应市场需求，GJW 系列数控移动式棒材液压剪切生产线应运而生，该机生产效率高，剪切质量好（剪切精度 ±5mm），不但适合传统普通钢筋的剪切，更适用于高强度钢筋的剪切。

数控移动式棒材液压剪切生产线按结构和功能分为电气控制系统、液压系统、直条阶梯储料站、喂料辊道、移动式钢筋液压切断机、收料辊道、定尺钢筋输出和收集装置等。

GJW 数控移动式棒材液压剪切生产线经测试证实，其可操作性好、剪切精度高、效率高、加工钢筋规格形状范围广，采用液压缸带动剪切刀刀剪切钢筋后能自动快速回程，结构简单、工作平稳、节省能耗，剪切刀采用了一种斜刃刀片的设计方法，使剪切成为一个渐进的过程，使剪切力小、剪切过程噪声低，利于环境保护。为了避免在剪切过程中钢筋给辊道施加太大的压力，钢筋前输送辊道的最后一部分在剪切过程中，采取了一种由气动装置控制自动下降的机构，提高了剪切质量的同时设备的使用寿命也大大地提高，整条生产线克服了剪切机手工操作所造成的浪费现象，节约了成本，具有很强的市场适应性。

12.4.2.2　数控移动式棒材液压剪切生产线的优点

在现代建筑工程中，混凝土结构建筑工程施工主要分为三个部分：混凝土、钢筋和模板。商品混凝土配送和专业模板技术近几年发展很快，而钢筋加工部分发展很慢，钢筋加工生产远落后于另外两个部分，已经成为制约施工现代化程度提高的一个瓶颈。所以，提高建筑用钢筋加工工厂化程度，实现钢筋的商品化专业配送，是建筑业的一个必然发展方向，钢筋的定尺切断是其中一个重要的、必不可少的环节。

数控移动式棒材液压剪切线的研制成功是时代的需要，根据我国目前的发展和建设速度，钢筋作为建筑工程重要材料的需求量在急剧增长，但是建筑用钢筋规格形状复杂，钢厂生产的钢筋原料往往不能直接在工程上使用，一般需要根据建筑设计图纸要求经过一定的加工工艺过程，所以为了满足建筑业的这种飞速发展，必须采用高效、节能、环保的自动化的设备。

12.4.3　GJW 系列数控移动式棒材液压剪切生产线工作原理

数控移动式棒材液压剪切生产线的剪切机的移动采用伺服控制系统，剪切机剪切动作采用液压系统控制。剪切的钢筋尺寸为 500mm 倍数，是靠定尺板来控制的，剩余的尺寸由剪切机移动来完成，因而可实现剪切长度无极可调和定位的准确。

首先，通过操作台上的显示屏，用户可以把原材料具体规格都输入到软件中，当有任务单时，用户可以把需要的任务直接输入到软件，软件会自动选出一种最适合的原材料进行剪切。当原材料剪切后，系统会把已经生产的原材料从原材料库中删除，把剪切后有用的钢材再加入到原材料库中。

数控移动式棒材液压剪切生产线工艺流程框图如图 12-16 所示，其生产线示意图如图 12-17 所示。

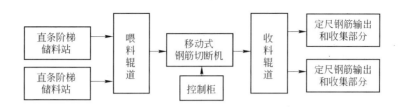

图 12-16 数控移动式棒材液压剪切生产线工艺流程框图

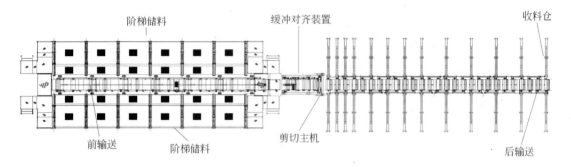

图 12-17 数控移动式棒材液压剪切生产线示意图

将原材料从阶梯式储料站上放到喂料辊道上，然后按启动按钮，设备将按照设定的程序进行工作。动作顺序如下：根据显示屏上任务单的剪切长度，相应的定尺板首先抬起，如果要剪切的长度是 500mm 的整数倍，剪切机将不移动，如果要剪切的长度不是 500mm 的倍数，那么剪切机要进行移动，移动到设定的位置，同时喂料辊道和收料辊道也开始动作，当原材料运动到抬起的定尺板并撞击到定尺板后，剪切机上的压板油缸将压下，将待剪切的钢筋压下，经过一个很短的延时后，剪切机剪切主油缸动作，将钢筋切断，压板油缸抬起，作为定尺抬起的定尺板落下，选定的料仓翻料杆抬起，收料辊道动作，将剪切后的钢筋输送到指定的料仓位置，翻料机构抬起将剪切后的钢筋翻到指定的料仓内，料仓翻料杆落下，剩下的废料翻到指定的废料仓内，这样完成一个任务流程。

数控移动式棒材液压剪切生产线自动化程度高，降低了生产成本，提高了产品质量并减少了环境污染，符合环境保护和可持续发展的要求，并显著提高了剪切钢筋的控制精度和生产效率。

12.4.4 GJW 系列数控移动式棒材液压剪切生产线应用

GJW 数控移动式棒材液压剪切生产线主要满足专业化的钢筋加工配送中心、核电工程、高速铁路、大型建筑工程等项目需求。几年来，已先后在国家重点项目和大型钢筋加工厂推广应用，例如比较典型的核电项目和天然气项目包括福建莆田 LNG 一期和二期天然气项目、大连红沿河核电一期和二期工程项目、福建宁德核电工程、上海 LNG 天然气项目、大连鲅鱼圈 LNG 天然气项目、广东台山核电项目等。比较典型的国外客户有南非、约旦、巴勒斯坦、沙特等国家的企业。

随着国家核电建设步伐的加快，从能源结构来说，到 2020 年核电占我国发电量的比重预计会提高到 7% ~ 8%；按照我国近期高速铁路规划，到 2012 年，我国将建成客运专线 42 条，总里程 1.3 万公里，其中时速 250km 的线路有 5000km，时速 350km 的线路有 8000km。核电建设和高速铁路建设的蓬勃发展，钢筋用量必然会迅速上升，传统的简易加工机械及工艺无法满足工程质量和工期的需要。因此必须有真正适合这些项目建设的自动化钢筋加工设备，才可以满足巨大的市场需求。数控移动式棒材液压剪切生产线的应用如图 12-18 所示。

(a) (b) (c) (d)

图 12-18　数控移动式棒材液压剪切生产线的应用

（a）核电项目；（b）钢筋加工配送基地；（c）LNG 天然气项目；（d）建筑施工

12.5　GWC 系列数控钢筋网焊接生产线

12.5.1　GWC 系列数控钢筋网焊接生产线工艺流程

GWC 系列数控钢筋网焊接生产线工艺流程如图 12-19 所示。

12.5.2　GWC 系列数控钢筋网焊接生产线简介

12.5.2.1　GWC 系列数控钢筋网焊接生产线简介

传统钢筋混凝土的钢筋采取人工绑扎方式连接，钢筋焊接网的应用取代了传统的人工绑扎方式，从而使钢筋混凝土和预制件的生产由手工操作向工业化和商业化发展。

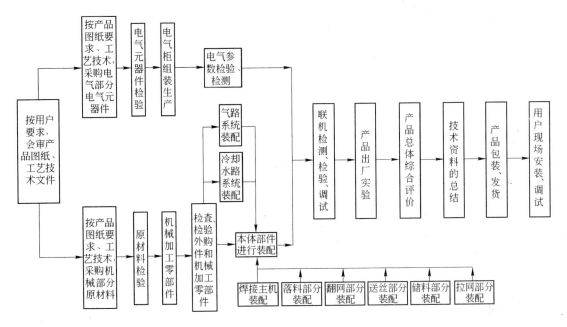

图 12-19　GWC 系列数控钢筋网焊接生产线工艺流程图

钢筋网焊接生产线采用计算机控制技术，钢筋焊接网宽最大为 3300mm，焊接钢筋直径 4～16mm，不仅可以焊接冷轧钢筋，而且适用于热轧钢筋，原料供给方式可为直条或盘条，最大焊接速度达到 60～100 次/min。

欧洲的一些国家在 20 世纪 20 年代就已经出现了钢筋焊接网。30 年代，德、英等国陆续建成专业的钢筋网生产厂，并制定了焊接网标准，最初使用的是普通热轧圆钢筋，后改为冷轧光面圆钢筋。60 年代德国研制成功冷轧带肋钢筋，从此冷轧带肋钢筋便作为制作焊接网的主要材料。钢筋直径 $\phi4$～12mm，抗拉强度一般为 550MPa。德国的冷轧带肋钢筋及焊接网的产品标准及焊接设计的规定对欧洲焊接网的发展具有很大的影响。

目前钢筋焊接网在我国已批量生产，生产厂有 50 余家，产品已在全国十几个省、市的大型现浇混凝土结构工程使用。主要应用在建筑工程的楼板、飞机场跑道、高速铁路和高速公路的路桥面等，其他结构也开始应用，目前应用量占钢筋总量的 2%，根据预测，今后每年的增长率为 8%～10%，市场前景可观。

12.5.2.2　数控钢筋网焊接生产线的优点

大量工程实践表明，采用焊接网可大量降低现场钢筋安装工时，省去钢筋加工场地。根据有关数据统计，在钢筋用量相同（如 10kg/m²）的前提下，1000kg 焊接网如按单层铺放约需 4 个多工时，如用双层网需 6 个多工时，而手工绑扎需 22 个工时，单层网铺放时间仅为手工绑扎网的 20%，双层网为 30%。根据国内一批房屋工程和桥面铺装的统计结果，与绑扎网相比大约可节省人工 50%～70%。并可显著提高钢筋工程质量，传统配筋在纵、横钢筋的交叉点使用钢丝人工绑扎连接，绑扎点处易滑动，钢筋与混凝土握裹力较弱，易产生裂缝。而焊接网的焊点不仅能承受拉力，还能承受剪力，纵、横向钢筋形成网状结构共同起黏结锚固作用，有利于防止或减缓裂缝的产生与发展，更有利于增强混凝土的抗裂性能。

钢筋焊接网在工厂生产，按施工进度运到现场后即吊运至作业面，现场无需设板筋加工、堆放场地，降低了噪声污染，解决了扰民问题，对改善环境也起到了一定的意义。

采用高强钢筋焊接技术的数控钢筋网焊接生产线是国民经济发展的产物，符合时代发展的需要，更是响应国家相关政策提出的"落实节约资源和保护环境基本国策，建设低投入、高产出，低消耗、少排放，能循环、可持续的国民经济体系和资源节约型、环境友好型社会"要求，所以说，数控钢筋网焊接生产线的应用推广与发展是与我国今后的发展方向紧密结合的。

12.5.3 GWC系列数控钢筋网焊接生产线工作原理

数控钢筋网焊接生产线是将纵丝经过矫直、牵引、送进至焊接主机的焊接电极处，与横丝落料机构落下的横丝交会，由变压器输出的低电压大电流对纵、横丝交会点施以电阻焊接，从而焊接成各种网格尺寸的钢筋网片，连续焊接出来的网片，经网片剪切机剪切成定尺网片，再经翻网机构和出网机构码垛运输。生产线采用工业计算机控制，可实现焊接网格的预览、编辑、存储等功能，还可以根据不同的钢筋材质编制焊接工艺，使焊接主机按设定的工艺曲线进行网片的焊接。

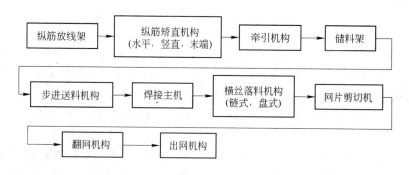

图12-20 盘条上料钢筋网焊接生产线的组成方框图

表12-4 钢筋网焊接生产线主要参数

型号	GWC3300主要技术参数	型号	GWC3300主要技术参数
最大网宽/mm	3300	最大焊接速度/排·min^{-1}	60~110
纵筋间距(不小于)/mm	100（以50递增无级可调）	额定功率/kV·A	1400
横筋间距(不小于)/mm	25（无级可调）	纵丝供料方式	直条/盘条
钢筋直径/mm	5~12	横丝落料方式	盘式/链式
最大焊接能力/mm	12+12	焊接原料	普通光圆、热轧带肋、冷轧带肋钢筋

12.5.4 GWC系列数控钢筋网焊接生产线应用

数控钢筋网焊接生产线生产的产品焊接网广泛应用于现浇钢筋混凝土结构和预制构件，大量用在工业与民用房屋的楼板、屋盖、地坪、梁柱的箍筋笼、高速公路桥和市政桥梁的桥面铺装、水工结构、隧洞衬砌、特殊构筑物及隔离网等。

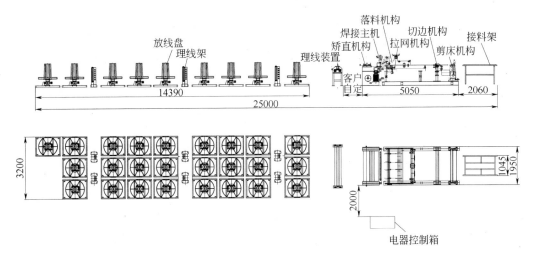

图 12-21 GWC 系列数控钢筋网焊接生产线示意图

12.6 SJL 系列全自动钢筋桁架焊接生产线

12.6.1 SJL 系列全自动钢筋桁架焊接生产线工艺流程

SJL 系列全自动钢筋桁架焊接生产线工艺流程如图 12-23 所示。

12.6.2 SJL 系列全自动钢筋桁架焊接生产线简介

12.6.2.1 SJL 系列全自动钢筋桁架焊接生产线简介

钢筋桁架（骨架式承重结构）是制作无渣轨枕的关键部件，传统的焊接机械及工艺无法满足工程质量和工期的要求。钢筋桁架由三根直钢筋（冷轧带肋钢筋）和两根弯曲成波浪的波纹钢筋（冷拔光圆钢筋）组成，即上面一根、下面两根组成三角形，两根波纹筋分别焊在两侧面，形成截面为三角形的桁架结构，如图 12-24 所示。

全自动钢筋桁架焊接生产线按结构和功能可分为电气控制系统、钢筋放线架、矫直送丝机构、钢筋储料架、侧筋弯曲成型机构、侧筋缓冲装置、侧筋对齐装置、焊接成型机构、夹紧步进机构、剪切机构和集料装置等，如图 12-25 所示。

轨枕用桁架只有一种规格，其侧筋节距、桁架长度、宽度、高度和每根钢筋的直径都相对固定。建筑用桁架除侧筋节距为 200mm 外，桁架宽度、高度、长度和钢筋直径在一定范围内也都是不固定的。我国生产制造的全自动钢筋桁架生产线充分考虑了设备的应用范围和使用率，做到了既能生产轨枕用桁架，经过局部的改进又能生产建筑用桁架，因而使用面广、有较大的推广意义。桁架焊接生产线为全自动连续生产，整个生产线只需一人操作，生产效率高、工人劳动强度低。对钢筋的利用率达到了 100%，减少了资源消耗和浪费。

12.6.2.2 数控全自动钢筋桁架焊接生产线的特点

作为高速铁路关键部件之一的无渣轨枕是一种科技含量较高的新型轨道结构部件，以其轨道稳定性、平顺性、舒适性和延长轨道维修周期以及养护维修工作量小、使用寿命

图 12-22　钢筋网的应用实例

（a）楼面铺装项目；（b）房地产项目；（c）钢网配送基地；（d）隧道施工项目；
（e）高速铁路；（f）高速公路

长、降低隧道净空，减少开挖面积并且利于环保等优点，在高速铁路客运专线上获得越来越广泛的应用。钢筋桁架（骨架式承重结构）是制作无渣轨枕的关键部件，传统的焊接机械及工艺无法满足工程质量和工期的要求。国外只有意大利的 MEP 公司和奥地利的 EVG

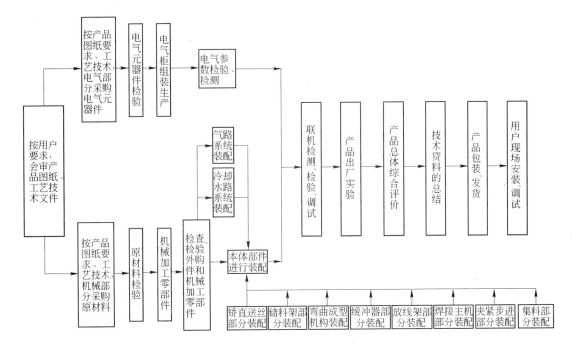

图 12-23 SJL 系列全自动钢筋桁架焊接生产线工艺流程图

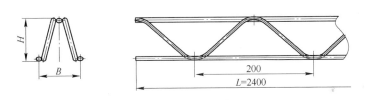

图 12-24 钢筋桁架结构图

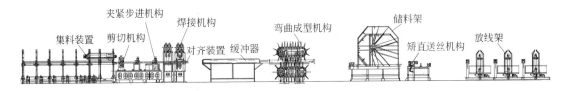

图 12-25 数控全自动钢筋桁架焊接生产线示意图

公司等少数几家公司能够生产全自动钢筋桁架焊接设备,国外的设备不但价格昂贵,对钢筋材质的均匀度要求也十分严格,不适合中国的国情,而我国高速铁路的发展正处于刚起步阶段,钢筋桁架焊接生产线的市场需求十分广泛。

12.6.3 SJL 系列全自动钢筋桁架焊接生产线工作原理

SJL 数控全自动钢筋桁架焊接生产线分别由五个盘形上料架承载着原材料,五根钢筋经过牵引、矫直后进入储料架,然后其中两根作为侧筋的钢筋进行折弯成型,成型后的侧筋和另外三根主筋一起被推到焊接成型机构中的压紧装置中,上、下电极落下,进行焊接，焊接后步进夹紧机构将桁架夹紧并向前准确移动一定距离，之后，重复上述动作，直至达到设定长度，剪切机构进行剪切，剪切完的桁架先由机械夹手将桁架在翻料角钢内向前拖动一定距离，然后打开翻料角钢，桁架下落到接料架上，落到一定数量后接料架向下移动，桁架便平放在输送链条上，输送链条向前移动一定距离等待下次桁架落下，就这样循环反复地进行工作，其控制流程如图 12-26 所示。

数控全自动钢筋桁架焊接生产线自动化程度高，充分利用了机械传动和气压传动，无跑、冒、滴、漏现象，符合环境保护和可持续发展的要求，并显著提高了桁架尺寸控制精度和生产效率。

12.6.4 SJL 系列全自动钢筋桁架焊接生产线应用

国外在桥梁施工、工民建等方面应用钢筋桁架已十分普遍，近年来我国在该领域对钢筋桁架的应用也逐年增加。随着生产技术的不断更新，所生产的桁架其高度和宽度在一定范围内任意可调，逐步满足了建筑行业的需要。因此，全自动钢筋桁架焊接生产线的研制成功不但满足了高速铁路用轨枕桁架的生产需要，而且在建筑行业也有很大的应用前景，具有很高的经济价值和社会价值。

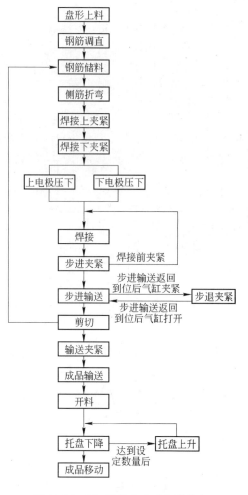

图 12-26　SJL 数控全自动钢筋桁架
焊接生产线控制流程图

在我国，高强钢筋加工配送行业是一个新兴的行业，它必将随着社会的进步和工业化需求得到快速的发展，但很多人对这个行业了解得太少，片面认为只要拥有了自动化的高强钢筋加工设备，就能够做好钢筋加工配送，实际上不是这样的，高强钢筋加工配送是一个综合的工厂化管理流程计划。

如果一个钢筋加工配送工厂要实现 100% 满负荷生产的话，那么自动化的设备所带来的产量只有 50%，而另 50% 的产量是靠一套完善的生产管理体系所实现的，例如：一套完善的工艺流程、一套生产管理软件（包括钢筋原材料及加工成品出入库人性化管理、施工图纸智能拆分、自动统计加工数量管理、配筋单智能优化、最大限度节省原材料管理、自动化生产管理、智能人机界面、生产全程统一管理、生产设备实时通讯调度、确保生产质量和进度管理、人性化财务管理、成本核算、结算清单管理等等），配件管理，生产管理人员、操作人员全面的培训等，只有正确看待钢筋加工配送的经营模式，才能达到计划的盈利模式。在国外的一些国家，钢筋加工配送已经是一个非常成熟的行业。

图 12-27　钢筋桁架的应用

（a）高铁桁架；（b）轨枕半成品；（c）模板焊接；（d）轨枕成品；（e）高速铁路；（f）轨道交通

参 考 文 献

[1] 杨忠民. The Hot Rolling High Strength Reinforcing Steel Bars and Manufacturing Practicing in China[C]// 2007 年建筑用钢会议论文集, 天津: 2007.

[2] 翁宇庆. 超细晶钢[M]. 北京: 冶金工业出版社, 2003.

[3] 孟茂繁, 付俊岩. 大力发展含铌钢筋[J]. 微合金化技术, 2004, 4(1): 16~28.

[4] 黄肇信. HRB400 小规格热轧带肋钢筋的试制与开发[J]. 轧钢, 2001, 18(5): 25~27.

[5] 干勇, 等. 中国材料工程大典 (第 3 卷) [M]. 北京: 化学工业出版社, 2006.

[6] 东涛, 付俊岩. 铌/钒微合金化 400MPa Ⅲ级钢筋的生产技术[J]. 中国冶金, 2004, (5): 1~5, 14.

[7] 东涛, 付俊岩. 钢筋的微合金化原理及生产要领[J]. 微合金化技术, 2004, 4(1): 60~62.

[8] Russwurm D., Wille P. High Strength Weldable Reinforcing Bars[D]. Microalloying' 95, Pittsburgh, PA, ISS, 1995.

[9] M. 科恩, 等. 钢的微合金化及控制轧制[M]. 北京: 冶金工业出版社, 1984: 4.

[10] Dr. S. Zajac. The Effect of Vanadium on Intra-granular Ferrite Nucleation[G]. VANITEC/Swedish Institute for Metals Research. (内部资料 PPT).

[11] 赵宇, 陈伟, 杜顺林. 昆钢 Nb 微合金化 HRB400 热轧带肋钢筋的开发[J]. 轧钢, 2005, 22(1).

[12] 张永青, 鲁丽燕, 杨雄, 等. Nb 微合金化 HRB400 钢筋加热温度的研究[G]//2007 年中国钢铁年会论文集. 北京: 冶金工业出版社, 2007.

[13] 翟有有, 张有余. 铌微合金化技术生产 HRB400 钢筋[J]. 酒钢科技, 2005(4).

[14] 雍岐龙, 刘正东, 孙新军, 等, 钒微合金钢中碳氮化钒固溶量及化学组成的计算与分析[J]. 钢铁钒钛, 2005, 26(2): 20~24.

[15] 杨才福, 张永权, 王瑞珍. 钒钢冶金原理与应用[M]. 北京: 冶金工业出版社, 2012: 51~99.

[16] 吴绍杰, 刘涛, 周福功, 等. 铌微合金化生产 HRB400 钢筋[J]. 钢铁研究, 2005(4).

[17] 王丽娟, 刘永林. 铌微合金化 HRB400 钢筋开发[J]. 冶金标准化与质量, 2006, 44(3).

[18] 王会凤, 赵文成, 杜明山. 铌微合金化 HRB400 生产工艺与性能[J]. 材料热处理技术, 2010(11): 179~181.

[19] 完卫国, 李德华, 郭湛, 等. 节约型铌微合金化 HRB400 钢筋的成分与工艺研究[J]. 钢铁研究, 2011, 39(2): 18~22.

[20] 苏灿东, 陈伟, 陈必胜. 微合金化控冷工艺开发 HRB500E 高强抗震钢筋[J]. 钢铁钒钛, 2012(2).

[21] 孟宪珩, 白宗奇. 承钢 HRB500 钢筋的研制及市场开发[G]//2005 年中国钢铁年会论文集(第 3 卷). 北京: 冶金工业出版社, 2005: 732~737.

[22] 马范军, 文光华, 唐萍, 等. 含铌、钒、钛微合金钢连铸坯角部横裂纹研究现状[J]. 材料导报, 2010, 24(3): 89~95.

[23] 矫宏伟, 于勇, 康爽. HRBF500E 高强度细晶粒抗震钢筋技术[J]. 黑龙江冶金, 2010, 30(1): 6~8.

[24] 郭楚雄, 谢永明. 转炉铌钒复合微合金化 HRB500E 高强抗震钢筋开发[J]. 冶金丛刊, 2010, 187 (3).

[25] 杜东福, 张光德, 丰珠平. 铌钒复合微合金化 HRB500 钢筋工艺研究[J]. 轧钢, 2008(8): 60~62.

[26] 邓深. 柳钢含铌钛及铌钒钛钢坯热塑性能研究[J]. 柳钢科技, 2010(3): 17~20.

[27] 陈其安, 车彦民, 折启耀. 带肋钢筋的升级换代及相关的资源问题[J]. 钢铁, 2012, 47(6): 1~8.

[28] 陈英. V-Nb 微合金化 HRB500 钢筋的试制[J]. 轧钢, 2007, 24(3): 64~66.

[29] 陈伟, 施哲, 赵宇, 庾郁梅. 铌微合金化和控冷工艺开发 HRB500 抗震钢筋[J]. 材料热处理学报, 2010(7).

[30] 白瑞国, 张兴利, 田鹏, 等, 钒氮强化作用在钢筋中的研究与应用[G]//2012 年中国金属学会低合

金钢分会第一届学术年会论文集. 2012. 张家港：434~439.

[31] 赵宪明，吴迪，王国栋. 利用新一代 TMCP 技术生产Ⅲ，Ⅳ级热轧带肋钢筋的理论与实践[J]. 中国冶金，2009，19(7)：1~7.

[32] 张晓香，魏国增. HRB400 钢中钒微合金化工艺改进[J]. 河北冶金，2003(6)：44~46.

[33] 薛董科，虞学庆. 低成本 VN 微合金化 HRB400 热轧钢筋的生产试制和综合性能分析[J]. 济源职业技术学院学报，2005，4(4)：8~10.

[34] 闻雷. 大规格钢筋余热处理工艺及温度场有限元分析[D]. 沈阳：东北大学，2000.

[35] 王有铭. 钢材的控制轧制和控制冷却[M]. 北京：冶金工业出版社，1995.

[36] Paul L. Bishop. 污染预防：理论与实践[M]. 王学军，等译. 北京：清华大学出版社，2003.

[37] 苏世怀，孙维，汪开忠，等. 高效节约型建筑用钢——热轧钢筋[M]. 北京：冶金工业出版社，2010.

[38] 齐俊杰，黄运华，张跃. 微合金化钢[M]. 北京：冶金工业出版社，2006：216~225.

[39] 马立明，王勇. 热轧带肋钢筋屈服点不明显的成因分析[J]. 河北冶金，2007(1)：57~59.

[40] 马钢，冶金工业信息标准研究院. 建筑用热轧带肋钢筋调研报告(内部资料)[G]，2009.

[41] 刘秀丽，吴华民. HRB400 钢钒微合金化工艺探讨[J]. 炼钢，2005，21(3)：20~22.

[42] 李曼云. 钢的控制轧制和控制冷却技术手册[M]. 北京：冶金工业出版社，1998.

[43] 李成军. 600MPa 级钒氮微合金化热轧高性能钢筋的研制[J]. 天津冶金，2012(2)：8~10.

[44] 国家科技支撑计划项目"高效节约型建筑用钢产品开发及应用研究"课题组赴欧洲考察报告(内部资料)[G]，2009.

[45] Zajac S., Siwechi T., Hutchinson W. B., et al. Strengthening Mechanism in Vanadium Microalloyed Steel Intended for Long Products [J]. ISIJ International，1998，38(10)：1130.

[46] Vanadium Steel-Reinforcing Bars [R]. VANITEC Monograph No. 1，Publication No. V025，London：Vanadium International Technical Committee，1976.

[47] Sage A. M.. Effect of V，N，Al on the Mechanical Properties of Reinforcing Bar Steels [J]. Metals Technology，1976，3(2)：65.

[48] Lindberg I.. Weldable High Strength Reinforcing Bars Micro-alloyed with Vanadium and Nitrogen [C]//Vanadium Steels Conference. Krakow：1980.

[49] Lagneborg R.，Siwecki T.，Zajac S.，et al. The role of vanadium in microalloyed steels [J]. Scandinavian Journal of Metallurgy，1999，28(5)：186~241.

[50] Korchynsky M.. A new role for microalloyed steels：adding economic value [Z]. Canada：The 9 International Fenoalloys Congress，2001.

冶金工业信息标准研究院

钢筋信息频道及《钢筋行业月度分析报告》

　　2012年，住房和城乡建设部、工业和信息化部联合出台《关于加快应用高强钢筋的指导意见》，进一步推动了我国钢筋市场的迅速发展和钢筋产品的结构调整。冶金信息网针对这一特定钢材品种，开设钢筋信息频道，定期收集、发布国内外市场行情、技术、专利等资讯，并按月出版《钢筋行业月度分析报告》，实现对用户及时、快捷的"一站式"专业服务。钢筋信息频道定价4000元/年（含报告），《钢筋行业月度分析报告》定价2000元/年。

钢筋信息频道内容

钢筋产品技术研发信息

- 技术信息动态
- 国内钢筋科技文献
- 国外钢筋科技文献
- 国内钢筋专利信息
- 国外钢筋专利信息

钢筋行业市场信息

- 热点资讯、宏观经济
- 国际、国内、上下游动态
- 分析评述
- 价格、进出口信息
- 在建、拟建项目
- 政策法规

钢筋产品统计数据

钢筋行业月度分析报告

钢筋行业月度分析报告内容

钢筋产品数据统计：产量、库存、进出口量、价格

热点行业资讯跟踪

热点企业资讯跟踪

钢筋产品工艺装备研发动态

国内外最新钢筋专利信息

网　址：http://www.metalinfo.cn/gjpd/

联系人：胡晓童　杜婷婷

传　真：010-65250592/65265341

地　址：北京市东城区灯市口大街74号

电　话：010-65250592/65265341

E-mail：huxiaotong@cmisi.cn
　　　　　dutingting@cmisi.cn

邮　编：100730

高延性冷轧带肋钢筋的力学性能和工艺性能

牌号	公称直径（mm）	屈服强度$R_{p0.2}$	抗拉强度R_m	$A_{5.65}$(%)	A_{100}(%)	最大力均匀伸长率A_{gt}(%)	弯曲试验180°	反复弯曲次数	应力松弛初始应力相当于公称抗拉强度的70% 1000h松弛率(%)（不大于）
				不	小	于			
CRB600H	5～12	520	600	14.0	—	5.0	$D=3d$		

产品分类：直条、盘螺

与普通冷轧带肋钢筋相比：

抗拉强度提高50MPa，达到 600MPa；
屈服强度提高20MPa，达到 520MPa；
最大力均匀伸长率A_{gt}达到5%以上，比国家标准提高1.5倍。

与热轧400Mpa Ⅲ 级钢筋相比：

不添加任何微合金元素，可节省稀有钒、钛资源。
设计强度415MPa,比Ⅲ级钢筋提高55MPa，每吨节材13%左右。

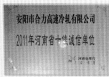

以上数据由厂家提供

真：0372-2111999 邮编：455000   E-mail:helilengzha@163.com   网址：http://www.hlck.cn

TJK 建科机械

　　天津建科是钢筋自动化加工设备企业的领军企业，集研发、生产、销售、服务为一体，专业生产混凝土用成型钢筋自动化加工装备的股份制公司，拥有300余项专利技术（专利号：ZL 2008 1 0172518.8、ZL 2009 2 0250676.0等），多项设备填补了国内外空白，注册资本6600万元，工厂规模为15万平方米。

　　天津建科以民族机械制造的优良品牌，引领着我国钢筋加工行业的快速发展，在立足本国，走向世界的同时，以跨越性思维追求更卓越的发展目标，努力成为全球自动化钢筋加工行业的领跑者。

高速铁路建设
High-speed Railway

核电建设
Nuclear Power Plant

港口码头建设
Port and Dock

钢筋加工配送中心
Rebar Shop

高速公路建设
High Way

高强钢筋加工全套解决方案
Professional Solutions for Reinforcement Processing Industry

地址：天津市北辰区陆路港物流装备产业园五纬路　　　电话：400-022-3711　　022-2699813

高强钢筋加工技术专家

数控全自动钢筋桁架焊接生产线 *SJL300T-18*
LATTICE GIRDER WELDING MACHINE

1. 桁架高度为70~300mm可调
2. 主筋直径为8~12mm，腹杆筋为4~8mm
3. 生产速度为每分钟18m
4. 设备功率仅为315kW左右
5. 国内新型自动化桁架焊接生产线，生产效率高，节能环保，性能稳定可靠

（以上所有数据由厂家提供）

钢筋桁架楼承板

技术咨询热线
韩先生
13821153686

中国高速铁路雷达2000"双块式"轨枕用桁架

传真：022-26997888　　网站：www.tjk-group.com　　邮箱：yuzhen.han@tjkmachinery.com

合肥东方节能科技股份有限公司

　　合肥东方节能科技股份有限公司(原合肥东方冶金设备有限公司)成立于1999年,坐落在国家级合肥经济技术开发区内,是一家拥有雄厚技术实力的知名轧钢装备专业制造商和高新技术企业。

　　2011年公司完成整体改制,注册资本4020万元,占地315亩,拥有铸锻、金加工、热处理、装配等多个生产车间及先进的生产、检验设备,系省创新型企业、全国用户满意产品企业、省名牌产品企业、省级企业技术中心、省工程技术研究中心、合肥市知名商标企业。

　　公司现有员工近500人,其中专业技术人员80多名(有6名教授级高工)。2001年通过ISO 9001质量管理体系认证,2010年通过环境管理体系认证ISO 14001和职业健康安全管理体系认证OHSAS 18001。公司研制的"DF"导卫装置已逐步形成了标准化和系列化,主导产品轧钢导卫装置、穿水冷却装置、活套装置等。其中四/五切分导卫装置荣获安徽省科技进步二等奖,填补了国内空白,性能处于国内领先、国际先进水平;穿水冷却装置2010年通过新产品鉴定,综合技术达到国内领先水平。

　　公司长期为石横、萍钢、宝钢、武钢、首钢、昆钢等国内100多家钢厂提供棒材、高线、型钢轧制线和全套的导卫装置设计、生产,产品出口到美国、德国、意大利、马来西亚、土耳其等十几个国家,是中国导卫装置研发与生产基地。

www.dfjnkj.com

(以上数据由企业提供)

东方节能

扭转导卫：

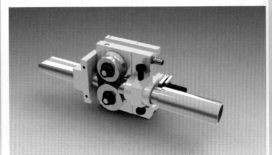

切分导卫：

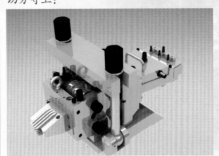

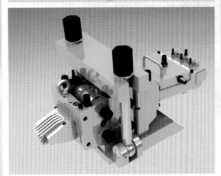

穿水：

型钢导卫：

减定径导卫：

高线导卫：

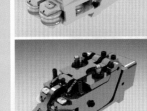

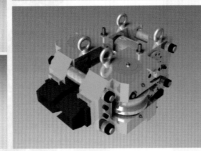

地址：安徽省合肥市经济技术开发区紫云路239号　邮编：230601

电话：0551-63821145　传真：0551-63821146　邮箱：hfdfyjsb@163.com